KUNSTMANN

David George Haskell

DIE SCHÖPFERISCHE KRAFT DER BLUMEN

Eine Geschichte über die schönsten Revolutionärinnen der Evolution

Aus dem Englischen von
Christine Ammann und Frank Siewers

Verlag Antje Kunstmann

*Gewidmet meiner Mutter,
Jean Haskell, und meiner
Schwester, Julia Grindley,
in Liebe und Dankbarkeit*

Inhaltsverzeichnis

Vorwort

»OHNE DIE BLÜTE, ODER?«, fragt der Barkeeper, als er meinen Cocktail mixt.

»Mit! Ich finde Blumen super.« Wir grinsen uns an.

Der Barkeeper garniert das Glas mit einer Orchideenblüte und schiebt es über den Tresen. Beim Anblick der geköpften Schmetterlingsorchidee fühle ich mich kurz schuldig. Dann springen meine Sinne an: strahlend violette Blütenblätter, fruchtig-würziger Duft, der Geschmack nach Gin. Wie eine zufriedene Biene nippe ich am Cocktail.

»Tja, die Jungs hier würden einen Drink mit Blüte oder im Stielglas sofort zurückgehn lassen. Das ist nichts für die.« Das Paar neben mir nickt und lacht. Vor ihr steht ein Martini. Er trinkt das Bier gleich aus der Flasche. Ich betrachte meine Orchideenblüte. Wie die meisten Blüten besitzt sie männliche und weibliche Fortpflanzungsorgane, die Pollen und Eizellen hervorbringen. Doch in der Bar wird sie auf ein Symbol für nur ein menschliches Geschlecht reduziert.

Ich sitze an einer Theke in Knoxville, aber nicht nur in Tennessee, im Bibelgürtel, werden Blumen und Blüten von Männern verachtet. Auch Barkeeper in Manhattan erzählen, so Becky Hughes von der *New York Times*, dass viele Männer Drinks mit Blüten nicht ertragen. Sie senden angeblich die falschen Botschaften aus. Blumen im Cocktail? Ein kurviges Glas? So ein Quatsch. Mädelskram.

Wir nageln Blumen symbolisch gern fest. In vielen Teilen der westlichen Welt gelten sie als feminin und schwach, als schmückendes Beiwerk, hübsch anzusehen, aber kraft- und bedeutungslos. Doch die Realität sieht anders aus. Die Blumen haben die Welt verändert.

Sie stellten die Welt evolutionär auf den Kopf und gestalteten sie von Grund auf neu. Auch wenn sie die Weltbühne erst vor ungefähr 200 Millionen Jahren betraten, also verglichen mit den höheren Tieren und anderen Landpflanzen Nachzügler waren, bildeten sie 100 Millionen Jahre später die Grundlage der meisten Habitate. Ohne Blütenpflanzen wäre unser Planet ein anderer. Sie begründeten die Habitate der tropischen Regenwälder und Savannen und beflügelten die Evolution und die Diversifizierung von Bienen, Schmetterlingen, Vögeln oder Säugetieren. Heute machen sie 90 Prozent aller Pflanzenarten aus und bieten einem Großteil des irdischen Lebens Nahrung und Lebensraum. Ohne sie wäre der Mensch nicht entstanden und könnte sich heute nicht ernähren. Die blühenden Pflanzen haben die Welt revolutioniert. Die schönen Revolutionärinnen spielen in der Geschichte unserer Erde eine Hauptrolle.

In der Biologie spricht man eher selten von Revolution. Die Evolution hat in dreieinhalb Milliarden Jahren so viele Veränderungen hervorgebracht, dass der Begriff schnell der Übertreibung verdächtigt wird. Es gibt keine offizielle Definition, aber eine biologische Revolution muss der Welt eine völlig neue Richtung geben, ihre Physik und Chemie grundlegend verändern und neue Lebensstile und Habitate hervorbringen. Die Welt muss sich neu erfinden. So wie mit der Sauerstoffrevolution vor 2,4 Milliarden Jahren, als Mikroben und später Algen und Landpflanzen die Luft und das Wasser mit Sauerstoff tränkten. Das bedeutete für viele der damaligen Lebewesen das giftige Aus, bereitete aber auch den Weg für die heutige Welt. Genauso handelte es sich zweifelsfrei um eine Revolution, als die Zahl der Tierarten vor 550 Millionen Jahren explosionsartig zunahm und sich vor 400 Millionen Jahren schwimmende Tiere entwickelten. Und den Blütenpflanzen gebührt ein Platz im erlesenen Pantheon der Revolutionäre. In der Biologie bezeichnet man die Entwicklung der Blütenpflanzen und ihre Eroberung der Welt als »Terrestrische Revolution der Kreidezeit«, da sie sich in diesem Erdzeitalter stark vermehrten. Doch hier untertreibt die Biologie. Das

Leben wurde an Land und im Wasser vollkommen umgekrempelt, und die Revolution der Blütenpflanzen ging nach ihrem Aufstieg in der Kreidezeit noch lange ungebremst weiter. Wir leben heute auf einem blühenden Planeten.

Die Artenvielfalt und die ökologische Produktivität nahmen durch das Auftauchen der Blütenpflanzen explosionsartig zu. Heute bilden die Blütenpflanzen das Fundament der meisten Habitate. Zudem veränderten sie das lokale und globale Klima. Keine schlechte Bilanz für Lebewesen, deren namensgebende Blüte meist nur wenige Tage übersteht. Die Haupttreiber der Revolution waren die Schönheit und Kooperationsfähigkeit der Blütenpflanzen sowie ein paar genetische Neuerungen und Sinnestäuschungen als Dreingabe. Weil die Blütenpflanzen es geschickt verstanden, andere Arten zu geradezu unglaublichen, aber hoch produktiven Partnerschaften zu motivieren, verwob sich das Leben von Mikroben und Pilzen im Boden mit dem von Insektenbestäubern und samenverbreitenden Vögeln. In einem wahren evolutionären Rausch entwickelten sich Habitate mit der einzigartigen Fähigkeit, Licht und Luft in Leben zu verwandeln.

Heute werden die meisten Ökosysteme buchstäblich von Blütenpflanzen am Laufen gehalten. Und der Mensch steht in ihrer besonderen Schuld. Wir würden uns noch immer als kleinhirnige Affen von Wipfel zu Wipfel schwingen, hätten die wogenden Gräser als relativ junge Blütenpflanzen nicht die nahrhaften Prärien, Savannen und Steppen hervorgebracht. Heute stammen die meisten Kalorien, die wir verputzen, von Süßgräsern wie Reis, Mais, Weizen oder Zuckerrohr. Die menschliche Landwirtschaft kümmert sich in erster Linie um sie, um uns satt zu kriegen. Säugetiere und Blütenpflanzen sind weltweit eine Symbiose eingegangen.

Das zeigt sich auch in unseren Gärten und Parfümerien, wo sich unsere Sinne mit denen von Blumen und Blüten verstricken. In der Kunst der Blumenzucht verschmelzen menschliche Sehnsucht und Blütenfülle. Doch hinter der Schönheit, die wir in Gärten hegen und pflegen, können sich auch Brüchigkeit und Fehlentwicklungen verbergen. Auf der Suche nach der perfekten Blüte ignorieren wir oft, dass wir Böden, Menschen und Bestäuber vergiften.

Die Blumen haben auch geistige Revolutionen entfacht. So verdanken sich vor allem die Systematik und Evolutionstheorie der modernen Biologie der Erforschung der Blütensexualität. Die neuen Erkenntnisse gingen jedoch auf absurde, gar tragische Weise mit furchtbaren Vorstellungen über menschliche »Rassen« einher. Die europäischen Kolonialmächte rechtfertigten die Versklavung anderer Menschen nicht zuletzt mit der biologischen Systematik, die sie, obwohl sie aus der Erforschung von Blumen hervorgegangen war, auf Menschen anwendeten und dabei rassistisch verzerrten.

Wenn wir einen Blick in die Zukunft unserer Erde wagen, haben wir gute Gründe, anzunehmen, dass sie von den widerstandsfähigen, experimentierfreudigen Unkräutern übernommen wird, wenn der Mensch sie in naher Zukunft zerstört hat. Das sollte uns allerdings kein Trost sein. Die klugen und beeindruckend anpassungsfähigen Blütenpflanzen, die in unserem Kielwasser gedeihen, werden nämlich nur noch ein trauriges Abbild einstiger Artenvielfalt und Blütenfülle sein. Erst in einer noch ferneren postmenschlichen Welt, in Zehnmillionen von Jahren, entfaltet sich vor unseren Augen wieder eine Erde voll erstaunlicher Schönheit. Denn schon in der Vergangenheit waren die größten Schmelztiegel, mit spektakulärer Blütenfülle, Standorte mit kargen Böden, wiederkehrenden Bränden und Hitzerekorden, also mit Bedingungen, wie wir sie der Erde durch unseren Leichtsinn gerade aufzwingen. Die Zukunftsspekulationen führen uns noch einmal deutlich vor Augen, wie wichtig es ist, die Vielfalt der Blütenpflanzen zu schützen. Mit ihrer Vitalität sichern sie die künftige Resilienz und Erneuerung der Welt.

Die Blütenpflanzen haben die alte Weltordnung gestürzt und die Welt geschaffen, in der wir heute leben. Sie werden auch die Zukunft gestalten. Sie sind Weltenschöpfer, auch wenn wir das nur selten anerkennen. Denken Sie noch einmal zurück an den Drink in der Bar. Vielleicht sehen Sie die Orchidee jetzt mit anderen Augen.

Die Vorstellung einer verblüffend kreativen und produktiven Blütenwelt fällt uns auch darum so schwer, weil wir den Pflanzen seit jeher wenig Beachtung schenken. Nicht einmal ein Prozent der altsteinzeitlichen Höhlenmalerei in Europa zeigt Pflanzen. Und Blüten? Fehlanzeige. Die Wahrnehmungsverzerrung lässt sich zum Teil durch die fleischlastige Ernährung der Eiszeit erklären. Immerhin sind im australischen Kimberley und im amerikanischen Südwesten häufiger Blüten und Blätter auf den Fels gezeichnet, wenngleich auch dort meist Tiere überwiegen.

Aber die Wahrnehmungsverzerrung hält bis heute an. Wir wählen gern Pflanzenmetaphern, um sprachliche Schwächen zu verspotten. Einem »blumigen« Stil mangelt es an Substanz, obwohl die blühenden Pflanzen so geschickt kommunizieren, dass sich Dynastien von Schmetterlingen und Bienen entwickelt haben, um sie zu lesen. Ein »hölzerner« Stil gilt als armselig, obwohl Holz elastisch und kraftvoll ist. Wollen wir einen Sprachstil dagegen loben, bewundern wir tierisches Fleisch: dann lässt er die »Muskeln spielen«. Selbst die Hippies verwiesen mit ihrer »Flower-Power« in den 1960er-Jahren auf eine passiv entspannte Haltung, obwohl die Blütenpflanzen die Tierwelt aktiv lenken und durch ihr erstaunliches Wachstum neue Ökosysteme begründen. Und wonach werden die großen Abschnitte der Evolutionsgeschichte benannt? Richtig. Nach Tieren. Die Familien der Sonnenblumen und Orchideen umfassen zwar mehr lebende Arten als die aller Säugetiere und Reptilien zusammen, aber trotzdem sprechen wir – ob in Kinderbüchern, alten Biologiebüchern oder neuen Naturdokumentationen – vom »Zeitalter der Dinosaurier« und dem heutigen »Zeitalter der Säugetiere«. Ganz ähnlich unterteilen wir die Erdzeitalter in Paläozoikum, Mesozoikum und Känozoikum. Zoikum leitet sich vom Altgriechischen *Zôion*, Tier, ab und kommt noch in »Zoo« oder »Zoologie« vor. Wir reden also vom Zeitalter der »alten Tiere«, »mittleren Tiere« und »neuen Tiere«.

Selbst Naturkundemuseen erklären die Geschichte des Lebens meist anhand von Tieren. Trilobiten-Fossilien, Wirbeltierknochen,

Vögel mit Glasaugen und aufgespießte Schmetterlinge veranschaulichen die großen Narrative. Pflanzen dürfen höchstens den Hintergrund begrünen oder die Klauen umspielen. Blütenpflanzen werden meist erst gar nicht erwähnt. Doch die Evolutionsgeschichte wurde genauso von pflanzlichen Protagonisten beflügelt und gestaltet. Es stimmt zwar, dass Pflanzen weniger Fossilien hinterlassen haben, aber vor allem haben wir ein Wahrnehmungsproblem: Wir sehen die Bestie und nicht die Blüte, den Tyrannosaurus, aber nicht die Tulpe, und kommen bei Nachbildungen des irdischen Lebens darum gar nicht auf die Idee, den Pflanzen eine führende Rolle zuzugestehen.

In Manhattan kann man in Museen, die sich der Schönheit verschrieben haben, Blumen bewundern, aber nicht in Museen zur Evolutionsgeschichte. Kunst darf blumig sein, Wissenschaft nicht. Das wunderbare American Museum of Natural History wird von hervorragenden Leuten kuratiert und wissenschaftlich begleitet. Aber am Eingang des Museums, das vorgeblich die ganze Naturgeschichte zeigt, begrüßen uns Dinosaurier, die in Kampfhaltung auf nacktem Boden stehen. Weit und breit keine Spur von Grün, von Blumen ganz zu schweigen. Zudem thront über den Dinos eine gigantische Wandinschrift mit Roosevelts Gedanken zur »MENSCHHEIT«. Anfang des 20. Jahrhunderts wurde das Museum auch zu einem Memorial für den amerikanischen Präsidenten, die Glorifizierung von Gewalt und Männlichkeit ist also auch noch ein Relikt aus dieser Zeit. Wer Blumen sehen will, muss durch den Central Park zur Great Hall des Metropolitan Museum of Art gehen. Dort stehen das ganze Jahr über wunderschöne riesige Blumensträuße in Wandnischen und am zentralen Informationsschalter, die wöchentlich erneuert werden und dank einer eigenen Stiftung ewig blühen.

Kurioserweise verbreiten auch botanische Gärten manchmal die Botschaft, dass Blumen zwar schön, aber bedeutungslos sind. Auf Hinweistafeln verweisen sie auf den Nutzen von Pflanzen – auf Vanille im Orchideenhaus, auf Kakao im Tropenhaus –, aber nur selten darauf, dass die meisten Ökosysteme auf Blütenpflanzen beruhen und sie unsere Erde heute beherrschen. Eine rühmliche Ausnahme bilden die Royal Botanic Gardens im Londoner Stadtteil Kew. Gleich am Eingang sagen uns Schilder, dass mit dem Untergang der Pflanzen alles Leben aussterben wird. Und an prominenter Stelle ermuntert uns die Homepage, die Macht der Pflanzen zu entdecken: »Discover the power of plants.« »Alles Leben«. »Die Macht«. Deutlicher kann man wohl kaum mit kulturellen Vorurteilen brechen.

Die Macht hat in Kew allerdings den bitteren Beigeschmack der Kolonialgeschichte. Denn die Herrschaft des europäischen Kolonialismus stützte sich auch auf die Erforschung, Beförderung und Kommerzialisierung von Blütenpflanzen wie Baumwolle, Kaffee, Zucker, Tee, Indigo oder Reis. Mit der Gründung und Erweiterung privater und öffentlicher botanischer Gärten wollte die europäische Wissenschafts- und Wirtschaftselite des 18. und 19. Jahrhunderts die Blütenwelt weiter erforschen und besser beherrschen. Anders als manche ihrer Nachfahren in heutigen amerikanischen Bars hatten diese Männer kein Problem mit Blumen. Im Gegenteil. Sie gründeten mit ihrer Hilfe obszöne Imperien. Schönheit, Wissenschaft und Macht waren in den kolonialistischen botanischen Gärten, aus deren Forschungen später die moderne Biologie hervorging, eng verflochten. Doch Könige, Königinnen und Kaiser hatten Blumen schon früh als Herrschaftsinsignien verwendet und Schönheit mit Dominanz verknüpft. Chrysanthemen symbolisieren bis heute das japanische Kaiserhaus, Rosen und Lilien repräsentierten jahrhundertelang das englische und französische Königshaus. Nicht immer und überall wurde den Blütenpflanzen also die Rolle des Mauerblümchens zugewiesen.

Ich möchte den Blütenpflanzen mit diesem Buch den Platz zurückgeben, der ihnen in der Evolutionsgeschichte gebührt. Und für jedes menschliche Geschlecht ein Recht auf Blumen einfordern. Ich würde mich freuen, wenn Sie nach Lektüre dieses Buchs den Blütenpflanzen mit Ehrfurcht und Dankbarkeit begegnen. Wenn Sie Ihren Drink »mit Blüte« bestellen und Ihrem Thekennachbarn vielleicht sogar eine Blumengeschichte erzählen.

Glücklicherweise haben unsere Vorfahren schon die einleitenden Worte übernommen. Sie vererbten uns Sinne, die beim Anblick von Blumen schnurren und säuseln. Dank Äonen natürlicher Selektion reagieren wir auf Blumen mit einem Anflug von Lust und Belohnung. In unsere Gene ist eine alte Weisheit eingeschrieben: Genieße und erkunde die Freuden der Blumen. Hey!, rufen unsere Vorfahren uns zu, schnupper doch mal. Erfreu dich an den Farben und Formen der Blüten. Schenk deiner oder deinem Liebsten Blumen. Mit diesem Buch möchte ich den Aufforderungen unserer Vorfahren nachkommen. Und falls am Ende Ihre Neugier geweckt ist und Sie noch mehr wissen möchten oder Ihre Lust am sinnlichen Vergnügen noch nicht befriedigt ist, können Sie noch durch den Anhang blättern. Dort finden Sie einige Vorschläge für eine spielerische Praxis, für die Sie nichts brauchen als ganz normale Blumen.

Ein Wort noch dazu, was ich unter Blütenpflanzen verstehe. Blütenpflanzen können im weiteren Sinne alle Samenpflanzen sein. Ich spreche hier aber nur von den Blütenpflanzen im engeren Sinne, den sogenannten Bedecktsamern, die ihre Samen mit einem Fruchtknoten schützen. Die Samen der Nacktsamer wie Nadelbäume oder Farne liegen dagegen frei. Obwohl auch Nacktsamer Sporen oder Zapfen als Blüten hervorbringen, bleiben sie hier außen vor.

Die Blüten sind die Fortpflanzungsorgane der Blütenpflanzen und perfekt ausgestattet: Sie locken Bestäuber an, sorgen dafür, dass sich Ei- und Spermazellen vereinen und schenken dem Embryo die notwendige Fürsorge. Blütenblätter. Pollen. Eizellen. Frucht. All das gehört zu einer Blüte.

Mit ihrer schöpferischen Kraft erschufen die Blütenpflanzen unsere Welt. Aber wie haben sie das gemacht? Um mehr darüber zu erfahren, folgen wir am besten der Duftspur der Magnolienblüten.

Magnolie

Bisexuell, mütterlich und schön:
Die frühen Blütenpflanzen revolutionieren die Welt.

DER SOMMER IN ATLANTA kündigt sich mit einem köstlichen Duft an. Vor den Bürogebäuden in Midtown, inmitten stinkender Lkw-Abgase, schnuppere ich plötzlich Mandel und Mandarine. Der gleiche Duft umweht mich auf den gestutzten Rasenflächen der städtischen Parks und in den schattigen Straßen der Altstadtviertel. Ich frage mich, wo die Köstlichkeit herkommt, und schaue nach oben, in riesige Immergrüne Magnolien. An den Spitzen der Äste sitzen tellergroße, porzellanweiße Blüten. Aus jeder strömt eine Duftspur. Wie Maibaumbänder tanzen die Spuren im Wind, und ich bin jedes Mal überrascht, wenn mich ein Band berührt und wärmt. Im nächsten Monat wird die erste spärliche Blüte noch zunehmen. Im Juni öffnen sich an einem großen Baum manchmal hundert Blüten zugleich.

Mit dem köstlichen Geschenk der Magnolienblüten treten wir durch das Tor zur Urzeit. Als der *Tyrannosaurus* durch die subtropischen Wälder der späten Kreidezeit stampfte, wuchsen in ihnen schon seit mindestens 50 Millionen Jahren magnolienähnliche Pflanzen. Wäre die Magnolie ein seltenes Tier, würde man sie in Themenparks pferchen und sich um sie reißen, als Merchandisingprodukt und als Film- und Kinderbuchfigur. Aber in der Pflanzenwelt brauchen wir keinen Dinofilm. Wir leben schon in einem.

Die ersten fossilen Pollen der Blütenpflanzen stammen aus der frühen Kreidezeit, vor 130 Millionen Jahren. DNA-Untersuchungen legen allerdings nahe, dass sich die ersten Blüten schon früher entwickelten, vor 150 bis 250 Millionen Jahren. Für die Evolution ist das wiederum erstaunlich spät. Die meisten höher entwickelten Tiere erschienen spätestens vor 500 Millionen Jahren auf der Bildfläche. Und auch die ersten Pflanzen, alle noch ohne Blüten, begaben sich damals an Land. Die Blütenpflanzen sind also Nachzügler. Aber als sie dann endlich da waren, ging es richtig los. In wenigen Millionen Jahren – womöglich nur drei – hatten sich fast alle Hauptlinien der heutigen Blütenpflanzen herausgebildet. Nach dem Rausch des Neuen beruhigte sich die Evolution wieder, und die Diversifizierung ging gemächlicher voran.

Die Vorfahren der Seerosen und von *Amborella*, einem Strauch, der nur auf Neukaledonien im Südwestpazifik vorkommt, sprossen als Erste am Familienstammbaum. Ein anderer früher Zweig waren die Magnolien. Später folgten die Zweige von Palmen und Lilien, dann die ersten Vorläufer der Rosen, der Sonnenblumen und ihrer Abkömmlinge. Wie genetische Stammbäume zeigen, waren alle Hauptlinien der Blütenpflanzen schon vorhanden, als die ersten fossilen Pollen versteinerten. Vor etwa 100 Millionen Jahren wuchsen und gediehen sie schließlich rund um die Erde, und vor 90 Millionen dominierten sie neben dem Unterholz, wo sie zuerst aufgetaucht waren, auch die Kronen der Wälder.

Das war eine echte Revolution. In nur wenigen Millionen Jahren war die grün-braune Welt der Baumfarne, Nadelbäume und anderer früher Pflanzen von den Blütenpflanzen überwuchert worden. Gewächse, die 300 Millionen Jahre lang die Landschaft beherrscht hatten, fanden sich plötzlich im Schatten der Neuankömmlinge wieder. Nichts war mehr, wie es war. Heute gründen die meisten Ökosysteme auf Blütenpflanzen. Auch unsere eigene Art hätte sich ohne sie nie entwickelt. Wir leben von ihren Gaben, ob in Nahrungsmitteln oder Parfums. Die Erde ist ein Blumenplanet. Aber dass wir fast vollständig von Blütenpflanzen abhängen, ist uns meist gar nicht bewusst.

Die heutigen Magnolienarten entwickelten sich zwar erst in den letzten Millionen Jahren, da sich ihr Gesamtaufbau aber nur wenig verändert hat, bieten sie uns einen besonders guten Einblick in die Anfänge der Revolution. So würde die ausgestorbene Gattung

Archaeanthus, die wir von 96,5 Millionen alten Fossilien kennen, im Magnolienwald eines heutigen botanischen Gartens kaum auffallen. Ihre Blüten saßen genau wie bei heutigen Magnolien und den verwandten Tulpenbäumen an den Astspitzen. Einfache Blütenblätter schraubten sich um eine zentrale Blütenachse mit weiblichen und männlichen Fortpflanzungsorganen. Auch wenn frühere und heutige Arten nicht identisch sind – die fossilen Blüten waren hochgewachsener und wichen in einigen anatomischen Details ab –, ähneln sie sich so sehr, dass man heutige Magnolien und Tulpenbäume in vielerlei Hinsicht als die letzten Bastionen der Urzeit bezeichnen kann. Die hypothetische »Urblüte«, die die Biologie aus Blütencharakteristika noch lebender Arten rekonstruiert hat, besitzt die Merkmale einer Magnolienblüte: ein struppiger Zwitter, weiblich oben, männlich unten, der in einer Blütenblattschale sitzt. Zwitter bedeutet, dass sich weibliche und männliche Geschlechtszellen in ein und derselben Blüte befinden: Die Blütenblätter dienen Pollen und Eizellen. Wie wir sehen werden, war es ein genialer Schachzug der Evolution, weibliche und männliche Organe in einer Blüte zusammenzuführen, weil die Blüten nun mit Insektenbestäubern zusammenarbeiten konnten.

Doch der Blick in die evolutionären Anfänge der Blüten ist nicht nur eine vergnügliche Zeitreise. Wir tauchen damit auch in die ersten Szenen einer immens folgenreichen Geschichte ein. Wenn ich an einer Magnolienblüte schnuppere, stehe ich Auge in Auge einer einstigen Revolutionärin gegenüber.

*****

Revolutionsgeschichten drehen sich oft um geniale Helden und einzigartige Erfindungen. Doch diese »Heldennarrative« verschleiern, dass Neuerungen aus sorgfältig geknüpften Beziehungs- und Ideennetzwerken erwachsen. Edisons Glühbirne wurde von seinem Forschungsteam erfunden und perfektioniert. Bewegliche Lettern und Druckpressen hat man schon lange vor Gutenbergs Erfindung benutzt. Innovationen entstehen durch Zusammenarbeit und Zusammenführung, nicht durch einsame Genies. Oder vielleicht kann man sagen, Genie heißt, wie ein geschickter Weber zu erkennen, welche Fäden verknüpft und verbessert werden müssen. Genau das träfe auf die Evolution der Blütenpflanzen zu. Es gibt nicht die eine biologische Erfindung, die die Pflanzenwelt revolutioniert hat. Vielmehr wurden die vorhandenen Strukturen und ökologischen Beziehungen zu neuen Mustern verwebt und mit ein paar Stickereien aufgepeppt.

Bei einem prächtigen Gobelin fallen uns einige kunstvolle Details sofort ins Auge, während manch anderes unsichtbar auf der Rückseite verknotet ist. Für die Magnolien gilt der erste Fall. Sie präsentieren uns die wichtigsten Innovationen der Evolutionsgeschichte auf dem Silbertablett. Bei anderen Blütenpflanzen, die wir uns später ansehen werden, müssen wir erst in Erbgut und Physiologie nach ihren verborgenen Geheimnissen suchen. Aber die Magnolien lassen uns die frühe Revolution der Blütenpflanzen unmittelbar und sinnlich erfahren.

In der Nähe unseres Hauses in Atlanta zupfe ich mir von einer Immergrünen Magnolie ein paar Blüten ab. Ich möchte sie näher erforschen, um die innovativen Kräfte hautnah zu erleben und besser zu verstehen. Die Art ist eigentlich in Wäldern weiter südlich beheimatet, doch in hiesigen Gärten und Parks wegen ihrer glänzenden, immergrünen Laubblätter und riesigen Blüten sehr beliebt. Gleich neben unserem Haus ragt ein 20 Jahre alter Magnolienbaum in die Höhe – dieses Buch wurde in seinem Schatten geschrieben –, aber die Blüten hängen zu hoch. Die Straße ein Stück hinunter wächst jedoch zwischen Bürgersteig und einem bewaldeten Abhang eine ausgefranste Reihe Jungbäume. An ihren Astspitzen sitzen im Mai jede Menge Blütenknospen auf Augenhöhe. Sie sind noch geschlossen und wie eine Kerzenflamme geformt, aber so lang wie meine Hand. Damit ich einige eine Zeit lang genauer im Auge behalten kann, befestige ich an manchen Ästen dünne Baumwollfäden und mache als Kennzeichen unterschiedlich viele Knoten hinein.

Eines Morgens Ende Mai, die Luft ist noch dunstig von der Nacht, entdecke ich an einem niedrigen Ast eine Blüte, die allmählich erwacht. Ihr Faden ist dreifach verknotet, ich nenne sie »Dreier-Blüte«. Die bauchigen, pelzigen Knospenschuppen, von denen sie bislang umschlossen war, sind abgeplatzt. Sie wurden vom anschwellenden Blütengewebe weggedrückt. Die sich entfaltende weiße Blüte hebt sich wie eine Signalleuchte von den dunklen Laubblättern ab. Sie hat nun die Form einer Champagnerflöte. Ich schnuppere an ihrer Spitze. Wow! Keine sanfte Duftspur, die mich im Vorbeigehen grüßt. Ekstase pur. Wortwörtlich: Das altgriechische Wort *Ekstasis* bedeutet »aus sich heraustreten«: *ek* – nach außen, *stasis* – wo ich stehe. Obwohl ich genau weiß, dass ich nur auf einem ganz gewöhnlichen Bürgersteig an einer Blüte rieche, stehe ich einen Moment mit verändertem Bewusstsein neben mir.

Der Duft ist eine Mischung aus Rose und Citrus, mit einer dunkleren Basisnote nach Klee. Wie bei anderen jungen Blüten, an denen ich schon geschnuppert habe, riecht es außerdem grün und bitter, ein Hauch von Gurkenschale. Doch in dem Moment kommt mir keiner der Vergleiche in den Sinn. Stattdessen finde ich mich plötzlich ganz kurz in einer warmen, ambrosischen Welt wieder. *Ek stasis* eben. Ich gebe es nur ungern zu – Augenrollen, übertreib's mal nicht, Flower-Boy: Ich bin einfach entzückt.

Und komme schnell wieder runter. Ich bin nur ein pathetischer Schnüffler, der um den Sichtschutz seines Nachbarn schleicht. Das Sprachareal meines Gehirns hat aufgeholt, benennt und bewertet. Doch in dem kurzen sprachlosen Moment befeuerten Pflanzenchemikalien meine Sinne und Gefühle, ohne dass sich die fetten grauen Zellen, die meinen Schädel sonst verstopfen, eingemischt hätten. Im Gegensatz zu anderen Sinnen können Gerüche unmittelbar Hirnregionen ansprechen, die in uns tiefe Empfindungen auslösen.

Wir sind an attraktive Blütendüfte so gewöhnt, dass wir vergessen haben, wie seltsam sie in der langen Geschichte des Lebens eigentlich sind. Die Landpflanzen entwickelten sich vor ungefähr 500 Millionen

Jahren. Zur gleichen Zeit hievten sich auch die Tiere aus dem Wasser und setzten den Pflanzen umgehend bedrohlich zu. Mit Kiefern, Zähnen und Klauen zerstörten sie Blätter, zertraten Wurzeln, legten Säfte trocken und stahlen Samen. Doch schließlich gelang es den Blütenpflanzen durch ihre Schönheit, die Machtverhältnisse umzudrehen. Sie betörten mit Blütenduft und Farbenpracht und sprachen die tierischen Nerven unmittelbar an. Aus tödlichen Feinden wurden Partner und Diener. Denn Blütenpflanzen und tierische Partner profitierten. Als sich die Blütenpflanzen in der Kreidezeit weltweit eine ökologisch bedeutsame Stellung eroberten, nahmen Diversität und Artenreichtum darum rasant zu.

Blütenpflanzen sind auch darum so erfolgreich und vielfältig, weil sie Weltmeister in Beziehungspflege sind. Als sie auf der Bildfläche erschienen und sich diversifizierten, verzweigte sich zugleich der Stammbaum vieler weltweit verbreiteter Insekten – Nachtfalter, Schmetterlinge, Wespen, Bienen, Fliegen oder Käfer – und fächerte sich verschwenderisch auf. Manche Insekten wie Schmetterlinge und Bienen verdanken den Blütenpflanzen sogar ihre Existenz. Als die Blütenpflanzen vor 120 Millionen Jahren einen Großteil des Planeten eroberten, entwickelten sich aus den Wespen Bienen, die sich an ihrem Pollen und Nektar labten. Und bis heute hält das beiderseitige Vertrauen an, die meisten Bienen ernähren sich ausschließlich von Blüten. Weil die Bienen zudem lernen mussten, welche Blüten besonders lohnenswert sind, besitzen sie unter allen Insekten die raffiniertesten kognitiven Fähigkeiten. Mit ihren Sinnen reagieren sie hochsensibel auf die Düfte, Formen, Farben und sogar elektrischen Felder von Blüten. Ebenfalls als Reaktion auf den neuen Blütenreichtum entwickelten sich vor 100 Millionen Jahren aus den Nachtfaltern die Schmetterlinge. Während die Nachtfalter nachts auf Nahrungssuche gingen, flogen die Schmetterlinge nun tagsüber von Blüte zu Blüte – und mehr per Sicht als per Geruch. Und das bot völlig neue Möglichkeiten für optische Werbesignale. Sie entwickelten leuchtende Farben. Ihre nachtliebenden Vorfahren tarnen sich hingegen bis heute und kommunizieren im Dunkeln per Geruch. Insekten, die sich wie Käfer, Wespen und Fliegen von Pflanzensäften und Pollen ernähren, gab es schon lange vor den Blüten, doch mit der Ausbreitung der Blütenpflanzen wurden sie erheblich artenreicher.

In »bemerkenswertem Gleichschritt« mit den Blütenpflanzen, so eine neue Studie, diversifizierten sich auch die Vögel. Viele alte Vogelarten ernährten sich direkt von Blüten und Früchten oder profitierten indirekt, da Blütenpflanzen ertragreiche Wälder bildeten. Ohne Blüten gäbe es keine nektarsaugenden Kolibris, Nektarvögel und Honigfresser. Andere Vogelarten, die Früchte und Grassamen fressen, oder Legionen von Vögeln, die sich von Insekten und anderen Pflanzenfressern ernähren, sind vollständig von Blütenpflanzen abhängig. Auch unsere eigene Abhängigkeit von Grassamen (Weizen, Mais oder Reis) und Früchten (besonders bei Pflanzenölen) unterscheidet sich kaum von der der Vögel und war, wie wir noch sehen werden, ein Motor der menschlichen Evolution.

Durch die Entwicklung der Blütenpflanzen hat sich die Welt zudem mit Tiergesang gefüllt. Wer mein Buch *Sounds Wild and Broken* gelesen hat, weiß, dass sich die Arten fast aller heutigen Sänger, Zikaden, Grillen, Heuschrecken oder Vögel, im Chor mit den Blütenpflanzen explosionsartig vermehrten. Ein blühender Planet ist ein wohlklingender Planet.

Die Blütenpflanzen waren allerdings nicht die ersten großartigen grünen Partner. Schon ihre Vorfahren, die vor 500 Millionen Jahren an Land gingen, arbeiteten eng mit unterirdischen Lebewesen wie Pilzen und Bakterien zusammen. Aus ihren Beziehungen entstand lange vor dem Erscheinen der Blütenpflanzen das Erdreich unseres Planeten und somit das Fundament der ersten Wälder. Doch die Blütenpflanzen übertrugen den Kooperationsgeist auf die überirdische Welt. Nun füllte sich wie zuvor der Boden auch die Luft mit Beziehungen an. Und wie im Boden eröffneten sich durch das dichte Beziehungsgeflecht zwischen Blütenpflanzen und Tieren neue Optionen. Nimmt man dem Planeten das Erdreich, verdorrt er. Nimmt man ihm die Beziehungen zwischen Blütenpflanzen und Tieren, würden fast alle neuzeitlichen Tiere und die meisten Ökosysteme verschwinden.

In einem Dokumentarfilm würde jetzt Geigenmusik einsetzen und die Drohnenkamera nach einem langen Schwenk über endlose Regenwälder ganz langsam auf die blütenberauschten Bienen und früchtepickenden Vögel niedergehen. Auch Farben und Düfte hätten nun ihren Einsatz. Denn die wohlriechenden bunten Blüten lockerten unversehens die bis dahin braun-grün-graue Welt auf, die nach Laub, Pilzen und Schlamm roch. In den Worten des Wissenschaftsautors Loren Eiseley aus dem 20. Jahrhundert: »Die alte strenge, himmelwärts strebende hölzerne Welt glühte nun hie und da in seltsamen Farben.« Auch die neuen Früchte schillerten und dufteten köstlich und boten sich zudem als nährstoff- und energiereiche Futterpakete an. Sie befähigten unsere Vorfahren – frühere Primaten – im Übrigen erst, zur erfolgreichen Nahrungssuche die Farbe Rot zu sehen. Heute buhlen die vielfältigsten Duft- und Farberlebnisse von Parfums, Lufterfrischern, elektronischen Anzeigetafeln, bunten Stoffen und speziell gezüchteten Blumen um unsere Aufmerksamkeit. Wir können uns die aufregende Wirkung von Blütendüften und -farben in einer einst stillen, farngrünen Welt kaum mehr vorstellen. Doch mit ihren sinnlichen Verlockungen konnten die Blüten die Insekten zum beiderseitigen Vorteil an sich binden.

Die fruchtbare Zusammenarbeit, die aus der artenübergreifenden Erfahrung der Schönheit erwuchs, beendete schließlich den Hunderte Millionen Jahre währenden Krieg zwischen Pflanzen und Insekten. Mit Einschränkungen allerdings. Noch immer ringen die Pflanzen mit Horden tierischer Mörder und Diebe, doch einige sind durch den evolutionären Erfindergeist der Blütenpflanzen zu hart arbeitenden, fleißigen Bündnispartnern konvertiert. Und haben damit die Diversifizierung am gesamten Stammbaum des Lebens angekurbelt.

Allerdings haben die Blütenpflanzen das sinnliche Erleben der Schönheit nicht erfunden. Schon zighundert Millionen Jahre vor ihnen beschnüffelten sich Tiere bewundernd oder ängstlich und begaben sich mittels gastronomisch-ästhetischer Kriterien auf Nahrungssuche. Mit den neuen Farbrezeptoren wollten die Tiere vor allem potenzielle Paarungs- und Nahrungsmöglichkeiten beäugen. Erst die Blütenpflanzen wendeten die selbstbezogenen Erfahrungen der Tiere nach außen: Mithilfe ihrer Sinnlichkeit verbanden sie entfernt verwandte Arten – Pflanzen, Insekten, Wirbeltiere – in kooperativen Beziehungen.

Die menschliche Begeisterung für Blütendüfte und -farben ist eigentlich ein seltsamer Voyeurismus. Wir belauschen lustvoll das chemische und optische Geflüster von Pflanzen und Insekten. Fasziniert versuchen wir sogar, Blütendüfte in Parfums und Blütenschönheit in Zuchtexemplaren zu bannen. In späteren Kapiteln werden wir die Schönheit und die versteckten Brüche von Duftgärten und Blumenausstellungen noch näher erkunden. Wie uns die Magnolien lehren, verbergen sich in den winzigen ästhetischen Genussmomenten Botschaften aus Urzeiten. Die menschengemachte Sinnlichkeit erotischer Parfums, lieblicher Gärten und prachtvoller Blumensträuße ist dann am aufregendsten, wenn die Grenze zwischen Menschlichem und Nicht-Menschlichem verschwimmt. Ihre verbindende Kraft ist eine der größten Errungenschaften der Blütenpflanzen. Wenn wir einen Spritzer Rosenparfum auftragen oder einen Blumenstrauß überreichen, beschwören wir den alten Zauber der Pflanzen herauf, die mit ihrer Schönheit Artgrenzen überwinden und ungleiche Partner vereinen.

*****

Noch am Vormittag öffnen sich die Blütenblätter meiner Dreier-Blüte leicht, die Champagnerflöte verwandelt sich in ein Weinglas. In der Mitte, zwischen Blütenblättern sanft gebettet, erhebt sich eine Säule. Der Säulenfuß ist mit ungefähr hundert weißen, wächsernen Verstrebungen bedeckt. Die streichholzgroßen Streben reifen zu den männlichen Staubblättern heran, die später den Pollen verstreuen. Die Pollenkörner, winzige Kapseln, enthalten den künftigen Samen, mit dem der Baum seine Verwurzelung überwindet und seine Gene in alle Richtungen verbreitet. Oberhalb der winzigen Verstrebungen sitzt ein kegelförmiger Knauf, aus dessen sandfarbenem Filz sich etwa fünfzig gelbgrüne Krallen abwärts biegen. Die weiblichen Narben fangen mit ihrer klebrigen Oberfläche Pollen ein. Unter den Krallen liegen in Fruchtknoten die Eizellen verborgen.

Magnolien sind wie Rosen, Lilien, Narzissen, Gänseblümchen und viele andere heutige Blütenpflanzen zwittrig, Pollen und Eizellen befinden sich also in ein und derselben Blüte. Bei den meisten alten Arten der Samenpflanzen, die Nacktsamer waren, gab es dagegen noch Geschlechtertrennung. Bei manchen wuchsen weibliche und männliche Exemplare getrennt heran, so auch heute noch beim Ginkgo. Viele besaßen jedoch auf ein- und derselben Pflanze getrennte männliche und weibliche Fortpflanzungsorgane, ähnlich den männlichen und weiblichen Zapfen heutiger Kiefern. Wenn der Pollen vom Wind weitergetragen wird, ist Geschlechtertrennung super. Bei vielen Kiefern sitzen die weiblichen Zapfen an der Baumspitze, um auch weit entfernte Pollen einzufangen. Doch die ersten Blütenpflanzen arbeiteten nicht mit dem Wind, sondern mit Insekten zusammen. Die frühen Blüten mussten Pollen sowohl abgeben als auch aufnehmen können und Insekten zudem mit Nahrung belohnen. Eine zwittrige Blüte kann alles drei. Die Zweigeschlechtlichkeit ermöglichte also, mit Insekten zusammenzuarbeiten. Die Schönheit musste nur wirken. Von wenigen Ausnahmen abgesehen, halten Blütenpflanzen bis heute an der innovativen Zweigeschlechtlichkeit ihrer Vorfahren fest.

Über die Fortpflanzungsorgane der Dreier-Blüte krabbelt ein Dutzend schwarz-grauer Käfer. Als sich die Flöte zum Weinglas öffnete, konnten sich die reiskorngroßen Stachelkäfer zwischen den Blütenblättern hindurchzwängen. Einige laufen gemächlich über die Ministreben, aber die meisten klettern zu den Krallen hinauf. Stachelkäfer sind für ihre Purzelbäume bekannt. Als ich die Blüte anstupse, treten drei sofort mit den Hinterbeinen aus, stoßen sich von den Blütenblättern ab und purzeln, sich um ihr Stachelende schraubend, zu Boden.

Stachelkäfer lieben einfach Pollen und Nektar und sind an offenen Blüten häufig zu sehen. Sie sind die ältesten bekannten Blütenbestäuber der Welt. Vor 99 Millionen Jahren hat ein Stachelkäfer den Fehler begangen, an Baumharz kleben zu bleiben. Er wurde von Schlamm verschlungen und begraben. Doch in dem Harz und späteren Bernstein blieb er so gut erhalten, dass es scheint, als säße er erst seit ein paar Stunden fest. An seinen feinen Härchen hängen noch Pollen. Die Mundwerkzeuge des Zeitreisenden sind gut erkennbar und, wie bei seinen heutigen Verwandten, für Pollenfutter ausgelegt.

Wie ihre längst verstorbenen Vorfahren sind auch die Stachelkäfer in der Dreier-Blüte mit Pollen gepudert, und beim Erklimmen der klebrigen Krallen bleibt ein wenig Pollenstaub hängen. Die pflanzliche DNA hat sich aufgemacht. Die erste Aufgabe der Blüte ist erledigt. Dank der Stachelkäfer kleben Pollenkörner an den Krallen. Für das menschliche Auge unsichtbar, tauchen aus den Körnern Pollenzellen auf und graben sich durch das Krallengewebe zu den Eizellen vor, die, umgeben von Fruchtknoten, im Pflanzeninneren verborgen liegen. Die männlichen Fortpflanzungsorgane der Blüte müssen erst noch heranreifen, darum sammelt die Blüte Pollen von anderen Bäumen. Das Risiko der Selbstbestäubung wird so minimiert.

Wenn die weiblichen Fortpflanzungsorgane mithilfe der Stachelkäfer Pollen einsammeln, lassen sich die Bestäuber durch die Blüte möglicherweise in die Irre führen. Die Käfer suchen eine frische Pollenmahlzeit, aber die Blüte hat noch keine. Was macht sie also? Sie ahmt Geruch und Erscheinungsbild einer pollenverstreuenden Blüte nach. Die Krallen ähneln den pollenbildenden Staubblättern weiter unten in der Blüte und sind so verhärtet, dass sie den Mundwerkzeugen der Käfer widerstehen. Es ist kein großer Betrug – die Pollen reifen ja schon heran –, aber die Magnolie lässt uns schon erahnen, welche Täuschungsmanöver die Evolution noch bereithält, gerade bei den Orchideen, den größten Illusionskünstlerinnen überhaupt.

Ich schaue von der Dreier-Blüte auf und erblicke über mir den Magnolienbaum und seine Nachbarbäume mit Abermillionen Blättern und Zweigen. Trotzdem findet eine Pollenprise genau die passende Narbe. Anders als der blinde Amor mit seinem ungenauen Pfeil versenkt der Pollen auch aus fernen Bäumen seinen Liebespfeil punktgenau in ein kirschgroßes Ziel, die Dreier-Blüten-Narbe. Oder anders, aus Dreier-Blüten-Perspektive betrachtet: Das weibliche Fortpflanzungsorgan der Blüte greift im dichten Wald nach versteckten Partnern wie die Göttin Aurora, die sich ihre Geliebten aus der wimmelnden Schar der Sterblichen herauspickte. Aber nur kurze Zeit. Magnolienblüten sind nur wenige Stunden am Tag bereit, Pollen aufzunehmen. Doch die Stachelkäfer sorgen mit ihrem Hunger und ihren feinen Sinnen für eine präzise, effiziente Bestäubung. Magnolienbäume pflanzen sich im Jahr mehrere Wochen fort, und obwohl die Blüten nur kurz empfänglich sind, garantieren ihre Nachbarbäume und die von Blüte zu Blüte fliegenden Stachelkäfer, dass der Pollen im richtigen Moment ankommt.

Dank des Stachelkäfers im Bernstein wissen wir, dass Insekten seit mindestens 99 Millionen Jahren Pollen von Blüte zu Blüte tragen. Doch die Partnerschaft zwischen Blüten und Insekten dürfte sogar noch älter sein. Da die meisten heutigen Arten, die von frühen Blütenpflanzen abstammen, teils oder ganz von Insekten bestäubt werden, liegt es nahe, dass sie das von Vorfahren übernahmen. Zudem ist die hypothetische, magnolienähnliche Ursprungsblüte, die aus dem Stammbaum lebender Arten rekonstruiert wurde, ebenfalls schon eine insektenbestäubte Blütenschale. Weitere Beweise liefern uns Blütenfossilien. In Kansas hat man in einem 103 Millionen Jahre alten Stein Hunderte Blütenteile gefunden. Viele der Fossilien weisen Kerben, Bissspuren und Löcher auf, die von blütenfressenden Insekten wie Baumwanzen, Fransenflüglern, Käfern, Zweiflüglern, Blattwespen und Nachtfaltern stammen. All diese Insekten ernähren sich in heutigen Ökosystemen nicht nur von Blüten, sondern saugen auch Nektar, fressen Pollen und tragen ihn von Blüte zu Blüte. Der Pollen der Blütenfossilien aus Kansas besaß höchstwahrscheinlich eine raue Oberfläche und bildete Klumpen. Anders als der weiche, vom Wind verteilte Pollen konnte er leicht von Insekten befördert werden. Vermutlich entwickelten sich damals die ersten Blüten, die Insektenbesucher anlockten und belohnten.

Im Übrigen hält die Gastfreundschaft der Blüten im eigenen Interesse bis heute an. Ungefähr 90 Prozent aller Blüten werden von Insekten bestäubt. Allerdings haben die Blütenpflanzen die Insektenbestäubung nicht erfunden. Doch sie entwickelten eine eher zufällige Beziehung zwischen Pflanzen und Insekten entschieden weiter. Schon in Insektendärmen, die vor 309 Millionen Jahren versteinerten, finden sich Sporen des Sumpf-Bärlapps. Und an Fossilien, die Ohrenkneifern ähneln, klebten schon vor 280 Millionen Jahren Pollen. Diese Insekten, die nach Sporen und Pollen suchten, bedienten sich an tragbaren Snacks. Doch während sie fraßen und krabbelten, trugen sie zweifellos schon, wenn auch aufs Geratewohl, Pollen und Sporen weiter.

Der nahrhafte Pollen war jedoch nicht die einzige Belohnung der damaligen Insekten. Nacktsamer wie frühe Nadelbäume und ihre Verwandten sonderten in der Nähe der Eizellen süße Flüssigkeitstropfen ab. Der Pollen blieb an den Honigtautropfen haften, die sich bis heute bei einigen Nacktsamern wie Zypressen und Eiben finden und die den Zucker für die Spermienzellen liefern, die aus den Pollenkörnern keimen. Die Bestäubungstropfen wurden Energydrinks für Insekten. Schon vor 165 Millionen Jahren besaßen Schnabelfliegen, Echte Fliegen und Florfliegen fertig ausgebildete Schlauch-Mundwerkzeuge zum Flüssigkeits-Schlürfen. Den Pflanzen fehlten allerdings noch die Blütenblätter, attraktiven Düfte und anderen sinnlichen Verlockungen. Zudem waren sie noch eingeschlechtlich: die Organe, die Pollen und Eizellen produzieren, waren strikt voneinander getrennt. Insekten, die sich von Pollen ernährten, hatten also keinen Grund, weibliche Blüten zu besuchen, und Honigtau-Schlürfer machten nicht an männlichen Blüten mit Pollen halt. Erst die Blütenpflanzen setzten zur Verbesserung der frühen, noch holprigen Beziehungen auf sinnliche Köder und Zweigeschlechtlichkeit. Sie lockten Bestäuber mit Schönheit an, boten Insekten schmackhaften Nektar und Pollen und garantierten durch ihr Zwitterwesen, dass Besucher ihnen nützten.

*****

Am späten Vormittag sind die Krallen der Dreier-Blüte schon vertrocknet und vergilbt, die kurze Frist der Pollensammelzeit ist abgelaufen. Wenn die weibliche Empfänglichkeit schwindet, reift in der zwittrigen Blüte das männliche Fortpflanzungsorgan heran und verliert Pollen: Aus der Streichholz-Hülle am Mittelsäulenfuß wird eine Bürste voll dichter, borstiger Streben. Jede Strebe ist aus feinem Elfenbein geschnitzt und, wo sie am Fuß ansetzt, violett angehaucht. Und vor allem an den Kanten von einem Pollenschleier umhüllt. Die Stachelkäfer krabbeln durch das Dickicht, Streben kippen von der Säule und sammeln sich als wirrer Haufen in der Blütenschale. Noch mehr Käfer kommen dazu und streunen durch den Abfall. Ihre winzigen Mundwerkzeuge sind selbst mit der Lupe nicht zu sehen, aber ihre Ausrichtung lässt vermuten, dass sie ihre proteinreiche Pollen-Belohnung einstreichen. Am Blütenboden bieten ihnen Magnolien auch noch süßen Nektar, im Vergleich zu anderen Blütenpflanzen allerdings in armseligen Mengen. Das großzügige Pollenangebot muss reichen.

Ich schnuppere noch einmal. Die Blüte duftet noch stärker und süßer, mit einer würzigen Kopfnote. Der Hauch bittere Gurke ist verschwunden. Wenn Magnolienblüten Pollen abgeben, legen sie bei chemischen und optischen Signalen noch einmal zu, duften intensiver und öffnen sich zu einem leuchtend weißen Rund. Der üppige Blütenduft und die blendend weiße Krause signalisieren Männlichkeit. Welch ein Kontrast zu unserer verarmten kulturellen Vorstellung von Geschlecht und Blumen. In unserer westlichen Kultur werden Blumendüfte fast ausschließlich mit Weiblichkeit assoziiert. Männer meiden Düfte ganz oder greifen zu Männerdüften wie Holz, Moos, Dark Spice. Die Blüten untergraben unsere engstirnigen Vorstellungen. Der Duft der Magnolie zeigt wie der von Rosen und Veilchen an, dass die zwittrige Blüte nun ihre männliche Seite pflegt und Pollen abgibt.

Verglichen mit vielen anderen Arten, sind Magnolienblüten übrigens ausgesprochen männlich. Schon ihre Prahlerei und Größe lassen daran keinen Zweifel. Blüten investieren meist verhältnismäßig viel in auffällige, große Blütenblätter, wenn sie vor allem viel Pollen in die Welt verschicken wollen. Bei diesen Arten müssen die männlichen Fortpflanzungsorgane mit vielen konkurrierenden Blüten um die Aufmerksamkeit der Bestäuber kämpfen und – wenn der Pollen bei den weiblichen Organen angekommen ist – auch um den Zugang zu Eizellen. Bei anderen Arten hängt der Fortpflanzungserfolg dagegen von durchsetzungsfähigen Eizellen und weniger von der Pollenmenge ab. Arten wie Enzian oder Eisenkraut besitzen verhältnismäßig kleine Blütenblätter und investieren dafür mehr in den Schutz der Eizellen. Die Magnolien verdanken ihre prachtvolle Größe also genau wie Elchgeweihe dem Kampf unter Männern.

Aber ich habe nicht nur an der Blüte geschnuppert. Mit einem Laserthermometer habe ich auch ihre sexuelle Hitze gemessen. Ich richte das Gerät auf die inneren Blütenblätter, feuere den Laserstrahl ab und schon verrät mir die digitale Anzeige die Temperatur. Ping! Wie beim Scannen des Barcodes an der Supermarktkasse. Das fühlt sich angesichts der köstlichen organischen Verbindung von menschlichen Sinnen und Blütendüften und -farben seltsam an. Ping, Ping, Ping. In der Blütenschale liegt die Temperatur etwas höher, aber nicht über der von geschützt liegenden Laubblättern. Bei anderen Magnolienarten sind fruchtbare Blüten, besonders wenn sie Pollen abgeben, um bis zu zehn Grad wärmer als ihre Umgebung. Wie Parfum auf warmer Haut wird der Blütenduft durch Wärme schneller an die Luft abgegeben. Eine wohltemperierte Blüte ruft lauter nach Insekten. Und die Wärme kann Belohnung sein. Insekten sind in ihrer Aktivität häufig temperaturabhängig. An einem kühlen Morgen sind sie zu träge zum Fliegen. In einer wohlig gewärmten Blüte können sie ihre Kältestarre durchbrechen und früher in den Tag starten. Zudem fördert Wärme die Entwicklung von Blütengewebe und somit die Reifung.

Warum sich die einen Magnolienblüten erwärmen und andere nicht, ist bis heute ein Rätsel. Sowohl in der kalten chinesischen Bergwelt als auch in den tropischen Wäldern Brasiliens erwärmen sich bei Magnolienarten die Blüten. Die Klimazone spielt also keine Rolle. Vielleicht müssen die erwärmten Magnolienblüten besonders hart um Bestäuber kämpfen, sodass es sich für sie lohnt, die kargen Energiereserven dafür zu verbrennen. Auf einem hart umkämpften Markt muss man eben noch lauter schreien. Die Immergrünen Magnolien mit ihren riesigen Blüten und ihrem intensiven Duft locken vermutlich auch ohne zusätzliche Wärme genügend Bestäuber an.

Auch viele andere sogenannte »basale« Blütenpflanzen, die sich früh am evolutionären Stammbaum verzweigten, wärmen ihre Blüten. Wahrscheinlich wurden Insektenbestäuber also schon früh durch Wärme angelockt und belohnt. Nicht nur Seerosen oder Stachelannonen kurbeln die interne Chemie an, um ihre Blüten zu erwärmen, sondern auch einige Nacktsamer wie Palmfarne und Nadelbäume. Sie erwärmen ihre Zapfen. Rekordhalter in puncto Blütenerwärmung sind allerdings neuere Pflanzen wie die Gattung *Philodendron*, die in tropischen Wäldern und Gärten weit verbreitet ist. Manche Philodendron-Arten können die Blütentemperatur um bis zu zehn Grad gegenüber der Umgebungstemperatur steigern, in Einzelfällen sogar um 34 Grad. Für ihre Hitzewallungen spicken sie die Blütenstiele mit sterilen männlichen Blüten, die nur eine Aufgabe haben: die Stoffwechselrate auf die von Hummeln hochzupeitschen. Die pollenlosen männlichen Blüten sind Bettwärmer, keine Lover. Und sie beschränken sich nicht darauf, Bestäuber wie Pillendreher, von denen sich manche bei Nahrung und Paarung exklusiv auf Philodendron-Arten verlegt haben, mit erwärmten Blüten anzulocken, sie verströmen auch reichlich Düfte.

Das weiße Leuchten und der intensive Duft meiner Dreier-Blüte halten den ganzen Nachmittag bis in den Abend hinein an. Als es dunkel wird, fangen die Blüten das letzte Tageslicht ein und leuchten wie Papierlaternen in der Dämmerung. Hey, ihr Stachelkäfer, hierher! Wenn die Käfer kommen, werden sie zum Bleiben ermutigt. Schon den ganzen Tag über standen in der Mitte des Blütenblattrunds zwei kleinere Blütenblätter aufrecht, die die Säule umfingen. Jetzt richtet sich ein drittes auf. Die inneren Blütenblätter bilden, mit der Säule in der Mitte, eine Rotunde. Wenn sich bei tropischen Magnolienarten die inneren Blütenblätter nachts schließen, sitzen große Käfer darin gefangen und werden bis zum Morgen mit Pollen gepudert. Doch die Immergrüne Magnolie kennt keine Fallen, erst recht nicht für die winzigen Stachelkäfer, nur Gastfreundschaft. In den südlicheren Küstenwäldern, ihrer ursprünglichen Heimat, schließen sich ihre Blüten kraftvoller, doch auch in Atlantas relativ kühlen Nächten ballen sich die Blüten mit Einbruch der Dunkelheit zusammen. Warum, scheinen die Blüten zu fragen, bleibt ihr Insekten über Nacht nicht in der duftenden Laube, wo ihr vor Räubern und Regen geschützt seid? Mit Taschenlampe bewaffnet, begebe ich mich später noch einmal zur Dreier-Blüte. Und siehe da: Einige Stachelkäfer scheinen im Blütenblätterbett zu dösen, doch andere wühlen sich durchs Pollen-Wirrwarr.

Wir sind in unserem Alltag von so vielen auffälligen Blüten umgeben, dass wir ganz vergessen haben, wie innovativ sie einst waren. Als aus gewöhnlichen grünen Blättern auf einmal bunte Blütenblätter wurden, konnten die neuen Pflanzen damit ihre Fortpflanzungsorgane umhüllen, stützen und ins rechte Licht rücken, aber mit den Duftölen der Blattoberflächen auch die Luft parfümieren und manchmal sogar Bestäuber in den Blüten festsetzen. Die meisten heutigen Blüten besitzen zwei verschiedene Blütenhüllblätter: Schützende grüne Kelchblätter (Sepalum) umgeben die auffälligen inneren Blütenkronblätter (Petalum oder Blütenblätter im engeren Sinn). Magnolien haben allerdings nur ein einheitliches Blütenhüllblatt, in der botanischen Fachsprache Tepalum. Ihr simpler Aufbau ist wahrscheinlich ein stolzes Relikt aus den frühen Tagen der Pflanzenevolution.

Die Blütenblätter sind allerdings nicht nur passive Reklameschilder und Duftstäbchen. Bei einigen evolutionär neueren Pflanzen wie der Nachtkerze oder Petunie fungieren sie auch als Ohren oder elektrische Sensoren, die ankommende Bestäuber erkennen und der Pflanze signalisieren, dass nun der richtige Zeitpunkt wäre, den Nektar zu versüßen und die Reaktion auf die Bestäuber eventuell mit Nachbarn zu koordinieren. Leider wissen wir bislang nicht, ob auch Magnolien untereinander kommunizieren.

Doch die sinnlichen Verlockungen fruchtbarer Blüten sind kurzlebig. Pflanzen präsentieren sich, unabhängig vom Alter, daher stets mit jungfräulichen Blüten. Blütenblätter und andere Blütenteile sind höchstens ein paar Tage alt, für Bestäuber ein verlockendes Signal. Die Blüten eines hundertjährigen Magnolienbaums sind genauso unverbraucht wie die eines jungen Bäumchens. Würde der Mensch diese Fähigkeit besitzen, sein Gesicht wäre ewig jung. Blüten wirken immer strahlend, lebhaft und sexy, weil sie immer wieder neu aus embryonalem Gewebe in den Knospen entstehen. Magnolienblüten werden nur drei bis vier Tage alt und liegen damit im Durchschnitt weltweiter Blütenpflanzen. Manche Asternblüten leben nur zwei Stunden. Einige wilde Orchideen überstehen einen ganzen Monat. In der Regel gilt: Je zuverlässiger die Bestäuber, desto kürzer die Lebenszeit der Blüte. Doch verglichen mit Pflanzenteilen wie Blattgrün oder Wurzeln bleiben Blüten nie lange makellos und perfekt. Haben sie einmal Pollen empfangen oder abgegeben, sind Bestäuber uninteressant und werden nicht mehr angelockt. Nun verdaut die Blüte sich selbst. Wertvolle Nährstoffe werden an die übrige Pflanze zurückgegeben und zu neuen Blüten recycelt. Als ich am nächsten Morgen zur Dreier-Blüte zurückkehre, sind Ambrosia-Duft und die riesige weiße Blüte verschwunden. Der Regen hat die pollentragenden Staubblätter der Rotunde umgestoßen, sie dümpeln in orangebraunen Pfützen, die auf den bräunlichen Blütenblättern stehen. Als ich schnuppere, riecht es nach Gerbstoff, mit einem Hauch Kompost. Trotz des Regens sind die Krallen vollkommen eingetrocknet und so schwarz, als wären sie angesengt. Die Stachelkäfer haben sich längst verdünnisiert.

In den nächsten Tagen setzt sich der Verfall fort. Chemische Signale der Blüte befehlen den Zellen, zu sterben und Brauchbares an die Eltern zurückzugeben. Streichholz-Streben und Blütenblätter verfärben sich erst ledrig braun und fallen dann ab. Es riecht nun so säuerlich wie ein tagelang vergessenes Apfelgehäuse. Doch die »Blüte« ist nicht tot. Sie schüttelt nur die Last ihrer Jugend ab und entwickelt sich weiter. Der obere Säulenbereich wird jeden Tag um ein Zehntel dicker. Schließlich verschluckt das anschwellende Gewebe die Krallen, bis nur noch die Spitzen hervorschauen. Nach einer Woche sieht die Blüte aus wie eine Miniatur-Ananas auf einem violetten Stiel. Im Inneren begegnen sich Spermienzellen und Eizellen, ein pflanzlicher Embryo entsteht.

Vor Kurzem war die Blüte noch ein umtriebiger Zwitter. Nun reift sie zu einer Frucht mit mütterlichen Absichten heran. Obwohl die Frucht völlig anders aussieht als die ursprünglichen Fortpflanzungsorgane, verbirgt sich dahinter eine anatomische Kontinuität. Es gibt kein Fruchtgewebe, das nicht schon vorher da gewesen wäre. Sogar die reifenden Embryos, genetisch neue Individuen, bestehen aus den Geschlechtszellen der Blüte, die sich vereint haben.

Früchte sind gereifte Blüten. Das spiegelt auch der wissenschaftliche Name der Blütenpflanzen wider: Angiospermen. Der Begriff kommt von griechisch *Angeion*, Gefäß, und *sperma*, Samen. Ihre Samen sind von Früchten umschlossen, die aus Blütengewebe bestehen. Man nennt sie darum auch Bedecktsamer, im Gegensatz zu den Nacktsamern wie etwa Nadelbäumen, deren Samen mehr oder minder frei liegen. Die evolutionsgeschichtlich späten Blütenpflanzen haben die botanische Mutterschaft erfunden. Genauer gesagt, führten sie frühere Ansätze zur mütterlichen Samenfürsorge fort und verbesserten sie erheblich. Und wie bei ihrer Partnerschaft mit Insektenbestäubern kamen ihre mütterlichen Innovationen nicht nur ihnen selbst zugute, sondern eröffneten auch anderen Arten neue Optionen. Beim Biss in eine Avocado oder Weintraube verspeisen wir mit der Frucht die Blüte. Aber auch die Stärke in Reis und Weizen ist das Ergebnis einer Blütenerfindung. Als Nahrungsreserve für den Embryo lagert die mütterliche Blüte in speziellem Samengewebe Stärke ein. Wie für die Ökosysteme weltweit, ob Regenwald oder küstennahe Feuchtgebiete, gilt für die Ernährung der Menschheit: Die Welt wird von Blütenpflanzen bemuttert und ernährt.

Was machen Früchte? Sie umschließen schützend den wachsenden Samen. Manche bilden dazu Hülsen, hart wie eine Mauer. Andere versenken ihn in giftigem Gewebe, von dem kein Tier zu knabbern wagt. Später dann verwandelt sich das Gift in eine Leckerei, die tierische Samenverbreiter anlockt. Einige Früchte befördern Samen quer übers salzige Meer, andere reifen zu Katapulten oder Gewehren heran. Viele Früchte vertrocknen zu Flügeln und schweben mit dem Samen durch die Luft. Alle Früchte haben die Aufgabe, den Samen vor Feuchtigkeits- und Temperaturextremen zu bewahren und Krankheitserreger wie Bakterien oder Pilze fernzuhalten.

Ehe sich evolutionsgeschichtlich die Früchte entwickelten, genossen die Samen weniger Fürsorge. Die Zapfen der Kiefern etwa bieten Samen nur vorübergehend Schutz und überlassen sie dann nackt dem Wind und den Tieren: Du schaffst das, Kleines. Die Samen der Palmfarne sind zwar oft von einer bunten, fleischigen Schicht umhüllt, die tierische Samenverbreiter anlockt, aber bei den Palmfarnen haben sich nie so vielfältige, innovative Formen ausgebildet wie bei den Blütenpflanzen. Die Ginkgobäume brachten ebenfalls, unabhängig von Palmfarnen, fleischige Samenbeschichtungen hervor, begründeten aber keine Dynastie. Vermutlich, weil die fruchtähnliche Schicht nicht mit anderen Blütenerfindungen wie der Zusammenarbeit mit Bestäubern einherging.

Bisexuell, mütterlich und schön: Die Magnolie entpuppt sich als kraftvolles Rundumpaket. Alle ihre Merkmale kennen pflanzliche Vorläufer. Doch in einem genialen Schachzug vereinten die Blütenpflanzen alle ihre Innovationen in einer einzelnen Gestalt, der Blüte.

Den ganzen Sommer über schaue ich immer wieder bei meiner Dreier-Blüte vorbei. Nach den Aufregern im Stundentakt beim ersten Erblühen hat sich die Lage beruhigt. Woche für Woche wächst die Frucht langsamer. Nach einem Monat ragen die angesengten Krallenspitzen aus Gewebehöckern, die aussehen wie die Ballen einer Katzenpfote. Die Ballen bestehen aus dem Fruchtknotengewebe der Blüte und umschließen nun ein bis zwei heranreifende Samen.

Mitte August laufen die Ballen pink an, in ihrer Mitte erscheint eine Längsfurche. In der zweiten Septemberwoche brechen die Furchen auf, und rundliche, bohnengroße Samen springen hervor. Sie sind mit ihrer samtweich glänzenden, kaminroten Haut echte Hingucker. In jedem Furchenspalt stecken einige Samen, doch die meisten fallen heraus und baumeln an einem silbrigen Faden. Blitzend rot schaukeln sie im Wind. Gegen Ende September sind die Früchte nur noch trockene, braune Hülsen, vor denen sich die Samen leuchtend rot abheben.

Im Südosten der USA sind rotfarbige Früchte weit verbreitet, nicht nur Magnolien, auch Hartriegel, Gewürzstrauch oder Wildblumen wie der Gefleckte Aronstab haben sie im Angebot. Sie möchten damit Vögel anlocken, ein anderer uralter Blütenpflanzen-Trick. Die Vögel haben, wie Reptilien und anders als die meisten Säugetiere, Lichtrezeptoren in den Augen, die besonders empfindlich auf Rot und Orange reagieren. Bei vielen Vogelarten zeugt die Farbe Rot auch von sexueller Attraktivität und höherem sozialen Status. Als Pflanzen Früchte oder Samen rot lackierten, machten sie sich die Vogelbegeisterung geschickt zunutze. Einige Nacktsamer wie Palmfarne werben zwar auch mit roten oder orangen Samen, aber wie Kinder, die malen, waren die Blütenpflanzen kaum zu bändigen. Sie kleckstem das Rot nur so auf Samen, Früchte und Blütenblätter und setzten mit reichlich süßem, fruchtigem Naschwerk noch eins obendrauf.

Ein einziger großer Magnolienbaum mit reifen Früchten kann in Atlanta heute vier verschiedene Spechtarten und drei Drosselarten verköstigen – gleichzeitig. Ein Baum allein hat zighundert Früchte und zigtausend Samen im Angebot, es gibt also reichlich zu picken. Doch der Baum mit der Dreier-Blüte ist erst etwa zehn Jahre alt. Obwohl Magnolien schnell wachsen und über hundert Jahre alt werden, wird es noch mindestens 30 Jahre dauern, bis er die Grandezza der girlandenumrankten Giganten erreicht. Im Moment sondiert nur ein einzelner Dunenspecht seine Früchte. Ihre Beziehung hat eine lange Vorgeschichte. Als die ersten Magnolien die Weltbühne betraten, lebten Vögel dort schon seit mindestens 50 Millionen Jahren. Wir kennen die Farbe der einstigen Magnoliensamen nicht, aber ich würde wetten, Kaminrot.

*****

Dass wir die Anfänge der Blütenpflanzen in einer Alltagsszene auferstehen lassen können, ist erstaunlich. Doch die Geschichte der Magnolie hebt sich von den Narrativen der meisten anderen Blütenpflanzen ab. Magnolien sind seltene Zeitkapseln, in denen ihre Beziehung zu Tieren und ihre Blütenform großteils unverändert blieben. Bei den meisten Blütenpflanzen führten die frühen Neuerungen zu einer explosionsartigen Diversifizierung und raschem Wandel. Der neue Blütenreichtum trieb wie ein Katalysator die Evolution von Tieren, Mikroben, Pilzen und anderen Pflanzen voran.

Die Magnolienbäume sind Verweigerer. In der Jugend radikal, wurden sie zu Traditionalisten, die an alten Erfolgsrezepten festhielten. Und wie andere Hitzköpfe, die sich zu Konservativen wandelten, haben sie ein paar tolle Geschichten aus ihrer Vergangenheit zu erzählen. Die meisten Blütenpflanzen suchten nach ihrer aufregenden Jugend jedoch nicht nach Beständigkeit. Im Gegenteil. Sie pflegten weiter ihren revolutionären Geist und erfanden die Welt mit ihrer Kreativität und Produktivität immer wieder neu. Für sie waren die ollen Geschichten von vor mindestens 100 Millionen Jahren nur Vorgeplänkel. Wenn wir die vielen ruhelosen Blütenpflanzen verstehen wollen, müssen wir unseren Blick von den prachtvollen Immergrünen Magnolien abwenden und auf die Unkräuter richten, die an Feldrainen und Bürgersteigen ihre ungestümen Köpfe in die Luft recken. Dank ihrer DNA können wir ein Geheimnis der einstigen Innovationen lüften, und sie erzählen uns, wer auf der Erde der Zukunft am prächtigsten gedeihen wird.

Bocksbart

Entsetzliche Rätsel und genetische Stürme

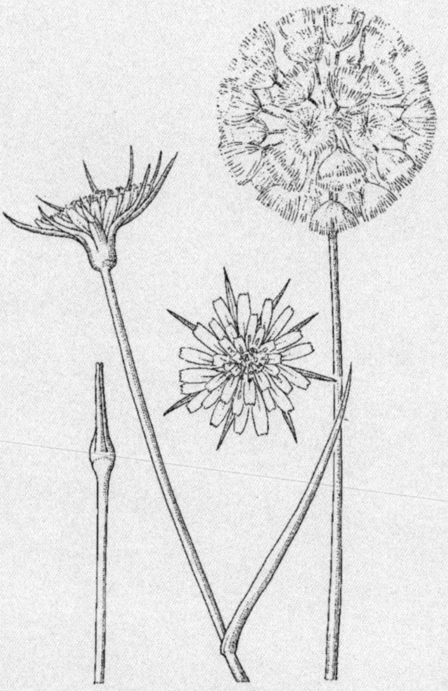

DER GROSSE BOCKSBART ist der coole Bruder vom Löwenzahn. Mehr Feuerwerk als Pompon. Die schwefelgelbe Blüte sitzt auf grün explodierenden Zacken. Lang sind auch seine gelben äußeren Blütenblätter mit ihren spitzen Zähnchen. Sein Stängel streckt sich bis zu meinem Knie. Alles in allem gleicht der Große Bocksbart einer sonnengefluteten Kugel, die vom Boden aufschießt und explodiert. Ist er reif, verwandelt er sich in eine flauschig fedrige Pusteblume, die so groß werden kann wie ein Tennisball. Die Samen muss man einmal kräftig anschnaufen, damit sie sich lösen und an ihrem daumennagelgroßen Seidenfallschirm davonwehen.

Zum ersten Mal begegnet ist mir der Bocksbart als »Unkraut«, das an den ungeschnittenen Rändern des Gemeindegartens in Colorado wuchs, wo meine Partnerin Katie und ich ein paar Jahre Blumen und Gemüse anbauten. Katie ist Geigerin und kultivierte jahrelang Gemüse und Blumen mit der wertschätzenden Begeisterung der Musikerin für die gärtnerische Spannung zwischen Ordnung und Überraschung. Der Große Bocksbart gehört in die zweite Kategorie, er blitzt an den Rändern unserer Schrebergärten auf und blüht am Saum der Landstraßen und ausgetretenen Wanderwege. Die Art ist hier nicht heimisch und wird oft als ungebetener Gast angesehen, aber wir beide haben sie dafür bewundert, dass sie in kiesigen, geschundenen Gegenden auftaucht, die andere Pflanzen meiden. Vor allem in den ersten Monaten der Coronapandemie, als der Himmel über Colorado vom Rauch riesiger Waldbrände verschleiert war, schenkte uns der Bocksbart immer wieder ein unerwartetes Staunen über diesen Ausbund an Schönheit in dieser düsteren Welt.

Seinen Namen verdankt der ursprünglich in Europa und im Westen Asiens beheimatete Große Bocksbart seinen spitzen Blütenblättern und seinem borstig behaarten Fruchtstand, die gleich zweifach an einen Ziegenbock erinnern. Es gibt noch ein paar andere Pflanzen mit ähnlichem Namen, zum Beispiel den struppigen Weißbart aus der Familie der Rosengewächse, aber der unkrautige, löwenzahnhafte Bocksbart beschwört schon in seinem wissenschaftlichen Namen *Tragopogon* das Tier herauf – Ziegenbock, *tragos*, und Bart, *pogon*. In seinen Heimatländern werden die Pfahlwurzeln manchmal als Gemüse verzehrt und die Blätter als Suppenkraut und Medizin gegen Entzündungen verwendet. Hübsche Namen gibt es in seiner Gattung: Haferwurzel wird sein Bruder, der Purpur-Bocksbart, genannt, oder auch Austernpflanze, wegen des Geschmacks der gekochten Wurzel.

Als die Europäer andere Länder kolonialisierten, kam der Bocksbart mit. Heute wächst er in allen Teilen der Welt außer der Antarktis. Besonders gut gediehen ist er im amerikanischen Westen, wo er an den unbefestigten Rändern von Straßen, Bahnlinien und Feldern aufblüht. Wo immer der Mensch die Erde aufwühlt, kommen die Bocksbart-Fallschirme angeflogen, um ihre Pfahlwurzeln in den Boden zu bohren. Doch im Gegensatz zu anderen zugewanderten Arten wie der Kopoubohne oder dem Efeu verdrängt er meist keine anderen Arten.

Durch Einwanderung kann es zu seltsamen und fruchtbaren Begegnungen kommen. Der Purpur- und der Wiesen-Bocksbart, zwei Arten derselben Gattung wie der Große Bocksbart, sind ebenfalls aus Europa nach Nordamerika gereist. In ihren Ursprungsländern wuchsen die drei Bocksbärte zwar gelegentlich in derselben Region, meist aber streng getrennt voneinander, weil sie hinsichtlich Klima und Boden unterschiedliche Vorlieben haben. Im Westen Nordamerikas dagegen blühten sie gemeinsam, Seite an Seite an denselben Bahntrassen und Straßenrändern. Wie bei den Jets und Sharks in der *West Side*

Story hat sich aus diesem Aufeinandertreffen verschiedener Einwanderergemeinden eine bemerkenswerte Liebesgeschichte entwickelt. Die Bocksbartromanze birgt ein genetisches Geheimnis der Evolution, das uns enthüllt, wie die ersten Blütenpflanzen auf der Erde derart erfolgreich werden konnten.

*****

»In diesem Frühjahr habe ich mich mit der Entstehung der verschiedenen *Tragopogon*-Arten durch natürliche Hybridisierung befasst, was sehr spannend war«, schrieb Francis Marion Ownbey 1949 einem Kollegen. Ownbey war Professor und Leiter des Herbariums an der Washington State University. Auf den Bocksbart wurde er schon 1939 aufmerksam, als er in die Region Palouse im Osten des US-Staats Washington zog. In Palouse gab es damals erst seit knapp hundert Jahren Landwirtschaft. Nachdem weiße Siedler in den 1850er-Jahren den Völkern der Coeur d'Alene, Palouse, Spokane, Cayuse und Nez Percé mit Waffengewalt ihr Land genommen hatten, bauten sie auf den tiefen, fetten Böden der Prärien Weizen an. Auch heute werden die wogenden Hügel der Gegend noch auf Stoß gepflügt und auf riesigen Feldern mit Weizen bepflanzt, außerdem mit Kichererbsen. Damit ist die Region eine der reichhaltigsten Kornkammern der Welt. Der Bocksbart wanderte mit den Gemüsegärten der Siedler und als Unkraut in den importierten Getreidesäcken ein.

In einem wissenschaftlichen Aufsatz erklärte Ownbey 1950, der Große Bocksbart habe inzwischen »Müllhalden, Straßenränder, Felder und Weideland« bevölkert und sei in der gesamten Gegend häufig zu finden, obwohl er erst Anfang des Jahrhunderts hergekommen war. Der Purpur- und der Wiesen-Bocksbart dagegen seien »fast ausschließlich in den Städten anzutreffen«, vermutlich weil ihre Früchte von den Gärten auf die Straßen geweht wurden. Doch unter diesen bekannten Arten gab es auch einige Ausreißer, Riesen, die in keine bekannte Art zu passen schienen. Ownbey war von ihnen fasziniert, weshalb er die Gegend nach Bocksbärten absuchte, um ein Muster, eine Erklärung zu finden. Während seiner Erkundungen sammelte er auch Pflanzen, die er zwischen Papierblätter legte, presste und trocknete. In Trockenschränken gelagert, können sich gepresste Pflanzen jahrhundertelang halten. Jede einzelne Pflanze war wie die Einzelbilder eines Stop-Motion-Films ein Schnappschuss der Evolution. Und auf diese Weise fand Ownbey den Ursprung einer neuen Art.

75 Jahre nach Ownbeys Feldforschung besuchte ich das Herbarium der Washington State University, um mir die eingefrorenen Pflanzenbilder anzusehen. Während der Vorbereitung auf diesen Besuch fühlte ich mich wie ein Pilger, der zu einem säkularen, wissenschaftlichen Schrein reisen will. In der Biologie gelten die Proben, die Ownbey mit großer Sorgfalt im Herbarium der Universität konserviert hat, als quasireligiöse Reliquien, deren Bedeutung weit über ihre dürftige Stofflichkeit hinausgeht. Indes beschwören sie keine überirdischen Gottheiten oder Heiligen, sondern die generativen Kräfte der Genetik und der Evolution.

Heute befindet sich das Herbarium im vierten Stock eines dankenswerterweise gut klimatisierten Bibliotheksgebäudes für Wissenschaft und Technik. Ich war im Juli dort, als die Luft backofenheiß und trocken war und es wegen der Waldbrände im Süden nach Rauch roch. Walter Fertig, der Leiter des Herbariums, begrüßte mich in einem großen Saal mit Arbeitstischen, die direkt neben Hunderten von riesigen Metallschränken standen. An einigen Tischen saßen Studierende, die sich still konzentriert über Pflanzen und Computer beugten. In jedem Schrank befinden sich Hunderte getrockneter Pflanzen und Flechten, insgesamt umfasst die Sammlung aus der Region vom Anfang des 20. Jahrhunderts bis heute 400.000 einzelne Muster. Der Raum ist kühl, still und aufgeräumt, ein krasser Gegensatz zur wuchernden Fülle der Pflanzengemeinschaften, die draußen vor der Tür herrscht.

»Sie sind hier drüben. Ich habe alle *Tragopogon*-Arten rausgeholt.« Walter führt mich zu einem Hinterzimmer, das vollgestellt ist mit Bücherregalen mit Botanikhandbüchern. An der hinteren Wand stehen zwei große Schränke mit der Aufschrift »WSU Types«. Hier werden die sogenannten »Typusexemplare« aufbewahrt, anhand deren neue Arten beschrieben werden. In den Regalschränken stehen Ordner, die jeweils eine Pflanze enthalten, das Urmuster einer Art. In der Biologie ist Stofflichkeit noch von Bedeutung. Zur Benennung einer neuen Art gehört nicht nur eine Beschreibung in einer Fachzeitschrift, sondern auch das Töten des Exemplars, das im Archiv aufbewahrt wird. Wie bei manchen Religionen gibt es auch in der Wissenschaft rituelle Opfer. Das konservierte Wesen ist das »Typusexemplar«, auf das sich künftige Wissenschaftlerinnen und Wissenschaftler beziehen, wenn sie neue Populationen mit unbekannter Identität entdecken oder neue Analysetechniken entwickeln, von denen ihre Vorfahren noch nicht einmal träumen konnten. Aber die Evolution basiert nicht auf festen Typen. Jedes Einzelwesen unterscheidet sich von seinen Artgenossen in der Population und alle Arten sind permanent im Fluss. Das Typusexemplar ist für die biologische Forschung ein hilfreicher Ausgangspunkt, der der Unordnung entgegenwirkt, auch wenn dabei die variantenreiche, veränderliche und manchmal auch verwirrende Natur des Lebens unberücksichtigt bleibt.

»Das hier ist Ownbeys *miscellus*, und hier auf der linken Seite haben wir *mirus*«, sagt Walter und zeigt auf einen großen Arbeitstisch mit zwei dicken Ordnern. Als er sie öffnet, sehe ich die beiden getrockneten, gepressten Bocksbärte. Das Papier und die Pflanzen riechen nach altem Heu, warm und leicht sägemehlig. Die Pflanzen sind platt gedrückt, die Stängel umgeknickt, damit sie auf die Blätter passen. Auf den Blütenblättern einer zerquetschten Blüte schimmern noch purpurne Pigmente. Die Pflanzen sammelte Ownbey, als er die zwei neuen Bocksbart-Arten beschrieb. Auf beiden Blättern klebt ein Etikett, mit charakteristischer Schreibmaschinenschrift: »fruchtbares Schwemmland, Pullman. 9. Juni 1949« und »fruchtbares Schwemmland an einer Eisenbahnlinie am westlichen Rand von Moscow. 9./10.

Juni 1949«. Eine Pflanze kam aus Pullman, Washington, die andere aus Moscow, Idaho. Die beiden Orte liegen nur gut zehn Kilometer voneinander entfernt.

»Mir haben Blattmerkmale nie sonderlich geholfen. Vielleicht fehlt mir auch einfach die Erfahrung. *Miscellus* hat angeblich gekräuselte Blattenden, aber im Feld sehe ich so was nur selten.« Walter redet wie alle Taxonomen: In seine Skepsis, ob die veröffentlichten Beschreibungen die Merkmale der wild lebenden Wesen wirklich korrekt erfassen, mischen sich Selbstzweifel, ob ihm womöglich die Fähigkeiten fehlen, um die von anderen beschriebenen Muster zu erkennen. Wenn man neue Pflanzenarten identifiziert, sind die Erkenntnisse oftmals vorläufig. »Die Blüten sind sehr viel charakteristischer. *Mirus* hat ein Bullaugenmuster, *miscellus* ist komplett gelb und ziemlich groß. Auf dem Hügel hinterm Walmart-Parkplatz stehen sie gerade nebeneinander in Blüte. Alles kein Problem, solange sie blühen. Aber danach wird's schwierig.« Bei Pflanzen sind die Erkenntnisse auch oft ortsabhängig.

Als Ownbey die Arten sammelte und beschrieb, waren sie nicht nur der Wissenschaft, sondern überhaupt noch unbekannt. Sein Herbarium erfasst die Evolution in Aktion. Die drei eingewanderten Bocksbart-Arten – der Große, der Purpur- und der Wiesen-Bocksbart – hatten sich miteinander gekreuzt und einige Riesen hervorgebracht, aus denen neue Arten entstanden. Doch die Nachkommen konnten sich nur untereinander kreuzen und waren damit auf alle Zeiten von ihren Eltern getrennt. Evolution im Schnelldurchlauf.

In der Biologie ist ein Hybrid das Ergebnis einer Kreuzung zweier eigentlich eigenständiger Arten. Gartenerdbeeren sind zum Beispiel ein Hybrid aus nordamerikanischen und der chilenischen Erdbeere, zufälliges Produkt eines Kreuzungsexperiments, das im 18. Jahrhundert in Frankreich durchgeführt wurde. In Washington dagegen hat kein Gemüsegärtner am Bocksbart herumgedoktert. Es waren Bienen, die im genetischen Kübel rührten. Da die drei eingewanderten Bocksbart-Arten am selben Ort wuchsen, wurden ihre Pollen unvermeidlich über die Artengrenzen hinweggetragen. Ownbey fand einige hübsche hybride Bocksbärte, die sich in der Pigmentpalette bei ihren purpurnen und gelben Eltern bedient und zweifarbige Blüten herausgebildet hatten. Sie waren sehr groß und trugen viele Blüten, aus denen aber meist nichts wurde: Statt bauschige Pusteblumen auszubilden, verkümmerten sie. Unfruchtbarkeit ist ein häufiges Schicksal der Hybriden. Ein Maultier ist zwar stark, kann aber keine Nachfahren zeugen.

In vier kleineren Bocksbart-Kolonien waren die Hybride nicht nur einfach groß, sondern gigantisch. Sie hatten dicke, fleischige Blätter und Stängel und enorme Blüten. Die Pollenkörner wiederum besaßen dieselbe Größe wie die der Eltern. Erstaunlicherweise waren diese Titanen fruchtbar. Ihre Blüten reiften zu spektakulären Fruchtkugeln aus: Die Riesenhybride konnten sich vermehren. Die Pflanzen, die Walter auf dem Tisch ausgebreitet hatte, damit ich sie betrachten und bewundern konnte, gehörten zu den fruchtbaren Giganten, die Ownbey in diesen Kolonien gesammelt hatte.

Um herauszufinden, welche Hybride fruchtbar waren, zupfte Ownbey die Staubbeutel ab, also den Teil der Blüte, der den Pollen produziert. Dann klemmte er Staubbeutelzellen zwischen zwei Glasscheiben und gab Färberröte hinzu. Unter dem Mikroskop wurden dadurch die Chromosomen sichtbar.

Ein Chromosom ist ein langer, um Proteine gespulter DNA-Strang. Bei allen Pflanzen, Tieren und Pilzen ist ein Großteil der DNA fein säuberlich in Strängen angeordnet wie die Fäden eines Wollstrangs. Sex bringt diese Ordnung allerdings durcheinander: Welches Elternteil vererbt dem Embryo welchen Strang? Bei vielen Arten – auch bei Menschen und Bocksbärten – besitzen die Eltern jedes Chromosom in zweifacher Ausführung und jede Geschlechtszelle enthält die Hälfte dieser Sammlung. Wenn sich Eizelle und Spermium vereinen, treffen die beiden Hälften aufeinander und vervollständigen sich zu einem kompletten Satz. Menschen haben normalerweise 23 Chromosomenpaare, Bocksbarteltern sechs.

Die riesigen Bocksbart-Hybride dagegen besitzen sechs Vierlinge. Ihre Chromosomen wurden durch einen Fehler bei der Zellteilung verdoppelt, sodass sie nunmehr von jedem Chromosom vier Kopien besitzen. Klingt degeneriert, kommt aber in der Evolution gerade bei Pflanzen ziemlich häufig vor, wie wir inzwischen wissen. Zudem ist die Verdopplung der Chromosomen oft auch Vorbotin größerer evolutionärer Veränderungen – unter anderem entstanden auf diese Weise die Blütenpflanzen.

Ein Chromosom in vierfacher Ausführung scheint für das Tagesgeschäft einer Pflanze oder anderer Lebewesen doch arg übertrieben. Wer braucht schon vier Kopien seines Bauplans? Zwei reichen locker, damit die Zellen funktionieren und um Eizellen und Pollen zu produzieren. Überzählige Chromosomen kosten. Die DNA und die Proteine in den Chromosomen ziehen Energie und verschleißen Material, das dann an anderer Stelle fehlt. Außerdem verstopfen sie die Zellen. Ebendeshalb sind fruchtbare Hybride wahrscheinlich so groß. Ihre Zellen müssen anschwellen, um die Überfülle an Chromosomen zu beherbergen. Aber der Überfluss hat auch einen Vorteil: Die Hybride können brauchbare Eizellen und Pollen produzieren.

Bei den unfruchtbaren Hybriden, die Chromosomen nur in zweifacher Zahl besitzen, ist der zarte Chromosomentanz, aus dem Eizellen und Pollen entstehen, ein katastrophales Tohuwabohu. Normalerweise liegen bei diesen Zellteilungen jeweils zwei Chromosomenpaare nebeneinander. Aber bei den unfruchtbaren Hybriden läuft das Gekuschel aus dem Ruder. Hier stammt jedes Chromosom im Paar von einer anderen Elternart, die sich in der Form und den chemischen Eigenschaften leicht unterscheidet. Diese Diskrepanz führt für gewöhnlich zu unbrauchbaren Eizellen und Pollen. Die fruchtbaren Hybride umgehen dieses Problem, indem sie ihre Chromosomen verdoppeln. Die vier Kopien enthalten von jedem Elternteil zwei Chromosomen. Und wenn die Zeit gekommen ist, dass die Chromosomen zueinanderfinden, gesellt sich jedes Elternexemplar zu seinem eigenen Pendant, sodass es nicht zu Fehlpaarungen kommt.

Die Verdopplung der Chromosomenzahl hatte aber noch eine unmittelbarere Auswirkung: Die hybriden Nachfahren konnten sich nicht mehr mit ihren Eltern kreuzen. Aufgrund der unterschiedlichen Chromosomenzahl war eine Vereinigung zwischen hybriden und elterlichen Eizellen und Pollen nicht mehr möglich. Die Hybride konnten sich nur mit anderen Hybriden ihrer Art kreuzen. Und aus der Kreuzung zweier Hybride entstanden neue Arten: Großer Bocksbart x Purpur-Bocksbart und Großer Bocksbart x Wiesen-Bocksbart. Die Kreuzung Purpur-Bocksbart x Wiesen-Bocksbart bringt nur unfruchtbare Nachkommen hervor. Warum sich der Große Bocksbart auf diese Weise fortpflanzen kann, wissen wir nicht. Zudem schaffen es selbst von ihnen nur wenige, die Sache bis zum Ende zu bringen, wahrscheinlich weil sie eine genetische Macke haben, die die Hybridisierung und Chromosomenvermehrung toleriert oder gar anregt.

Ownbey hieß die neuen Arten willkommen, indem er ihnen Namen gab: *Tragopogon mirus* und *Tragopogon miscellus*, von *mirus*, »erstaunlich«, und *miscellus*, »gemischt«. *Mirus* hat zweifarbige Blüten, ein gelbes Auge in einem purpurnen Ring. *Miscellus* hat große gelbe Blüten mit langen Blütenblättern. 75 Jahre nach Ownbeys Entdeckung sind die erstaunlichen gemischten Bocksbärte gut gediehen. Ownbey fand bei seiner Suche vier »kleine, labile« Populationen, die aus jeweils nur ein paar Dutzend Pflanzen bestanden. Heute wachsen die Hybride im gesamten Osten des US-Bundesstaats Washington und in Teilen von Idaho, ihre Populationen umfassen teils Tausende Individuen und verdrängen sogar die Elternarten, vor allem den Wiesen- und den Purpur-Bocksbart. Auch in Montana, Wyoming und Arizona wurden die neuen Arten gefunden. Einige Populationen stammen noch von den ersten Individuen ab, die Ownbey fand. Die meisten entstanden jedoch aus davon unabhängigen Hybridisierungen, was heißt, dass die Elternarten neue fruchtbare Hybridpopulationen gründen können. Genetische Untersuchungen zeigen, dass *Tragopogon mirus* mindestens 13 Mal neu entstanden ist, *Tragopogon miscellus* womöglich sogar 21 Mal.

Inzwischen haben sich die Hybride noch weiterentwickelt. DNA-Stücke sind zwischen den Chromosomen hin und her gewandert. 70 Prozent der Hybridpflanzen haben ein Chromosom hinzubekommen oder verloren. Manche Gene wurden getilgt oder ausgeschaltet. Der Bocksbart blüht erst in seinem zweiten Lebensjahr, es kann von den neuen Arten also allerhöchstens 40 Generationen geben. Die natürliche Selektion verschwendet keine Zeit.

In dem Saal des Herbariums mit den Typusexemplaren hängt ein gerahmtes Schwarz-Weiß-Foto, kaum größer als ein Din-A4-Blatt. 50 weiße Männer sind darauf zu sehen, in ordentlichen Reihen, mit Mänteln und Krawatten aus den 1940er-Jahren. Sie starren ernst in die Kamera, hinter ihnen ein von Efeu überwucherter Backsteinbau, während aus der Regenrinne der Schnee quillt. Neben einigen Gesichtern hat jemand mit dünnem schwarzem Stift Namen auf das Glas gekritzelt: »Dobzhansky, Wright, Fisher, Mayr, Simpson, Haldane«. Diese Männer haben die Biologie des 20. Jahrhunderts geprägt und trafen sich im Januar 1947 in Princeton auf einer Konferenz zum Thema Evolution. Hinter den Patriarchen in der vordersten Reihe steht der junge Ownbey.

In der Konferenz ging es um die geologische Zeit und die aufkommenden neuen Wissenschaften, die sich mit Evolution und Genetik befassten – wiewohl die DNA noch gar nicht entdeckt worden war. In den Protokollen gibt es keinen Hinweis auf einen Vortrag von Ownbey, aber er war da und hörte sich die neuesten Ideen und Erkenntnisse über die Evolution an, etwa zur Frage, wie neue Arten entstehen. Darwin hatte seinem berühmten Buch den Titel *Der Ursprung der Arten* gegeben, aber selbst einhundert Jahre später hatte die Biologie dafür kaum konkrete Beispiele. Konnten neue Arten durch die Kreuzung eng miteinander verwandter Elternarten entstehen, wobei sich die Chromosomenzahl womöglich verdoppelte? Manche hielten das vor allem bei Blütenpflanzen für wahrscheinlich. Aber niemand hatte dieses Phänomen schon einmal in der freien Natur beobachtet.

Ownbey war der Erste, der unfruchtbare Bocksbart-Hybride dokumentierte, die er 1946 an Straßenrändern in Pullman fand. Von der Konferenz 1947 kehrte er mit neuen Ideen und neuem Blick wieder heim. Im Frühjahr 1949 fand er die fruchtbaren Hybride und schrieb an seine Kollegen: »In diesem Frühjahr habe ich ihre Amphidiploide [fruchtbaren Hybride] gefunden und davon ausgehend den Rest der Geschichte rekonstruiert. Es ist ganz ohne Zweifel der spektakulärste Fall, der je entdeckt wurde.« Dann machte er sich daran, einen Aufsatz zu schreiben, der heute als Klassiker gilt. Er beschreibt in dem Text von 1950 die rasche Entwicklung neuer Bocksbart-Arten in Palouse. Damit hatte die Biologie endlich ein Beispiel in Echtzeit für die Entstehung der Arten. Der Schlüssel war die Hybridisierung und die Verdopplung der Chromosomenzahl.

Heute wissen wir, dass derlei Verdopplungen nicht nur die Entstehung aktueller neuer Arten erklären, sondern als innere Revolution auch in den Blütenpflanzen verborgen lagen, die so ihre ersten Entwicklungsschritte taten und in ihre enorme Vielfalt ausfächerten. Wir leben unter anderem deshalb auf einem Blumen-Planeten, weil sich die Chromosomen der mutierten Vorfahren vervielfältigten.

*****

In einem Brief an den Botaniker Joseph Hooker schrieb Charles Darwin 1879: Die, »soweit wir es beurteilen können, rasche Entwicklung aller höheren Pflanzen in der neueren geologischen Zeit ist ein entsetzliches Rätsel«. Mit »höheren Pflanzen« meinte er die neuesten Blütenpflanzen: Sonnenblumen, Orchideen und Rosen. Sie fanden sich plötzlich in großer Fülle in Fossilienfunden, im Gegensatz zu Pflanzen, die Darwin und seine Zeitgenossen für primitiver hielten, zum Beispiel Gräser. Darwins Pflanzentaxonomie ist inzwischen überholt – Gräser gelten heute nicht mehr als älter oder primitiver als Sonnenblumen –, aber das »entsetzliche Rätsel« besteht weiter. Urplötzlich betraten die Blütenpflanzen die Weltbühne und erlangten rasend schnell große Bedeutung. Eine Explosion mit unbekanntem Grund.

Heute wissen wir, dass Darwin dieses Rätsel niemals hätte lösen können. Seine »elend dürftigen Mutmaßungen« über den Ursprung der Blütenpflanzen betrübten ihn verständlicherweise, wie er im selben Brief an Hooker schrieb. Doch ohne das Wissen der modernen Genetik konnte er nicht hinter die in der Pflanzen-DNA verborgenen Geheimnisse schauen.

Neuere Untersuchungen von Pflanzengenomen – ein »Genom« ist die gesamte in einer Zelle enthaltene DNA – haben in der DNA der heutigen Pflanzen schockierende Narben aufgedeckt, genetische Kennzeichen alter Reparaturen, so als würde in einem Buch eine Passage fehlen oder ein Text nicht stimmen, weil es Druck- oder Lektoratsfehler gab. Wenn die Genetik die DNA lebender Blütenpflanzen kartiert, schließt sie von der Anordnung der DNA-Sequenzen darauf, dass ältere Blütenpflanzen wie die Bocksbart-Hybride ihre gesamten Chromosomen verdoppelt haben. Auf den groß angelegten Kopier- und Vermehrungsvorgang folgte ein Jahrmillionen dauernder Rückschnitt, der bei den Bocksbärten gerade erst begonnen hat. Viele sehr alte Pflanzen haben ihr verdoppeltes Genom dagegen derart konsequent zurückgeschnitten, dass sie irgendwann wieder nur noch zwei Ausführungen jedes Chromosoms besaßen.

Alles kopieren. Einfügen. Entfernen (selektiv). Welchen Vorteil könnte ein solches Verfahren haben? Genomduplizierte Pflanzen besitzen von jedem Chromosom vier Kopien. Sprich: vier Kopien von jedem einzelnen Gen. Sprich: viel Spielraum für Innovationen. Wenn eine der vier Kopien mutiert, besitzen die Pflanzen immer noch drei »normale« Kopien, mehr als genug, um für zufriedene Zellen zu sorgen. Und das mutierte vierte Gen wird zum experimentellen Forscher. Durch Mutation stellt das Gen ja vielleicht ein neuartiges Protein her, das die Pflanze widerstandsfähiger gegen Frost macht oder ihren Blüten ein neues Aroma verleiht. Oder das mutierte Gen ändert seine Kommunikation mit den anderen Genen und verändert damit das Pflanzenmanagement, sodass Blätter früher sprießen oder Blütenblätter eine neue Form ausbilden. Die meisten Mutationen sind allerdings nutzlos oder sogar nachteilig. Aber die natürliche Selektion eliminiert derlei Unbilden. Umgekehrt muss die natürliche Selektion aus einem Pool nützlicher Neuheiten schöpfen können – und die Verdopplung ganzer Genome erhöht die Möglichkeiten genetischer Variationen enorm.

Anders als das mühselige Tagesgeschäft der natürlichen Selektion, die Buchstabe für Buchstabe redigiert, ist die Verdopplung des ganzen Genoms ein unternehmensübergreifendes Brainstorming-Retreat inklusive Rave. Die für gewöhnlich geltende Regel, dass jedes Gen zu jeder Zeit produktiv sein muss, wird aufgehoben, der gesamte Organismus erkundet nun neue Ideen und Lebensweisen.

Gelegentlich kann eine Verdopplung – vor allem, wenn sie sich im Laufe von Zehnmillionen Jahren gleich mehrmals ereignet – dazu führen, dass sich ein einziges Gen zu einer ganzen Genfamilie auswächst. Die meisten Blütenpflanzen besitzen zum Beispiel bis zu 50 Variationen eines Gens mit Zucker pumpenden Proteinen. Algen besitzen vier oder weniger Kopien. In den Hundertmillionen von Jahren, die seit dem gemeinsamen Vorfahren von Blütenpflanzen und Algen vergangen sind, hat sich die Anzahl der Kopien dieser Gene in den Blütenpflanzen durch mehrere Verdopplungsrunden vervielfacht. In den heutigen Blütenpflanzen spielt jede Variation eines Gens eine spezifische Rolle. Viele schieben Zucker aus den Blattzellen in die Adern der Pflanze. Andere liefern Zucker an den sich entwickelnden Pollen oder Samen. Ein paar wenige bewegen Zucker innerhalb einer Zelle. Manche transportieren Hormone. Jedoch sind alle diese Gene nicht unabhängig voneinander und von Grund auf neu entstanden, sondern ein einzelnes Ur-Gen wurde reproduziert und durch die natürliche Selektion in Dutzenden Variationen aufgefächert (zuzüglich unveränderter Duplikate als Back-up für besonders wichtige Gene). Das Genom plagiiert sich durch Genvermehrung also gleichsam selbst. Der Komponist Igor Stravinsky sagte einmal über Antonio

Vivaldi: »[Er] wird sehr überschätzt – ein langweiliger Kerl, der ein und dieselbe Komposition unendlich oft wiederholen kann.« In der Evolution kann dieses Prinzip genau wie in der Musik ein aussichtsreicher Weg sein, um Neues zu erschaffen.

Wenn sich die Gene derselben Familie an unterschiedliche Rollen anpassen, entwickeln sich ihre DNA-Codes immer stärker auseinander. Anhand dieses Phänomens lässt sich eine Genealogie der Familie erstellen. Gene, die sich vor langer Zeit vervielfältigt haben, besitzen auch sehr unterschiedliche DNA-Codes. Gene, die sich erst vor ein paar Jahren vervielfältigt haben, sind sich dagegen noch ziemlich ähnlich. Weil die Genetik Genealogien für Tausende von Genfamilien erstellt, kann sie weit in der Zeit zurückschauen und schätzen, wann sich die Genome verdoppelt haben. Wenn Darwin das noch erlebt hätte, er hätte hocherfreut an seinem Bart gezwirbelt. Die ältesten Pflanzen verdoppelten ihr Genom vor 319 und vor 192 Millionen Jahren (plus minus ein paar Millionen Jahre). Das ist weit vor den beiden bedeutendsten Ereignissen der Pflanzenevolution: der Entstehung der Samenpflanzen und der Blütenpflanzen.

Das »entsetzliche Rätsel« lässt sich teilweise durch die Verdopplung der Genome erklären. Die älteste Verdopplung fand vor der Erfindung der Samen statt, die heute von allen lebenden Pflanzen außer von Moosen, Farnen, Lebermoosen und ihren Verwandten genutzt werden. Ein Samen ist Kindergarten, Speisekammer und Schutzhülle für die keimende Pflanze. Die andere Verdopplung vor 192 Millionen Jahren ging der Erfindung der Blüten voraus. Aus ihrem Ausbruch an Vielfalt gingen die meisten der heute lebenden Pflanzenarten hervor.

Aber können Genomduplikationen wirklich so große Revolutionen auslösen? Dass sich vor gleich zwei größeren kreativen evolutionären Umbrüchen eine Verdopplung ereignete, mag ein Hinweis darauf sein, ist aber noch längst kein Beweis. Möglicherweise handelt es sich schlicht um eine zufällige Gleichzeitigkeit. Auch der zeitliche Rahmen ist leidlich lose und lässt Raum für übertriebene Spekulationen. Wir wissen einfach nicht genau, wann die allerersten Blütenpflanzen entstanden sind. Viele Untersuchungen weisen auf eine Zeit vor ca. 192 Millionen Jahren hin. Aber die unbotmäßige Vielfalt an Blütenpflanzen entstand erst vor 120 Millionen Jahren und später. Wenn die Genomverdopplung eine Explosion der Vielfalt entzündet haben sollte, hatte sie also eine ziemlich lange Lunte.

Schlagkräftigere Hinweise auf die katalytische Wirkung der Genomduplikation finden sich in der Zeit, als sich die ersten Blütenpflanzen herausbildeten: Die Verdopplung ereignete sich nämlich nicht nur bei der Entstehung der Blütenpflanzen, sondern auch noch Hunderte Male danach. In den meisten Fällen folgten darauf vielfältige Neuerungen und Diversifizierungen, allerdings gern mit einer Verzögerung von 20 Millionen oder mehr Jahren. Die Familie der Sonnenblumen ist heute zum Beispiel die Blütenpflanzenfamilie mit der zweitgrößten Vielfalt nach den Orchideen. Sie umfasst etwa 25.000 lebende Arten, zu denen auch der Bocksbart gehört. Eine Verdopplung gab vor langer Zeit den Startschuss dazu. Dasselbe gilt für die Monokotyledonen, die einkeimblättrigen Pflanzen, zu denen unter anderem Orchideen, Lilien, Gräser und Palmen gehören.

Auf zwei Drittel von gut einhundert Ur-Duplikationen, die die Genetik untersucht hat, folgte eine Zunahme der Artenvielfalt. Die Duplikationen liegen allesamt in ferner Vergangenheit und ereigneten sich vor Millionen von Jahren. Neuere Verdopplungen wie beim Bocksbart waren ebenfalls sehr produktiv. Ein Viertel bis ein Drittel aller Blütenpflanzen entstanden vermutlich durch Genomverdopplung.

Wir Menschen sind heute von der Ergiebigkeit doppelter Genome abhängig. Die meisten heutigen Kulturpflanzen besitzen doppelte (oder dreifache, vierfache oder noch vielfachere) Genome, darunter Weizen, Hafer, Kartoffeln, Baumwolle, Quinoa, Erdnüsse, Kohl, Kaffee und Zuckerrohr. Bei vielen von ihnen besitzt der wilde Vorfahr kein doppeltes Genom. Und obwohl unsere Ahnen nichts von Chromosomen wussten, waren sie derart geschickt im Umgang mit Blütenpflanzen, dass sie aus den bestehenden wilden Arten besonders nahrhafte neue Pflanzen züchteten. Wie wir heute wissen, entstanden durch die Kreuzung von Arten oftmals neue Sprösslinge mit mehreren Genomen. Der heutige Weichweizen, der 95 Prozent der weltweiten Ernte ausmacht, entstand zum Beispiel durch zwei hintereinander erfolgte Hybridisierungen, die drei wilde Grasarten vereinte. Wenn Sie in ein Bagel oder in einen Keks beißen, verzehren Sie die Überreste von Zellen, die von jedem Chromosom nicht zwei Kopien ihrer Vorfahren, sondern sechs besaßen. Andere Kulturpflanzen wie einige Kartoffelsorten sind keine Hybride, sondern haben einfach ihre eigene Chromosomenzahl verdoppelt und auf diese Weise neue Wege für genetische Experimente eröffnet. Als unsere pflanzenzüchtenden Vorfahren neue Nutzpflanzen erschufen, kombinierten sie eigene Bedürfnisse und Begehrlichkeiten mit Vorgängen der Genomverdopplung und Hybridisierung in freier Natur. Mit ihrer Flexibilität und Innovationskraft veränderte die Pflanzengenetik nicht nur vor Jahrmillionen den Planeten, als die Blütenpflanzen die Herrschaft über weite Teile der Welt übernahmen, sondern legte auch den Grundstein für unsere Agrargesellschaft.

Der Bocksbart ist in zweifacher Hinsicht außergewöhnlich: weil er seine Chromosomen verdoppelte und weil er dabei auf frischer Tat ertappt wurde. Nur selten können wir einen derartigen Vorgang »live« verfolgen. Denn die meisten Verdoppelungen führen in eine Sackgasse. Nur einige wenige begründen Dynastien und sind Vorbotinnen großer Neuerungen. Ohne Genomverdopplung würde es viele heutige Pflanzenfamilien und Pflanzenarten gar nicht geben. Und wir Menschen wären ziemlich hungrig.

*****

Die Bocksbärte, die Ende des 19. und Anfang des 20. Jahrhunderts aus Europa in den amerikanischen Westen einwanderten, erlebten einen Klimaschock, der sie plötzlicher und härter traf als alles, was ihre jüngsten Vorfahren erlebt hatten. Selbst das Ende der Eiszeit in

Europa hatte Jahrhunderte gedauert. Die ausgewanderten Bocksbärte, die gerade noch auf einer Wiese in Italien oder einem Garten in Frankreich wuchsen, standen im Jahr darauf plötzlich in Amerika. Ein paar Samen waren absichtlich abgepflückt und mitgenommen worden, um in der Neuen Welt Gemüse- oder Heilkräutergärten anzulegen. Andere landeten mit der Kornernte europäischer Felder in Säcken, die über den Atlantik verschickt wurden. Amerika war etwas ganz anderes als die Heimatländer der Pflanzen. Der Bocksbart, der von den Gerstenfeldern Mitteleuropas nach Washington kam, sah sich plötzlich mit kälteren, schneereicheren Wintern, heißeren, trockeneren Sommern, mehr Sonne und stärkerem Wind konfrontiert. Auch der Takt der Jahreszeiten war ein anderer, mit größeren Temperaturumschwüngen und höherer Feuchtigkeit. Zudem fiel seine Umsiedlung mit einer Revolution in der Landwirtschaft zusammen. So musste sich der Bocksbart mit neumodischen Agrochemikalien und motorbetriebenen Pflügen auseinandersetzen. Und als die Pflanzen schließlich blühten, vermischten sich ihre Eizellen und Pollen mit den anderen Bocksbartarten, ein Novum, das in ihrem bisherigen Sexualleben in der Heimat kaum einmal vorgekommen war. Ein in jeder Hinsicht enormer Umbruch.

Stress lässt Pflanzen mutieren. Extreme Hitze, plötzlicher Frost und andere Unbilden der Natur verletzen das Genom. Die Chromosomen teilen sich nicht so, wie sie sollten, der DNA-Code wird mit Fehlern vollgepfeffert. Dadurch nimmt die Lebenskraft der meisten Pflanzen ab. Aber in einigen wenigen Individuen führt das genetische Chaos zu nützlichen Neuerungen. Aus jedem Aufruhr schälen sich zumindest ein paar gute Ideen.

Beim Bocksbart führte die stressige neue Umgebung zur chromosomalen Verdopplung. Und einige dieser genomduplizierten Pflanzen gediehen besonders gut. Verglichen mit ihren Eltern konnten viele von ihnen schneller fotosynthetisieren. Die Emporkömmlinge, die offenbar besser an ihr neues Zuhause angepasst waren, übernahmen die Macht. Wie Experimente im Labor und auf dem Feld bei anderen

Blütenpflanzenarten gezeigt haben, sind genomduplizierte Pflanzen oft widerstandsfähiger gegenüber Trockenheit, salzigen Böden, großer Hitze und anderen Stressoren.

Wenn einem die Außenwelt zusetzt, kann eine innere Veränderung ein Ausgleich sein. Das galt auch schon vor Jahrmillionen. Bei den durch Meteoriten und Vulkane ausgelösten Katastrophen am Ende der Kreidezeit wurden zum Beispiel 70 Prozent aller Pflanzenarten ausgerottet. Zu den Arten, die nicht nur überlebten, sondern wahrhaft aufblühten, gehörten die Vorfahren der Gräser – Pflanzen, die heute ganze Prärien, Steppen und Agrarlandschaften bilden. Als die meisten Arten unter den Zuckungen der Erde starben, verdoppelten die Ahnen der Gräser ihr Genom, durchstanden die harten Zeiten und erlebten ihre Blütezeit. Viel später dann sollten die Graslandhabitate Bühne und Ansporn der frühen menschlichen Evolution sein.

Der Mensch verdankt seine Entstehung der genetischen Widerstandskraft von Gräsern, die ein weltumwälzendes Desaster überlebten. Andere Überlebende des Massenaussterbens am Ende der Kreidezeit, darunter auch die Vorfahren von Gemüse und Banane, blühten ebenfalls nach dem großen Umbruch auf, weil sie ihr Genom verdoppelten. Die Vergangenheit ist zugleich Vorspiel: In unserer heutigen Umweltkrise mit all den überbordenden Veränderungen ist die genetische Flexibilität der Blütenpflanzen genauso wichtig wie in der damaligen Zeit erdverändernder Erschütterungen. Die blühenden »Unkräuter« in den Rissen der Gehwege und an den Feldrändern – außer dem Bocksbart werden wir noch einige andere kennenlernen – werden einmal die Erben der veränderten Erde sein.

Die Genomverdopplung liefert das Rohmaterial für evolutionäre Kreativität. Aber das allein genügt nicht. *Alles kopieren. Einfügen. Entfernen (selektiv).* Der letzte Schritt ist der entscheidende. Mehrfaches Verdoppeln ohne Zurechtstutzen bläht das Genom auf. Chromosomen bestehen aus wertvollen Proteinen und DNA, und all das zusammenzubauen braucht Zeit. Außerdem sind Chromosomen sperrig. Nach der Duplikation haben Pflanzen, ganz wie ein sammelwütiger Mensch, ein Problem. Gut, eines Tages könnte ihnen ihr DNA-Haufen auch nützlich sein. Aber bis dahin frisst er Energie und ertränkt ihr Haus in Müll.

Deshalb wird gleich nach der Verdopplung mit dem Ausmisten begonnen. Die neue hybride Art des Bocksbarts ist noch keine hundert Jahre alt, aber einer Schätzung zufolge haben schon 20 Prozent ihrer Gene mindestens eine Kopie verloren. Wenn wir das auf ein paar Millionen Jahre hochrechnen, verliert das verdoppelte Genom noch drastisch an Volumen. Bei Pflanzen, deren Duplikation schon lange zurückliegt, sind allein durch die zufälligen genetischen Mutationsprozesse und fehlgelaufenen Chromosomenteilungen ganze Chromosomenbündel verschwunden. Die Blütenpflanzen, die heute von jedem Chromosom nur noch zwei Ausführungen besitzen, stammen allesamt von Vorfahren ab, die einst sehr viel mehr Chromosomensätze hatten und sie im Laufe der Zeit auf eine leichter händelbare Sammlung zusammenstutzten.

Mutationen passieren zufällig, aber welche Mutanten überleben, ist kein Zufall. Wenn wir uns noch einmal die verheißungsvolle Verdopplung des Genoms vor 192 Millionen Jahren anschauen, sehen wir, dass gerade die für das Blühen verantwortlichen Gene erhalten blieben, oft sogar in mehreren Kopien. Die Siegergene steuern den Ablauf der Reproduktion, das Wachstum des Blütengewebes und die Entwicklung von Frucht und Samen. Das meiste andere verdoppelte genetische Material jener Zeit wurde dagegen rausgeschmissen.

Weil die Blütenpflanzen ihr Genom verdoppelten und es dann passgenau zurechtstutzten, erhielten sie reichlich neues Material für ihre evolutionäre Forschung. Es gibt Hinweise darauf, dass andere Pflanzen wie die Vorfahren der heutigen Farne ebenfalls eine solche Verdopplung vornahmen, allerdings sehr viel seltener, und beim Zurechtstutzen waren sie weit weniger gründlich. Die Natternzungen haben in jeder Zelle 1440 Chromosomen, was den Betrieb doch ziemlich schwerfällig macht. Der Tropenfarn *Tmesipteris oblanceolata* aus Neukaledonien besitzt das größte Genom von allen bekannten lebenden Zellen, 50 Mal größer als unseres, mit acht Kopien von jedem einzelnen Chromosom, die alle durch die duplizierte, unbeschnittene DNA aufgebläht sind. Die Blütenpflanzen gewannen ihren genetischen Vorteil eben erst durch wiederholte Duplikation *und* beflissenen Rückschnitt. Übrigens haben womöglich auch unsere tierischen Vorfahren von einer solchen Verdopplung profitiert. Im Genom aller Säugetiere, Reptilien, Vögel und Amphibien finden sich Anzeichen für eine Verdopplung und die nachfolgende Bearbeitung, die gerade zu der Zeit stattfand, als sich die Landwirbeltiere von ihren fischartigen Vorfahren zu trennen begannen.

*****

Der rigorose Rückschnitt der Gene nach der Genomverdopplung bot den Blütenpflanzen noch einen weiteren Vorteil. Zellen mit gekapptem Genom sind vergleichsweise klein. Und kompakte Zellen können sich leichter ernähren.

Pflanzen nutzen Sonnenlicht, um Kohlendioxid zu Zuckern zu verketten. Sie essen Luft und Licht. Das gilt für die überwältigende Mehrheit der Pflanzen mit nur wenigen Ausnahmen, zum Beispiel den Orchideen, die sich von Pilzen ernähren – sie werden wir im nächsten Kapitel kennenlernen. Die Blattzellen benötigen Wasser und Kohlendioxid. Wasser kommt über die Blattadern, Kohlendioxid durch die atmenden Poren herein. Wenn die Blattzellen klein sind, kann das Adernetz sehr dicht und die Zahl der Poren groß sein. Wie ein Küchenmeister mit Speisekammer und Spüle in Reichweite können kleinzellige Blätter Essen am laufenden Band produzieren. Pflanzen mit kleinen Zellen können drei- bis viermal schneller fotosynthetisieren als ihre großzelligen Verwandten. Aber wenn sich Chromosomen verdoppeln, verstopfen sie die Zelle. Deshalb ist das Zurechtstutzen von so großer Bedeutung.

Weil die Blütenpflanzen ihr überflüssiges genetisches Gepäck über Bord geworfen haben, konnten sie nur ein paar ausgewählte verdoppelte Gene aufbewahren und sich sodann wieder dem Verzehr qua Sonnenbad widmen. Dieses zweischrittige Verfahren – erst duplizieren, dann reduzieren – war für den Aufstieg und die Ausbreitung der Blütenpflanzen entscheidend.

Wir können ihre Geschichte noch in den Fossilien nachlesen. Vor langer Zeit fielen Blätter zu Boden, wurden zusammengedrückt und von ihren künftigen Steingräbern eingeschlossen. Wenn wir diese Mausoleen nach Zehn- oder Hundertmillionen Jahren aufbrechen, sehen wir nicht nur die Form der Blätter – dies sieht nach Espe aus, das dort nach Kiefernnadel –, sondern auch die Adern und Poren in all ihren erlesenen Einzelheiten. Die Dichte der Adern in den fossilisierten Blättern der Blütenpflanzen hat sich im Laufe der Kreidezeit verdreifacht. Im Gegensatz dazu war die Aderdichte bei Farnen, Nadelbäumen und anderen Nacktsamern gering und nahm auch nicht zu. Ebenso wuchs auch die Dichte der Blattporen bei Blütenpflanzen auf das Zwei- bis Dreifache der meisten Nacktsamer an. Heute hat eine Blütenpflanze im Schnitt die vierfache Aderdichte. Bei den Poren gab es keine so deutliche Entwicklung, aber auch ihre Dichte ist bei Blütenpflanzen fast immer höher. Die Zellen klein zu halten war für die Blütenpflanzen also eine hilfreiche Strategie.

Heißt das nun, dass die nacktsamigen Pflanzen, die Farne, Nadelbäume und ihre Verwandten, Mangel leiden oder dem Untergang geweiht sind? Nein, mitnichten, sie sind alle gut an ihre jeweilige Heimat angepasst, an das Unterholz schattiger Wälder oder schneereiche boreale Nadelwälder, wo die Dichte der Adern und Poren von weniger großer Bedeutung ist. Andernorts indes ergötzen sich die Blütenpflanzen an der Luft und gedeihen in übergrüner Fülle.

Gute Ernährung ist besonders dann wichtig, wenn die Umweltbedingungen rau sind. Vor 100 Millionen Jahren war die CO2-Konzentration in der Luft sehr hoch, etwa 1000 Teilchen pro Million (parts per million, ppm), und damit fast viermal so hoch wie die vorindustrielle Konzentration von 280 ppm. Die Luft war für die Pflanzen eine reichhaltige Suppe, und Fotosynthese zu betreiben fiel ihnen relativ leicht. In den nächsten 35 Millionen Jahren halbierte sich der CO_2-Spiegel – in eben der Zeit, in der sich auch die Blütenpflanzen ausbreiteten. Der Abfall an CO_2 wurde vermutlich durch chemische Absorption im verwitternden Gestein und den Sedimenten der Tiefsee verursacht. Aus der nahrhaften Suppe wurde eine magere Brühe. Aber im Gegensatz zu ihren Vorfahren und ihren nacktsamigen Verwandten hatten die Blütenpflanzen jetzt mehr Löffel in der Suppenschüssel. Dank der zahlreichen Poren und des dichten Netzwerks an Blattadern strömten nach wie vor genug Wasser und CO_2 durch ihre Blätter.

Revolutionen werden oft durch Kleinigkeiten ausgelöst. Was könnte für die großen Narrative der Erde unbedeutender und irrelevanter sein als die Poren und Adern auf einem Blatt? Ja, wir betrachten Laub heutzutage gar als Abfall – wir Engländer nennen es »litter«, was bezeichnenderweise »Streu« *und* »Müll« bedeutet –, anstatt Blätter als das weltverändernde Wunder anzusehen, das sie in Wahrheit sind. Und doch haben Veränderungen in der Dichte der Pflanzenadern und -poren zu einer der größten Umwälzungen irdischen Lebens beigetragen: zum Aufstieg der Blütenpflanzen. Mehr noch, diese Blattarchitektur hat das Klima verändert und neue Ökosysteme erschaffen, die heute die bedeutendsten Habitate der Welt sind. Blätter mit einem dichten Adernetz und zahlreichen Poren verlieren viel Wasser an die Luft. Während ihr Atem himmelwärts steigt, bilden sich Wolken, die sich wiederum auf die Erde ergießen. Die tropischen Regenwälder entstanden am Ende der Kreidezeit durch den immer intensiveren Austausch zwischen Pflanzen und Himmel. Aber auch noch eine Erfindung der Blütenpflanzen trug dazu bei, eine neue Verrohrung ihrer Gefäße, die den Wasserfluss von den Wurzeln zum Stamm beschleunigte. Wie es der Paläobotaniker C. Kevin Boyce und seine Kollegen in einem wissenschaftlichen Aufsatz formulierten, brachten die Blütenpflanzen »den Regen in die Regenwälder«. Heute wissen wir, dass die feuchten Wälder die größte Biodiversität auf dem gesamten Planeten besitzen. Sie stabilisieren das globale Klima und den Niederschlag. All diese vielfältige, lebendige Pracht hängt an der speziellen Form filigraner Pflanzenblätter, ermöglicht durch Zellen, die dank der Stutzung ihres Genoms verschlankt wurden. Ja, manchmal sind es wirklich die kleinen Dinge im Leben.

*****

Gestutzte Genome ergaben Blätter, die Licht und Luft gut schlucken können. Die Chromosomenverdopplung, die der Straffung vorausging, beförderte in den Blütenpflanzen genetische Neuerungen. Aber wozu? Die Evolution ist keine Elster, die sich für blinkendes Bling-Bling begeistert. Für die natürliche Selektion bemisst sich der kreative Wert an der Nützlichkeit. Was haben die Blütenpflanzen mit ihrer Sammlung frisch duplizierter Gene gemacht? Die Neuerer taten vieles, subsumierbar in einem Satz: Aus einem »ich« machten sie ein »wir«. Sie intensivierten die Beziehungen zu anderen Arten und machten ihren Erfolg damit zur Gemeinschaftsaufgabe. Übrigens ein uraltes Thema, das schon lange existierte, bevor die Blütenpflanzen oder andere Pflanzen auf die Welt kamen. Die ersten Zellen auf unserem Planeten lebten vor 3,5 Milliarden Jahren in einer Gemeinschaft, die von gegenseitiger Unterstützung und Abhängigkeit geprägt war. Die Blütenpflanzen haben diese alte Praxis der Symbiose auf ungeahnte Weise erweitert. Und Orchideen sind das beste Beispiel für die wundersamen und bisweilen beunruhigenden Wege, auf denen enge Beziehungen die Vielfalt des Lebens zum Explodieren bringen.

Orchidee

Intensive Beziehungen fördern die Vielfalt

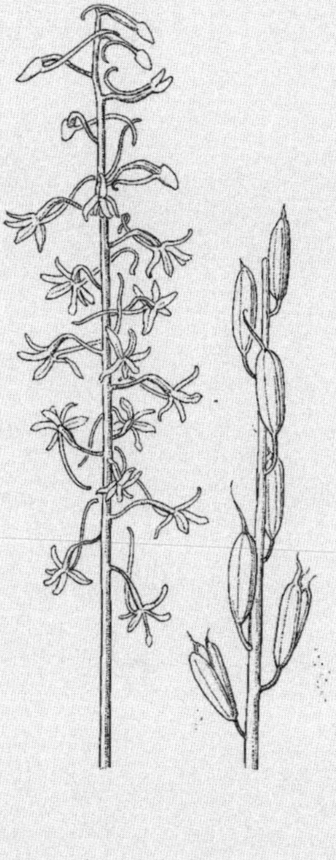

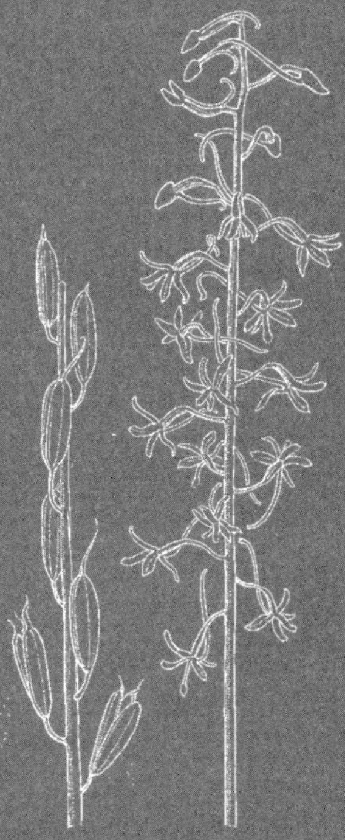

ERFOLG DURCH CO-ABHÄNGIGKEIT: was für ein Kontrast zum vorherrschenden Narrativ unserer Kultur, in der Individualität das höchste Gut ist. »Ich verdiente meinen Lebensunterhalt einzig mit meiner Hände Arbeit«, schrieb Henry David Thoreau. Über hundert Jahre später meinte die britische Premierministerin Margaret Thatcher: »Wer ist die Gesellschaft? So etwas wie die Gesellschaft gibt es nicht! Es gibt nur einzelne Männer und Frauen, und es gibt Familien ... Die Gesellschaft als solche existiert nur als Konzept.« Und ein Präsidentschaftskandidat in den USA sagte: »Ich kriege das hin.« Auch die biologische und ökonomische Theorie beruhen auf dem Primat des Individuums, Charles Darwins natürliche Selektion genauso wie Adam Smiths Marktwirtschaft.

Die Fokussierung auf das Individuum verschleiert die Tatsache, dass Individuen ihr Leben und Überleben Beziehungen verdanken. Auch Innovation und Produktivität sind die Frucht von Zusammenarbeit. Es ist unmöglich, eine Grenze zwischen »ich« und »wir« zu ziehen. Ohne Gemeinschaft gibt es keine Individuen – es braucht zusammenwirkende Gene, den permanenten Austausch der Zellen im Körper, Energie, die durch Nahrungsnetze fließt, die Interaktion der Arten. Thoreau lag falsch: Wir verdienen unseren Lebensunterhalt immer und ausnahmslos mit vieler gemeinsamer Hände Arbeit. Eine Wahrheit, die im Triumph der Blütenpflanzen gipfelt. Nirgendwo ist das offensichtlicher als in der artenreichsten aller Pflanzenfamilien, den Orchideen. Ihre Bündnisse verweben Himmel und Erdreich, fliegende Bestäuber mit erdverwurzelten Mikroben und Pilzen. Das tun zwar viele andere Blütenpflanzen auch, aber die Orchideen führen ganz besonders intensive Wechselbeziehungen. Bei manchen geht die Abhängigkeit sogar so weit, dass man auf den ersten Blick kaum glaubt, dass sie allein überleben, sich fortpflanzen oder gar vermehren könnten.

Die ersten Orchideen entstanden vor 112 Millionen Jahren. Heute umfasst die Familie ca. 28.000 Arten und ist damit die artenreichste Pflanzenfamilie unseres Planeten, knapp gefolgt von der Familie der Astern und Sonnenblumen (die manchen Zählungen zufolge sogar noch ein klein wenig vielfältiger ist). Zum Vergleich: Es gibt alles in allem nicht einmal 7000 Säugetierarten. Jede Orchideenart ist ein einzigartiges Geflecht aus Pflanze, Bestäuber und Pilz. Genau das befeuert die Diversität der Orchideen. Bei vielen Arten sind die Verbindungen zudem von Gegenseitigkeit geprägt. Fast alle frisch ausgekeimten Orchideen sind bei ihrer Ernährung von Pilzen abhängig, eine radikale Abkehr vom sonnenlichtbefeuerten Wachstum der meisten jüngeren Pflanzen. Bei ihrer oft sehr speziellen Bestäubung interagieren ihre winzigen, komplizierten Fortpflanzungsorgane mit einer Handvoll Bestäuberinsekten oder manchmal sogar nur mit einer einzigen pollenbefördernden Art – eine verlockende Allegorie für die Harmonie und gebefreudige Gegenseitigkeit in der Natur. Aber andere Orchideenarten torpedieren diese Fabel. Denn ihre Beziehungen können die verschiedensten Formen annehmen. Manche Orchideen delektieren sich an Diebstahl und Täuschung, parasitieren Pilze und düpieren Bestäuber. Aber ganz gleich, ob parasitisch oder mutualistisch – die Beziehungen der Orchideen sind stets intensiv. Sie haben den Aufruf des Romanciers E. M. Forster, »Verbinde!«, ins Extrem gesteigert und sich zu bisweilen höchst eigensinnigen Zwecken zurechtgebogen.

*****

Wenn der Herbst fortschreitet und die meisten Pflanzen in den Wäldern des US-amerikanischen Ostens in Schlummer versinken, erwacht *Tipularia discolor.* Während die herabfallenden Blätter schon vom Winter künden, erhaschen wir einen unerwarteten Blick auf neues Leben. Von unten schiebt sich ein spitz zulaufendes ovales Blatt durch das Eichen- und Ahornlaub auf dem Boden. Das Blatt der »Schnaken-Orchidee«, wie wir sie hier nennen, ist gefaltet und seine Oberseite von dunklem Mattgrün, von der Farbe und Größe eines Spinatblatts. Aber wenn man niederkniet und das Blatt wendet, erlebt man eine Überraschung. Die Unterseite ist nämlich durchweg violett, bisweilen hell wie Lavendel, meist aber dunkle Pflaume. Das violette Pigment schützt das Blattinnere vor Gefrierbrand. Bei einzelnen Pflanzen besitzt auch die Oberseite violette Flecke. Bei anderen ist das gesamte Blatt dunkle Aubergine, einer der bezauberndsten Anblicke in diesen winterlichen Wäldern.

Der Herbst mag eine seltsame Zeit sein, um ein Blatt zu entfalten, aber sommers ist das Baumkronendach hier dicht. Im Hochsommer sickert nur noch mageres grünliches Licht hindurch. Deshalb sprießen viele Wildblumen im angehenden Frühling und hetzen durch ihren Lebenszyklus, bevor sich die Baumknospen öffnen. *Tipularia discolor* dagegen ist abgehärtet. Sie wächst im Winter und verwelkt, wenn die Frühlingswildblumen ihre Blütezeit erreichen. Dank geringer Konkurrenz schlemmt das Orchideenblatt das Sonnenlicht, wenn die Temperaturen schon am Nullpunkt kratzen.

Dabei legt *Tipularia discolor* alle Hoffnungen in ein einziges Blatt. Dieses kostbare Solarpanel beschützt sie gut. Sie hat darauf mikroskopisch kleine Stacheln aus Kalziumkristallen verstreut, und durch das violette Pigment können Rehe das Blatt schlecht sehen. Während es nun am schwachen Sonnenlicht nippt, schickt es Nahrung in den tief vergrabenen Stängel. Am Ende des Frühlings stirbt das Blatt ab und vermodert rasch. Im Boden verborgen, wartet der Stängel noch mit seinem von Stärke geschwollenen Gewebe den Sommeranfang ab.

Irgendwann nach der Sommersonnenwende, zumeist im Juli,

sticht ein blattloser Stiel in die Höhe. Er ist strohdünn, aber so hoch wie mein Knie. Anfangs noch grün-violett, reift er schließlich zur Farbe alten Heus. Über die obere Hälfte sind seitlich regelmäßig Blüten verteilt, manchmal zwei Dutzend oder mehr. Sie sehen aus wie halb zerquetschte langbeinige Insekten, die sich in einem Spinnennetz verheddert haben. Im Vergrößerungsglas sprießen aus ihnen sieben bräunlich-gelbe, blütenblattähnliche Ansätze und ein langes, dünnes Nektarrohr. Die Ansätze sind verdreht und an einer Seite eingedrückt. Das Ganze gleicht einer verwundeten Schnake, die ihre Beine in die Seite stemmt – daher der amerikanische Name, »Schnaken-Orchideen«.

Im sommerlichen Blattwerk kann man die Blumenstiele leicht übersehen. Um sie zu finden, ist es das Einfachste, sich zu merken, wo das Winterblatt wächst, und dann im Sommer zurückzukehren, um nach den Blüten zu suchen. Auf uns mag die Blume unscheinbar wirken, für Eulenfalter ist sie das nicht. Für die kleinen Dämmer- und Nachtflieger sind ihre Blüten eine aromatische Wonne – zumindest so lange, bis sie sie halb blind gemacht haben.

Nachts verströmt *Tipularia discolor* ein Aroma wie eine milde Narzissenblüte, derart dezent, dass meine Nase es kaum vom Duft des Laubes auf dem Waldboden unterscheiden kann. Aber wenn ein Eulenfalter vorbeiflattert und den Duft aufnimmt, kriegt er ein klares, deutliches Signal. Er flappt herunter und spult seinen langen Saugrüssel aus. Ah, Süße! Der Rachen der Blüte führt zu dem nach hinten zeigenden Sporn, der prallvoll mit Nektar gefüllt ist. Die Motte schiebt sich weiter vor, schlürft tiefer, und bums!, prallt sie mit dem Auge gegen etwas Klebriges und wird vom Sekundenkleber der Orchidee verpappt. Wenn sie sich dann zurückzieht, lösen sich zwei Pollensäcke aus einem Versteck im Blütenfirst und werden an ihr Auge gemörtelt.

Die Oberfläche des Mottenauges ist glatt und fest und damit gut beklebbar, anders als der Rest des Körpers, der aus fusseligen Schuppen besteht. Die merkwürdig asymmetrische Form der Orchidee mit den zur Seite gedrehten Blütenblättern hat sich bei *Tipularia discolor* herausgebildet, damit sie der Motte frontal aufs Auge hauen kann. Eine brauchbare Regelung, zumindest für die Orchidee, weil auch einäugige Motten weiter nach Blüten suchen.

Die Pollensäcke sind zunächst durch eine Verhütungskappe geschützt, die nach etwa einer halben Stunde abfällt. Die Kappe verhindert die Selbstbefruchtung, die sogenannte »Selbstung«, die Nachwuchs durch Inzucht hervorbringt. Aber wie viele andere Pflanzen geht auch *Tipularia discolor*, wenn sie keinen anderen Pollen findet, irgendwann zur Selbstbestäubung über. Ist die Kappe abgefallen, bleiben die Pollensäcke an der klebrigen Narbe der nächsten Blüte hängen, an der die Motte trinkt. Die eine Hälfte der Blüten ist nach links, die andere nach rechts verdreht. Wenn die Motte eine zweite Blüte besucht, stehen die Chancen also 50:50, dass der Pollensack auf eine Narbe mit derselben Verdrehung trifft.

Die Liebe zu den Orchideenblüten macht die Motten halb blind. Der Fotograf Ken Childs hat auf seiner Farm in Tennessee Motten mit einem halben Dutzend oder mehr Pollensäcken an jedem Auge dokumentiert. Als ich einmal mit einem Zahnstocher in Orchideenblüten gepiekst habe – darunter auch *Tipularia discolor* –, brachte mich der klebrige pollengebende Ballen fast zur Weißglut. Diese gummiartige Konsistenz, die sich um nichts in der Welt abschütteln ließ. Als ich dann versuchte, ihn mit einem zweiten Zahnstocher abzustreifen, klebten die beiden aneinander fest und blieben noch stundenlang vereint. Kein Zweifel, die Orchidee schadet ihrer Bestäubermotte, indem sie ihr die Sicht trübt.

Der Stängel der *Tipularia discolor* kann zwar zwei oder drei Dutzend Blüten halten, aber meist reifen nur sieben zu Fruchthülsen heran, die den Spätsommer über bis zu Bohnengröße anschwellen. Die dafür benötigte Energie und das Material erschöpfen den unterirdischen Speicher der Pflanze. Mit jeder im Spätsommer gewachsenen Frucht wird das im Herbst ausprießende Blatt um zwei Prozent kleiner. Werden es sehr viele Früchte, lässt die Pflanze im nächsten Jahr das Blühen bleiben.

Im Herbst trocknen Stängel und Früchte aus, nehmen die hellbraune Färbung der ausgebleichten Eichenblätter an und passen nun gut zur Laubstreu. An trockenen Tagen platzen die Fruchthülsen und enthüllen erschreckend kleine Samen. Mit dem Vergrößerungsglas zähle ich Tausende in einer einzigen Hülse. Wie alle anderen Orchideenarten ist auch *Tipularia discolor* eine Minimalistin der Kinderfürsorge. Jeder Samen enthält einen Keim und sonst nichts. Kein Tropfen nährstoffreichen Öls, keine Stärkereserven, kein Protein. Nur eine Kugel mit embryonalen Zellen, die in einer winzigen, ballonähnlichen Samenschale eingeschlossen sind. Der leiseste Windhauch trägt diese Mini-Zeppeline in die Lüfte.

Wenn die Flieger wieder landen, überleben nur die, die gegen pilzbesetzte Äste oder Baumstümpfe prallen. Wie alle Orchideen bezieht *Tipularia discolor* ihre Nahrung nicht aus der Sonne, sondern aus Pilzen. Die winzigen Orchideenbabys entnehmen den Pilzfäden Gewebe, an dem sie nuckeln. Dabei hat jede Orchideenart ihre eigenen Vorlieben an Pilzgehilfen. *Tipularia discolor* mag holzverdauende Pilze, wie man sie normalerweise in großer Fülle auf umgestürzten Bäumen findet. So wird ein Teil der riesigen Bäume über den Umweg des Pilzes gleichsam als winzige Orchideen wiedergeboren. Die Abhängigkeit der Orchidee vom Pilz kann sich über Jahre erstrecken. Ist sie endlich groß genug, um Blätter auszubilden, vergilt sie es den Pilzen manchmal mit einer Portion Zucker, auch wenn ihre ersten Pflegerinnen inzwischen durch andere Pilzarten ersetzt wurden.

Die Schnaken-Orchideen sind lebende Grabsteine. Wenn wir ihnen begegnen, können wir sicher sein, dass sie am Grab eines umgestürzten Baumes oder Astes stehen. Selbst wenn das Totholz schon verschwunden ist, können wir mit den Orchideen einen Blick in die Vergangenheit werfen. Offenbar stehen wir in einem gesunden Wald, dessen Geschichte von lebensspendender Verwesung zeugt. Zerfallendes Holz ist Nahrung und Unterhalt für viele: Orchideen, Pilze, Salamander, kleine Nagetiere und wirbellose Tiere. Ein Wald, der frisch auf Weideland ausgesprossen ist oder der intensiven Nutzholzgewinnung dient, kennt kein Totholz. *Tipularia discolor* ist Zeuge der Vergangenheit.

Der kuriose Lebenskreislauf von *Tipularia discolor* beruht in all seinen Facetten auf Spezialisierung. Das gilt übrigens für alle Orchideen: Die Fokussierung lässt sie erblühen. Ihre Samen sind so klein, wie Pflanzensamen nur sein können. Trotzdem können sie dank der Hilfe der Pilze ferne Gegenden erkunden, in die der Wind sie trägt. Auch die Blüten der Orchideen konzentrieren sich auf das Wesentliche. Ihre Blütenblätter sind zwar oft auffällig, meist mit einer charakteristisch geschwollenen Unterlippe, aber die weiblichen und männlichen Fortpflanzungsorgane könnten kleiner nicht sein und liegen in einer zentralen Säule eingepfercht. Der Pollen ist bei *Tipularia discolor* wie bei den meisten Orchideen in zwei kompakten Säcken gebündelt, die den Insekten auf einem klebrigen Arm überreicht werden.

Die Orchideen führen also die Zweigeschlechtlichkeit der geologisch alten Blütenpflanzen auf die nächsthöhere Stufe, indem sie Pollen aus ein und demselben kompakten Bauwerk abgeben und empfangen. Ihre cleveren Blüten verschwenden keinerlei Pollen. Zudem können die Blüten jeder Orchideenart dank des evolutionären Säule-in-Blütenblatt-Modells an die Form und ästhetischen Vorlieben einer kleinen Zahl von Insektenarten angepasst werden. Dadurch können die Orchideen enge Beziehungen zu Insekten führen und ihre Blüten präzise auf sie zuschneiden.

Orchideen sind Anti-Magnolien. Magnolien bieten jedem vorbeikommenden Tier großzügige All-you-can-eat-Pollenbüfetts im offenen Kelch. Orchideen dagegen laden nur VIP-Insekten in ihre Blüten ein, oft nur eine einzige Insektenart, der sie ein kleines Päckchen elegant verpackten Pollens anvertrauen.

*****

Aber was bekommen die Bestäuber und Partnerpilze von den Orchideen? Während die Pflanzen in ihren Beziehungen aufblühen, sind die Vorteile für ihre Partner ein bestenfalls zweischneidiges Schwert. Sollten Orchideen etwa Künstlerinnen des Betrugs sein?

Werfen wir zuerst einen Blick auf die Pilze. Jede Orchidee ist von ihrem Partnerpilz abhängig, vor allem wenn sie noch jung ist. Orchideensamen haben keine eigene Vorratskammer, und die Setzlinge, die sich aus ihnen entwickeln, keinerlei grünes Gewebe. Anstatt sich wie fast alle anderen Pflanzensetzlinge von Sonnenlicht zu ernähren, wachsen sie zu einer Art Miniaturkartoffel heran, die Pilzen verlockende chemische Signale sendet. Pilzfäden weben sich um die Zellen der Orchidee, gleiten in sie hinein, wickeln sich auf und verknoten sich. Die Orchidee verdaut die Knoten und saugt dadurch Nährstoffe der Pilze auf. Obwohl die Pilze gegessen werden, wachsen sie weiter und zwängen weitere Fäden in den hungrigen Orchideenkörper. Insofern gleicht der Speiseplan junger Orchideen dem der pilzfressenden Tiere. Zwar gibt es viele Pflanzen, die ihre Wurzelzellen mit Pilzen verbinden, aber das »Pilz-bildet-Knoten-und-wird-gefressen«-Prinzip hat sich nur bei den Vorfahren der Orchideen herausgebildet.

Orchideen sind im Allgemeinen sehr wählerisch darin, welche Pilze sie einlassen, mehr noch als andere Blütenpflanzen. Bei manchen Arten erlangt nur eine Handvoll genetischer Varianten einer einzigen Spezies Eintritt. Bei anderen sind sogar nur eine oder zwei Arten willkommen. Ein paar Orchideenarten lassen viele Pilze ein, aber auch die stellen nur eine kleine Minderheit der Tausenden Pilze dar, auf denen die Orchideensamen landen. Unter kontrollierten Laborbedingungen verschmelzen die Orchideen mit vielen verschiedenen Pilzen, aber im Wald und auf der Wiese beschränken sie sich auf einige wenige.

Von der Blüte bis zur Wurzel sind Orchideen in ihren Beziehungen wählerisch. Wer zur Keimung oder Bestäubung von anderen Arten abhängig ist, sollte Vorsicht walten lassen. Umso mehr, wenn die Beziehung ihn verwundbar macht. Eine junge Orchidee, die Pilzfäden in ihr Gewebe lässt, könnte lebendig vom falschen Pilz gefressen werden. Eine Blüte mit nur zwei Pollensäcken kann es sich nicht leisten, dass sie gestohlen werden.

Die wählerische Art der Orchideen ist aber auch ein Hinweis darauf, dass sie diebische Pflanzen sind. Parasiten und Krankheitserreger sind fast immer Spezialisten. Menschliche Kopfläuse befallen nur uns und keine andere Art, nicht einmal unsere engsten Primatencousins, die sich mit ihrer eigenen Lausart begnügen müssen. Von den 200 Arten von Blutparasiten, die Malaria übertragen, können nur fünf Spezies Menschen infizieren, und davon haben sich wiederum vier auf uns spezialisiert. Krankheitserreger springen manchmal zwischen den Arten hin und her – die Tuberkulose haben wir von Nutztieren bekommen, einige Grippen von Vögeln –, doch diese Übersprungshandlungen sind relativ selten. Um erfolgreich zu sein, muss ein Dieb eine klar definierte Palette an Fertigkeiten perfektionieren. Selten können Parasiten jedes beliebige Immunsystem knacken oder sich in viele verschiedene Wirte einschleichen. Könnten Orchideen Parasiten sein? Bei ihrer Beziehung zu den Pilzen müsste die Antwort Ja lauten, zumindest zumeist. So gesehen sind die Orchideen wohl die Kopfläuse der Pilzwelt.

Die deutlichsten Anzeichen für Parasitismus finden sich ganz am Anfang des Orchideenlebens. Pilze bekommen von den Orchideen, die sich von ihnen ernähren, augenscheinlich nichts. Aber warum sollte sich ein Pilz derart ausbeuten lassen? Die Evolution hat die Pilze nun einmal so ausgestattet, dass sie sich mit großer Begeisterung in Pflanzengewebe begeben. Manche verzehren totes Holz, andere bilden Genossenschaften mit Pflanzen, denen sie im Austausch für Zucker oder Öle Mineralien geben. Wenn eine junge Orchidee die richtigen Signale aussendet, kann sie Pilzfäden hereinlocken und ihre Gäste ausbeuten. Das funktioniert aber nur, wenn der Willkommensgruß auf den Geschmack des Opfers zugeschnitten ist – daher der passgenaue Schwindel.

Dass die Orchideensamen so klein sind, hilft ihnen auch in ihrem Parasitentum. Ein keimender Same ist winzig im Vergleich zu einem toten Stamm oder einem lebenden Baum. Wie ein Supermarkt, der Ladendiebstahl in geringem Maße toleriert, um Sicherheitsmaßnahmen zu vermeiden, die den Arbeitsablauf und ehrliche Kunden stören, können Pilze über langfingrige Orchideen hinwegsehen. Das ist allerdings zu einem Gutteil Vermutung. Pilze könnten nämlich auch einen heimlichen Nutzen von der Verbindung haben, zum Beispiel einen sicheren, feuchten Ort, an dem sie Dürren aussitzen und sich vor Krankheitserregern verstecken können. Aber präzise Messungen der evolutionären Kosten und Nutzen ihrer Verflechtung mit den Orchideen waren bislang leider nicht möglich, da sie Untersuchungsmuffel sind, permanent sich wandelnde Netzwerke aus nahezu unsichtbaren Fäden, die auf mysteriöse Weise mit anderen Pilzen und Pflanzen in Verbindung stehen.

Bei vielen Orchideen geht das parasitäre Leben offenbar bis ins Erwachsenenalter weiter. Etwa 250 Arten sind wohl vollständige Parasiten, deren gesamter Lebensunterhalt von Pilzen bestritten wird. Das entspricht etwa einem Prozent aller Orchideen, womit ihr Anteil an parasitären Arten größer ist als in jeder anderen Pflanzenfamilie. Die Vogel-Nestwurz, die in den Wäldern Europas und Nordafrikas lebt, saugt sich einiges vom Nahrungsfluss der Buchen, Haseln und Eichen ab. Aus ihren Wurzeln, die die Bäume über das Pilznetzwerk miteinander verbinden, baut sie sich ein »Vogelnest«. Indem sie den Pilzen ihre Mahlzeiten entzieht, parasitiert sie also indirekt an den Bäumen. Wie andere vollständig parasitäre Orchideen besitzt die Vogel-Nestwurz kein Chlorophyll. Wenn sich ihr blattlos blühender Stiel aus dem Boden drückt, hat er darum eine bleich-beige Farbe.

Vollständig parasitäre Orchideen führen ins Extrem, was alle Orchideen in ihrer Kindheit erleben. Doch selbst bei Orchideenarten, die im Erwachsenenalter ein üppig grünes Blattwerk besitzen, senkt sich die Waage der Pilz-Pflanze-Beziehung oft tief auf die Seite der Orchidee. Wie Untersuchungen zeigen, fließt häufig Nahrung vom Pilz zur Pflanze, aber nur selten andersherum.

Die Orchideen, die wir im Supermarkt oder im Gartencenter als Topfpflanzen kaufen, führen uns hinters Licht. Sie gebärden sich als selbstgenügsame Einzelgänger, die nur genug Licht, Dünger und

Wasser brauchen. Doch das ist ein Trugbild. Der Mensch ist bloß ein Pilzersatz. Denn wenn wir nicht gerade ein teures, seltenes Exemplar erwerben, wachsen die Orchideen im Gartenbau nicht aus einem Samen, sondern aus Ablegern oder Zellen, die auf Agar gezüchtet wurden. Der Gärtner hat den Klonen die Nahrung eingetrichtert, die sie in der freien Natur von den Pilzen bekommen hätten. Doch selbst bei den Abkömmlingen aus dem Labor oder Treibhaus sind die Wurzeln voller Pilze, vermutlich aus Sporen in der Luft oder im Nährmedium. Bei einer Untersuchung der im Gewächshaus gezüchteten Gattung *Phalaenopsis* – Nachtfalterorchideen, die häufig als Zimmerpflanzen verkauft werden – wurden über 200 Pilzgattungen in ihren Wurzeln gefunden. Insofern schaue ich heute mit anderen Augen auf das halbe Dutzend Orchideen auf unserer Fensterbank, die wir zumeist vom Ausverkaufregal gerettet und wieder aufgepäppelt haben. Jede einzelne ist eine lebende Gemeinschaft, die die Partner, die ihr das Leben erst ermöglichen, in den Wurzeln trägt. Angesichts der Beschränkungen, die das inhäusige Dasein mit sich bringt, bin ich ein willkommener Gehilfe, ein dicklicher Pseudopilz mit einer mineralreichen Gießkanne. Und selbst wenn wir Orchideen in sterilen Petrischalen züchten, finden sie noch Mittel und Wege, um andere in eine Beziehung zu locken.

Nun ist die Abhängigkeit von anderen Spezies zwecks Keimung und Etablierung sehr riskant. In freier Natur müssen die Orchideensamen nicht nur auf dem richtigen Pilz landen, sondern auch zur richtigen Zeit, wenn die Voraussetzungen für Pilz und Keim passen, um sich treffen und wachsen zu können. Das sind denkbar schlechte Gewinnaussichten. Aber Orchideen sind erfolgreiche Spieler, eben weil sie unzählig viele Samen herstellen, die allesamt nur so groß wie ein Staubkorn sind. Vier Millionen Samen sitzen in einer einzigen erbsenhülsengroßen Fruchtkapsel der grünlippigen *Cycnoches*, einer Orchidee aus den südamerikanischen Tropenwäldern. Die meisten Orchideen – oft so klein, dass sie in eine Hand passen – bringen Zehn- oder gar Hunderttausende Samen hervor. Darin ähneln sie den Meerestieren. Korallen und Venusmuscheln schicken Tausende winziger, schlecht ausgestatteter Embryonen in die Fluten und hoffen darauf, dass ein paar von ihnen einen guten Landeplatz finden, ähnlich wie Orchideen, die ihren Samenstaub in den Wind werfen.

In seinem Buch über Orchideen rechnete Charles Darwin aus, die »Urenkel« einer einzigen Orchidee würden, wenn alle Samen reiften, »die gesamte Landoberfläche des Globus mit einem gleichmäßig grünen Teppich überziehen.« So beeindruckt er schien, sah Darwin in der »fast unendlichen Zahl an Samen« ein Anzeichen »niederer Organisation« und »Armut an Einrichtung«. Immerhin statten die meisten anderen Blütenpflanzen ihre abfliegenden Abkömmlinge üppig aus. Wir Menschen leben von ihren mütterlichen Beigaben. Die Öle, Stärke und Proteine im kultivierten Korn sollten ursprünglich Reis- und Weizensetzlinge ernähren, nicht uns. Anders als alle anderen Blütenpflanzen sind Orchideen extrem knauserig, wenn es darum geht, der nächsten Generation etwas mitzugeben.

Aber Darwin hatte unrecht. Die Orchideen sind in der Evolutionsgeschichte alles andere als »niedere« Pflanzen. Ihre Samen und Setzlinge führen das Prinzip der Symbiose in ungeahnte Höhen, die höchsten Erfolg verheißen. Dazu machen sich manche zum Banditen, andere arbeiten im dunklen Untergrund des Erdbodens und wieder andere bohren sich in die Rinde oder den Mulm üppiger tropischer Baumwipfel. Derart verwurzelt, strecken sie ihre Blüten den Bestäubern entgegen. Und dort oben in luftigen Höhen sind ihre Beziehungen sogar noch heikler.

*****

Das abgegriffenste Buch im Haus meiner Kindheit und im heutigen Haus meiner Mutter ist der *Field Guide to the Orchids of Britain and Europe* (ein Orchideenführer für Großbritannien und Europa) von John und Andrew Williams in der Ausgabe von 1978, von Norman Arlott mit ebenso prächtigen wie präzisen Aquarellen jeder Spezies bebildert. Auf der Umschlagseite hat meine Mutter mit Tinte ihren Namen und das Datum eingetragen, an dem sie das Buch gekauft hat: »Jean Haskell, April 1979«. Aber die bemerkenswertesten Einträge sind mit Bleistift in den Umschlag und auf die ersten Seiten gekritzelte Listen mit Arten. Sie enthalten Datum und Ort ihrer Orchideenfunde, die sie teils auf Ausflügen in Wäldern und Wiesen, teils in der Nähe unseres Hauses gemacht hat. Entzündet wurde die Liebe meiner Mutter zu den Orchideen durch Fahrradausflüge in den Chiltern Hills bei Reading, die von Bot Soc, der Hochschulgruppe für Botaniker, organisiert wurden und an denen sie als Studentin teilnahm. Später, als junge Frau, ging sie nach Frankreich und staunte sehr, dass diese Spezies, die in England Seltenheitswert besaß, in Frankreich an Straßenrändern und auf Feldern in Hülle und Fülle wuchs. Zum einen bekam das südliche Klima den Orchideen sehr viel besser, zum anderen war Frankreich in den 1970er-Jahren noch weitaus weniger durch industrielle Landwirtschaft beeinträchtigt. An manchen Sommerwochenenden fuhren wir mit der Familie aus der Stadt aufs Land, um nach orchideenreichen Wiesen zu suchen.

Besonders gut in Erinnerung geblieben ist mir eine Seine-Biegung westlich von Paris, an deren Außenseite sich hohe Kalkfelswände auftürmten. Die natürlichen Festungsbauten machten die Gegend einst zu einem wichtigen militärischen Stütz- und Kreuzungspunkt. In der kleinen Gemeinde La Roche-Guyon thronen noch ein zerfallenes Schloss aus dem 12. Jahrhundert und ein Château aus dem 18. Jahrhundert. Wir liefen hügelauf über einen der »sentiers de grande randonnée«, der Fernwanderwege, die sich durch weite Teile Westeuropas ziehen. Unsere Spaziergänge waren immer relativ kurz, aber für meine Schwester und mich ein großes Abenteuer. Wenn ich mir heute eine Satellitenaufnahme von der Gegend anschaue, sehe ich, dass die unbewirtschaftete Fläche nur einen schmalen Streifen auf den hohen Steilufern aus Kalkstein ausmacht, während gleich dahinter die Agrarfelder und Nutzwälder beginnen. Aber uns Kindern, die in der Stadt aufwuchsen, kam die Gegend weit und wild vor. Wir murrten über die langweilige Orchideensuche, aber schwelgten in den ungemähten Graslichtungen der Wälder. Damals, in den 1970er-Jahren, konnten wir in keinem Pariser Park einen Rasen betreten, ohne dass uns ein Parkwächter schalt und mit seiner schrillen Metallpfeife auf Linie brachte. In der Stadt war alles Grün tabu. Nicht so im »Orchideenland«, wie wir es nannten.

Die seltsamen Namen der Orchideen rund um La Roche-Guyon bezaubern mich heute wie damals. Wie mythische Figuren haben sie etwas Schimärenhaftes an sich, eine Verschmelzung von Pflanze und Tier: Affen-Knabenkraut, Ziegen-Riemenzunge, Spinnen-, Hummel- und Bienen-Ragwurz, Vogel-Nestwurz und Helm-Knabenkraut. Andere Namen evozieren Formen oder Aromen: Großes Zweiblatt, Langsporn-Händelwurz und Pyramiden-Hundswurz.

Meine Lieblingsorchidee ist die Fliegen-Ragwurz. Schon bei ihrem Namen kribbelt es mir auf der Haut, da sie mich an die nervtötenden Tierchen erinnert. Die Blüte sieht aus wie ein Insekt mit breitem Po, das vor einer grüngelben Blüte hockt. Es besteht aus Blütenblättern und ist von einem wunderschön samtenen Rot-Schwarz, über dessen Mittellinie sich ein silbernes Band zieht, das wie ein Insektenflügel schimmert. Zu beiden Seiten stehen zwei flügelähnliche Verlängerungen hervor und – das Beste daran –: vom Kopf stehen lange Fühler ab. Der wissenschaftliche Name, *Ophrys insectifera*, bedeutet wörtlich »insektenähnliche Augenbraue« (*ophrys* bezeichnet Haare an Blumen, die wie Augenbrauen aussehen). Als ich als Kind erfuhr, dass die Fliegen-Ragwurz eine sexuelle Illusionistin ist, die bei den Insekten lüsterne Verzauberung bewirkt, war's um mich geschehen. Blumen, die Trugbilder heraufbeschworen, waren für uns Kinder irre faszinierend. Für mich gilt das bis heute. Schöne Gesichter, hinter denen sich eine schwierige, komplizierte Vergangenheit verbirgt, finde ich höchst verlockend.

Die Fliegen-Ragwurz will täuschen. Wie die Blume, die Puck in Shakespeares *Sommernachtstraum* schwingt, wirkt die Orchidee durch einen Zauber, der deplatzierte Liebe entfacht. Mittels sinnlicher Täuschung führt die Fliegen-Ragwurz männliche Wespen in die Irre. Wie Titania verliebt sich die Wespe ins falsche Gegenüber, in diesem Fall die Orchideenblüte selbst. Die meisten anderen Orchideenarten verdanken ihren Namen irgendeiner zufälligen Ähnlichkeit, die der Mensch in ihnen erkannt hat, so wie man in einer Wolke eine Form zu sehen meint. Das Affen-Knabenkraut etwa besitzt vier Arme und einen Schwanz, die Spinnen-Ragwurz Beine und einen fusseligen Bauch, das Helm-Knabenkraut trägt … einen Helm. Die Fliegen-Ragwurz jedoch sieht wie eine weibliche Wespe aus – beziehungsweise für das menschliche Auge wie eine Fliege, daher der Name. Sie gleicht einer von der Evolution geformten Puppe, die männliche Wespen bezirzt. Wenn die Wespen aus ihrem unterirdischen Winterschlummer erwachen, tauchen sie in die Wiesen ein, die scheinbar vor attraktiven Damen wimmeln. *Weckt mich von meinem Blumenbett ein Engel?*

Ein hübsches Äußeres ist sicher stimulierend, aber was männliche Wespen wirklich wild macht, sind betörende Düfte. Deshalb ahmt die Fliegen-Ragwurz den Geruch weiblicher Wespen nach. Allerdings nicht irgendwelcher Wespen, denn im Umfeld der Fliegen-Ragwurz gibt es Hunderte von Wespenarten, sondern nur die Weibchen der Ragwurz-Zikadenwespe, die in Europa und Nordafrika sehr häufig vorkommt. Die Weibchen bauen unterirdische Nester, meist in der blanken Erde, und legen in die Nestkammern Proviant in Form gelähmter Schaumzikaden und anderer kleiner Insekten, von denen sich die jungen Wespen ernähren. Die Männchen tragen zur Fortpflanzung nichts weiter bei als ihr Sperma. Die Orchideenblüte versprüht nun wespisches Liebesparfüm in die Luft. Dabei ahmt sie die Chemikalienmischung des Wespenweibchens sehr genau nach. Tatsächlich können Orchideen Düfte sogar derart gut imitieren, dass sie auf die Männchen aufreizender wirken als das Original.

Wenn das Wespenmännchen die, wie es meint, chemische Anmache eines Weibchens riecht, zischt es gleich zu ihm hinüber. Es sieht die Form eines Weibchens und landet auf seinem Rücken. *Beim ers-*

ten Blick dir zu gestehn, zu schwören: Dass ich dich liebe. Die fusseligen Haare am Abdomen reizen es noch weiter auf. Und ehe die Täuschung auffliegt, hat ihm die Orchidee schon ihre Pollensäcke auf den Rücken geklebt. Wird der unglückselige Freier dann ein zweites Mal gefoppt, setzt sich der Pollen an die weibliche Narbe einer anderen Fliegen-Ragwurz. Jedoch sind Wespen auch nicht dumm, sie erinnern sich an die Blume, die sie hereingelegt hat. Aber ach, dieser Duft! Einfach unwiderstehlich. *Wie ich dich vergöttre!* Und so lassen sie sich doch wieder von der nächsten Blüte verführen. Die Bestäubungsstrategie der Fliegen-Ragwurz wandelt also auf dem schmalen Grat zwischen wespischer Wollust und Vorsicht.

Was die weiblichen Wespen von den floralen Tändeleien ihrer Begatter halten, wissen wir nicht. Solange ihnen jedoch genügend Männchen zur Verfügung stehen, hat die Einmischung der Orchideen in ihr Liebesleben wohl kaum Konsequenzen. Gelegentlich verplempern die Männchen indes bei ihrem Stelldichein Sperma, wodurch ihr Wert als Sexualpartner abnimmt. Bei Wespen, die auf die Fliegen-Ragwurz stehen, kommt das zwar nur selten vor, aber bei den trügerischen »Zungenorchideen« Australiens durchaus häufiger. Vermutlich bleibt an den Männchen auch Duft hängen, wenn sie die Orchidee umarmen. Und das kann anzeigen, dass sie aktive Flieger sind und viel Power haben, oder fälschlicherweise, dass sie schon mit anderen Weibchen kopuliert und kein Sperma mehr haben und vielleicht sogar Krankheiten übertragen. Die seltsame Genetik der Wespen und Bienen enthält aber aus weiblicher Perspektive noch einen anderen Aspekt. Bei den Wespen, Bienen und Ameisen werden aus unbefruchteten Eiern Männchen. Aus befruchteten Eiern entstehen Weibchen. Daher können weibliche Wespen ganz wie ihre verwandten Bienen und Ameisen Nachwuchs bekommen, ohne sich zu paaren. Nur gibt es dann halt ausschließlich männliche Nachfahren. Da sie also im Notfall ohne Männchen auskommen, sind sie womöglich anfälliger für die sexuelle Täuschung der Orchideen.

Die Fliegen-Ragwurz ist bei Weitem nicht die einzige Orchidee, die die Begierden männlicher Insekten für ihre Zwecke ausnutzt. Von den 13 Orchideenarten, die wir in La Roche-Guyon gefunden haben, locken vier männliche Insekten an. Die Spinnen-Ragwurz bezirzt Bienen der Familie Andrenidae, die Bienen-Ragwurz ist auf Langhornbienen spezialisiert, und die Hummel-Ragwurz lockt Pinselkäfer und andere Insekten an. Andere Mitglieder der Gattung Ragwurz wenden sich an Bienen, Wespen und Fliegen. Jede Orchideenart stellt einen bestimmten Aromastoff her, der meist auf nur eine, manchmal auch eine Handvoll Insektenarten zugeschnitten ist.

Die Ragwurz ist nur ein Beispiel für die Neigung der Orchideen zur sexuellen Täuschung. Weltweit nutzt etwa ein Sechstel aller Orchideenarten eine Form der sexuellen Mimikry, um Bestäuber anzulocken, meistens Wespen oder Bienen. Am bizarrsten sind vielleicht die »Hammerorchideen« in Westaustralien, die Gattung *Drakaea*. Ein Seitenarm ihres Blütenstiels sieht aus, als würde er eine weibliche Wespe halten, und riecht auch so. Wenn nun eine männliche Wespe kommt und sie ergreift, um mit ihr davonzufliegen, klappt der Seitenarm hoch und schleudert das verliebte Männchen in einen Kelch mit klebrigen Pollensäcken.

Sex ist nicht das Einzige, womit Orchideen täuschen. Noch häufiger sogar lügen sie den Insekten Nahrung vor. Sie versprechen Nektar oder Pollen, ohne ihn zu liefern. Fünf der 13 Arten in La Roche-Guyon sind nahrungsvortäuschende Orchideen. Weltweit bieten etwa 40 Prozent aller Orchideenarten ihren Besuchern keinen erkennbaren Nektar oder ähnliche Belohnungen an. Oh, eine hübsche Blüte!, denkt das vorbeifliegende Insekt. Kann ich mal drauf landen. Aber wenn es dann in die Blüte krabbelt, findet es dort nichts Essbares vor.

Viele nahrungslose Orchideen haben ihre Blüten so gestaltet, dass sie Nektar oder Pollen täuschend echt ankündigen. Einige haben leere Nektarsporne. Andere imitieren Pollen, indem sie ihre Blüten mit gelben Pigmenten besprühen oder mit falschen Staubbeuteln wedeln. Um Insektenaugen besser zu täuschen, absorbieren die pollenimitierenden Blütenteile UV-Licht, genau wie echter Pollen. Orchideen der

Gattung *Maxillaria* aus Südamerika gehen noch einen Schritt weiter und bestreuen den Eingang zu ihrer Blüte mit pollenähnlichem Staub, der aus winzigen Härchen wächst. Bei manchen Arten ist dieser vorgetäuschte Pollen noch mit Protein und Stärke versehen, sodass die Insekten immerhin eine Mahlzeit bekommen – hier herrscht also kein Betrug vor. Bei anderen Arten fehlt dem Blütenstaub Protein oder Stärke oder beides. Sie sind damit Doppelmimen: Ihr nährstoffloser Staub imitiert den nährstoffreichen Staub anderer Arten, die wiederum echten Pollen nachahmen, der noch nährstoffreicher ist. Typisch Orchidee: Hauptsache kompliziert. Bei allen diesen Arten versteckt die Blüte ihren echten Pollen in kleinen Säcken, die sie dem hungrigen, aber enttäuschten Bestäuber anklebt.

Ein paar Orchideenarten imitieren wiederum die Blüten anderer Pflanzenarten. Einige »Sonnenorchideen« der Gattung *Thelymitra* in Australien sehen wie die Blüten der Gelben Platterbse aus. Die Erbse produziert Nektar, die Orchidee nicht. Andere Arten von *Thelymitra* imitieren Blaulilien, indem sie sich einen falschen Staubbeutel anhängen. In Südafrika hat die Orchideenart *Disa pulchra* ziemlich exakt dieselbe Farbe wie die dortige Glockenblume *Campanula*. Genau wie die australischen Erbsennachahmer haben diese Orchideen ihre Blüten umgeformt, damit sie ihren »Vorbildern«, den Glockenblumen, ähneln. In all diesen Fällen parasitieren die Orchideen an der Großzügigkeit anderer Pflanzen.

Orchideen sind aber nicht die einzigen Pflanzen, die leere Nahrungsversprechen abgeben. Die Tagblumen, jene krautigen Pflanzen mit den blauen Blüten, die in weiten Teilen der nördlichen Halbkugel wachsen, haben große Schein-Staubbeutel, die vor der blauen Blüte gelb leuchten. Die echten, den Pollen herstellenden Staubbeutel sind kleiner und sitzen darunter, immer bereit, den Besucher zu betupfen. Viele andere Blütenpflanzen wie die Trollblume oder das Studentenröschen machen dasselbe: Sie locken Insekten mit optisch beeindruckenden, aber leeren Staubbeuteln an. Die bekannteste Betrügerin ist wohl der Safrankrokus. Seine rötlichen »Fäden«, die wir zum Kochen benutzen, sind Staubbeutelimitate. Sie haben eine raue Oberfläche und sehen für Insekten wie pollenschwere Staubbeutel aus. Doch wenn ein Insekt auf ihnen landet, findet es nur eine pollenlose Narbe vor, den weiblichen Teil der Blüte. Erst nachdem es über diese Narbe gelaufen ist und dabei Pollen abgelegt hat, findet es den echten Pollen. Der hübsche Goldton, den der Safran unserer Mahlzeit verleiht, ist ein Pigment, das Insektenaugen täuschen soll.

Bei anderen Pflanzenarten imitieren die weiblichen Blüten männliche Blüten. Kürbisse bilden weibliche und männliche Blüten aus, vielleicht um Selbstbestäubung zu vermeiden. Da die weiblichen Blüten keinen Pollen tragen, werden sie von den Insekten ignoriert. Dieses Problem löst der Kürbis mittels Täuschung. Seine weiblichen Blüten bilden Narben aus, die wie pollentragende Staubbeutel aussehen.

Mit diesem Trick täuscht der Kürbis etliche Insekten, vor allem kleine Solitärbienen, nur die Honigbienen nicht. Die lernen schnell, männliche von weiblichen Blüten zu unterscheiden – da deren optische Mimikry alles andere als perfekt ist –, und besuchen nur die männlichen Blüten. Aus der Perspektive des Kürbis sind die cleveren Honigbienen Pflanzenfresser: sie zapfen der Pflanze Energie ab, ohne ihr groß dafür etwas zurückzugeben. Die Honigbiene kann dank ihrer Auffassungsgabe das Aroma und die Form Tausender Blüten unterscheiden, eine Fähigkeit, die sich vermutlich auch deshalb herausgebildet hat, damit sie den Gaunereien der Blüten entgehen kann. Als Reaktion auf die schnell lernende Biene haben sich einige Pflanzen wiederum etwas noch Ausgeklügelteres ausgedacht. Die weiblichen Blüten der Kletterrose und der wilden Verwandten der Tomate haben Staubbeutel herausgebildet, die falschen Pollen enthalten und zudem derart überzeugend aussehen, dass selbst Honigbienen regelmäßig auf ihre optische Täuschung hereinfallen.

Viele Blütenpflanzen würzen ihren Nektar mit Chemikalien, die das Verhalten ihrer Bestäuber beeinflussen. Zitrusgewächse und Kaffeepflanzen mischen einen Schuss Koffein in den Nektar. Der Koffeinrausch beschleunigt das Lernverhalten der Bienen: mit bis zu dreimal höherer Wahrscheinlichkeit fliegen sie erneut Blüten an, die wie die Baristablüten riechen. Auf den ersten Blick profitiert davon sowohl die Blüte als auch die Biene. Doch während die Blüte ihre Bestäubungsrate erhöht, wird die Biene koffeinabhängig und fliegt immer weiter dieselben Blüten an, auch wenn es für sie inzwischen ergiebiger wäre, sich auf andere Blüten zu verlegen (was sie normalerweise auch tun würde). Die Blüte verhext das Gedächtnis der Biene und flößt ihm ein Trugbild ein, das reiche Belohnung verspricht. Sie gibt ihr gerade genug Koffein, um ihre Nerven anzuregen, aber nicht zu viel, damit der bittere Geschmack sie nicht abstößt. Die chemische Beziehung zwischen Blüte und Insekt ist jedoch nicht nur manipulativer Art. Manchmal sind im Nektar auch Spuren von Chemikalien enthalten, die Milben und andere Parasiten töten, von denen viele Bestäuber geplagt werden. Nektar ist also nicht nur Zuckerwasser, sondern ein Cocktail aus Medikamenten.

Einige Bestäuber bezahlen die Täuschung durch die Blüte mit ihrem Leben. Der Dreiblättrige Feuerkolben, eine in den Wäldern im Osten Nordamerikas häufig vorkommende Wildblume, blüht, indem sie einen »Kolben« durch das Laubstreu drückt, der wie eine längliche Vase mit Überhang aussieht. Darin steht eine senkrechte Säule, deren unterer Teil mit winzigen Blüten bestückt ist. Feuerkolben bilden entweder männliche oder weibliche Blüten oder beides aus, wobei sie normalerweise von der männlichen zur weiblichen Blüte wechseln, wenn die Pflanze ihre unterirdischen Vorratskammern aufgefüllt hat, um die Früchte ernähren zu können. Die Blüten imitieren den Geruch verwesender Pilze. Der Fäulnishauch zieht Trauermücken an, die denken, es handle sich um einen sterbenden Pilz, auf dem sie ihre Eier ablegen können. Sowie die Mücke in den Kolben gekrochen ist, gleitet sie unbarmherzig an den Wänden aus glitschigem Wachs in die Tiefe. Handelt es sich um eine männliche Blüte, wird sie dort unten im Schacht mit Pollen bestäubt und darf sich anschließend durch ein winziges Ausgangsloch ins Freie winden. Die weibliche Blüte dagegen hat keinen Ausgang. Sie ist eine florale Femme fatale. Die in ihr gefangenen Mücken liefern ihren Pollen ab, dann sterben sie. Verwandte des Dreiblättrigen Feuerkolbens aus der Familie der Aronstäbe haben ähnliche Strategien. Einige wenden die Methode »fangen und freilassen« an, lassen die Mücke also wieder gehen, nachdem sie den Pollen abgeliefert hat. Andere riechen nach totem Säugetierfleisch und ziehen damit Aasfliegen und Aaskäfer an. Weil die Blüte aber kein Fleisch enthält, sind die Eier dieser Bestäuberinsekten zum Tode verurteilt.

Die im Dreiblättrigen Feuerkolben sterbenden Mücken und die Insekten, die Zeit und Energie auf »Pollen« verschwenden, der sich am Ende als gelbes Sägemehl herausstellt, zahlen einen hohen Preis. In beiden Fällen fügen die Pflanzen ihren Bestäubern eindeutig Schaden zu. Die Tricksereien können aber nur funktionieren, wenn die Orchidee relativ selten ist. Würden wir etwa aufhören, Äpfel zu essen, nur weil bei einem Apfel einmal das Kerngehäuse vergammelt ist? Nein, natürlich nicht. Aber wenn alle Äpfel eklig schmeckten, würden wir uns sicher irgendwann sagen, dass es wohl besser wäre, die Finger davon zu lassen. Gäbe es auf der Welt keine Blüten mit echtem Pollen und Nektar oder keine echten verwesenden Pilze, wäre Nahrungsmimikry unmöglich. Täuschung in Sachen Sex und Nahrung funktioniert nur, weil die Insektensinne die Tiere getreulich zu Sexualpartnern und Essen führen. Eine Trauermücke, die in einem Dreiblättrigen Feuerkolben unentrinnbar stirbt, ist im Kalkül der Evolution nur ein Kollateralschaden. Solange die meisten Trauermücken Essen und Brutstätten finden – und nicht den Tod –, belässt ihnen die natürliche Selektion das lebhafte Interesse am Geruch verrottender Pilze.

Delikaterweise erschweren Orchideen es uns Menschen, unentwegt Allegorien in die »Natur« hineinzugeheimnissen. Allzu schnell interpretieren wir in andere Wesen eine Moral, die entweder von wohltätiger Zusammenarbeit und Verwandtschaft oder von ruchlosem Wettbewerb und Ausbeutung handelt. Es mag darin ein wahrer Kern liegen, eine tiefere Wahrheit, vor allem wenn den Geschichten genaue und umfassende Studien vorausgehen, aber oft erzählen sie mindestens ebenso viel von unserem Glauben und Streben wie von den Lebewesen, deren Dasein wir zu verstehen versuchen. Wir projizieren unsere Werte auf Blumen, Wälder oder Tiere und behaupten dann, die »Natur« erteile uns eine Lektion. Bei den Orchideen lautet sie: gemach, gemach. Sie leben in vollständiger Abhängigkeit von Pilzen und Bestäubern. Ihre tiefgehenden Beziehungen können vielerlei Formen annehmen, die von Gegenseitigkeit bis Piraterie reichen. Wir können uns aus ihrem Dasein keinen vereinfachenden moralischen Kompass basteln. Besser wäre es, wir würden uns von den Orchideen abschauen, dass man entgegen aller Wahrscheinlichkeit in der Spannung zwischen grenzenloser Freigebigkeit und feigem Schröpfen prächtig gedeihen kann. Und oft trifft auch beides zu, trifft sich in ein und demselben dicht geknüpften Beziehungsgewebe, das sich »Orchidee« nennt.

*****

In La Roche-Guyon beläuft sich die Orchideenliste meiner Mutter auf 13 Arten. Für eine einzige Pflanzenfamilie auf einem kleinen steinigen Flecken fernab der Tropen ist das eine beeindruckende Zahl. Taxonomischen Schätzungen zufolge hat allein die Gattung Ragwurz 354 Arten (andere sprechen von ein paar Dutzend). Orchideen sind die weltweit artenreichste Pflanzenfamilie, dicht gefolgt von den Astern und Sonnenblumen, beziehungsweise – je nachdem, wie man eine Art definiert – sogar leicht überholt. Die Trennlinien der taxonomischen »Familien« sind nicht standardisiert, und viele Arten müssen noch offiziell benannt werden. Doch anhand der Statistik ist klar, dass die Lebensform der Orchidee phänomenal viele neue Arten hervorgebracht hat. Ihre evolutionäre Kreativität speist sich aus den Beziehungen, die sie mit anderen Arten schmiedet. Die Spannung zwischen Freigebigkeit und Ausbeutung ist groß, aber auch fruchtbar. Und dabei sind die engsten und verschrobensten Beziehungen oftmals die produktivsten.

Die Blüten der Ragwurzen mit ihren sexuellen Mogelpackungen zeigen uns, dass Spezialisierung zu Vielfalt führen kann. Die sie bestäubenden männlichen Insekten lassen sich nur von speziellen Aromastoffen locken, nämlich den Düften der Weibchen ihrer eigenen Art. Wenn sie von den Orchideen hinters Licht geführt werden, macht die präzise Täuschung sie zu getreuen Pollenträgern, die immer dieselbe Orchideenart besuchen und alle anderen ignorieren – einfach, weil sie nicht so riechen, wie sie sollten. Daher können Orchideen verschiedener Arten direkt nebeneinander wachsen, ohne jemals Pollen auszutauschen. Das ist ungewöhnlich. Die meisten Blüten werden von Insekten besucht, die Pollen von vielen Arten mit sich führen. Die weiblichen Narben können Pollen dank chemischer Rezeptoren »schmecken« und steuern so, welche Pollenkörner keimen und wachsen. Wenn Pollen der falschen Art hereingeflogen kommt, entwickelt sich der Keim für gewöhnlich nicht oder der Embryo ist nicht lebensfähig. Doch bei der Ragwurz gibt es diese Barriere nicht. Hier wird die Grenze zwischen den verschiedenen Arten allein durch die sinnlichen Vorlieben der Insekten eingehalten. Aber für die Evolution gleicht die vollständige Abhängigkeit von den Sinnen wählerischer Insekten einem Pulverfass.

Die aromatische Signatur der Ragwurzblüten wird hauptsächlich von ein oder zwei Genen bestimmt. Das heißt, eine einzige Mutation kann zu einem neuen Aroma führen. Und wenn das passiert, verliert das Bestäuberinsekt sofort das Interesse. Die Blüten der mutierten Pflanze müssen fortan ohne Liebe leben, da ihr veränderter Geruch keine Insekten mehr anlockt. Gelegentlich kommt aber doch ein neuer Lover, eine andere Insektenart, die den Duft betörend findet. Dann kann der Bestäuberwechsel zu einer neuen Orchideenart führen, die nunmehr von neu angeworbenen Männchen einer anderen Art bestäubt werden. Das ist bei der Gattung der Ragwurzen offenbar Dutzende, wenn nicht gar Hunderte Male passiert.

Genetische Untersuchungen haben ergeben, dass die Ragwurz eine relativ junge Gattung ist. Der Stammbaum der derzeit lebenden

Art lässt sich ca. fünf Millionen Jahre zurückverfolgen, ähnlich wie bei vielen anderen Orchideenarten. Obwohl die Sippe der Orchideen mindestens 112 Millionen Jahre alt ist, hat sie ihre große Artenvielfalt hauptsächlich in den letzten fünf Millionen Jahren herausgebildet, womöglich begünstigt durch die Zersplitterung ihrer Habitate infolge der globalen Abkühlung. Sieht man sich die Ahnentafel der Orchideen an, wurden die ersten Ragwurzpflanzen offenbar genau wie die heutige Fliegen-Ragwurz von Wespen bestäubt. Während das kühlere Klima die üppigen Lorbeerwälder Eurasiens und Afrikas in Gras- und Buschland verwandelte, bildete die Ragwurz neue Arten heraus, die Langhornbienen anlockte. In den letzten eine Million Jahren schoss die Artenbildung dann noch einmal in die Höhe, weil die Ragwurz an noch mehr Bienenarten andockte. Heute ziehen die neuen Ragwurzarten Männchen von Sandbienen, Pelzbienen, Kropfbienen, Mauerbienen, Blattschneiderbienen, Holzbienen und Kuckucksbienen an. Zu der Artenexplosion trugen auch sogenannte springende Gene bei, DNA-Stücke, die sich selbst kopieren, sodass sich ein Teil des Genoms vervielfältigt. Die springenden Gene hatten offenbar vor etwa einer Million Jahren einen Aktivitätsschub, als Hunderte von Genen vervielfältigt wurden. Das betraf zumeist die Entwicklung der Blüte, Farbe und Duft. Wie oftmals in der Evolution der Blütenpflanzen führten genetische Verdopplungen und Umstellungen zu vielfältigen neuen ökologischen Beziehungen. Oder anders gesagt: Ökologische Gelegenheiten ermöglichten einige genetische Revolutionen.

Wenn wir im Stammbaum der Orchideen noch weiter zurückblicken, sehen wir, dass Pflanzen, die mit sexueller Täuschung arbeiteten, aus alten Arten entstanden, die Insekten mit falscher Nahrung anlockten. Wie viele heutige Orchideenarten versprachen diese Vorfahren Nektar und leicht zugänglichen Pollen, den es aber nicht gab. Aus dieser weitverbreiteten Volte entwickelten sich die ausgeklügelteren aromatischen, optischen und haptischen Täuschungen der Ragwurz und anderer Sexmimen. »Oh, welch verflochtenes Geflecht wir weben, / Wenn wir ans Werk des Täuschens uns begeben!« Walter Scotts Gedicht über die Liebestäuschungen des Menschen lässt sich auch auf die Evolution anwenden.

Die Fliegen-Ragwurz und ihre Verwandten sind ein extremes Beispiel für einen allgemeineren Aspekt in der Evolution der Blütenpflanzen. Eine enge Bindung zwischen Pflanzen, Insekten und Pilzen führt oft zu großer Artenbildung. Beziehungen erzeugen Vielfalt. Dazu braucht es gar keine Täuschung. Zum Beispiel schenkt die in Eurasien und Nordafrika beheimatete Zweiblättrige Waldhyazinthe mit ihrer Ähre aus grün-weißen Blüten ihren Bestäubern, den Schwärmern, reichlich Nektar aus. Aber der Saugrüssel ist nicht bei allen Mottenarten gleich lang. Die Wald-Schwärmer haben längere Rüssel als die Wiesen-Schwärmer. Um diesem Unterschied zu begegnen, hat die Orchidee verschieden lange Nektarsporne ausgebildet. Momentan gibt es noch genug Kreuzbestäubung zwischen Wald und Wiese, sodass der Genpool einheitlich bleibt. Aber wenn sich die Ökologie oder das Verhalten der Motten ändert, könnten aus einer Orchideenart leicht zwei werden.

Der Wechsel des Bestäubers führt auch bei anderen Blütenpflanzen zu schnellen evolutionären Veränderungen. Im Labor gezüchtete Senfpflanzen, die von Hummeln oder Schwebfliegen bestäubt werden, verändern ihre Blüten, um den Vorlieben der Insekten gerecht zu werden. Nach nur elf Generationen – bei manchen Senfsorten umfasst eine Generation etwa 40 Tage – sind die von Hummeln bestäubten Blüten größer und aromatischer, haben deutlich andere Duftnoten und reflektieren UV-Licht großflächiger. Jeder Blütentyp lockt seinen Bestäuber möglichst wirkungsvoll an.

Blüten sind nicht unveränderlich. Durch natürliche Selektion ändert sich ihre Form, um sich dem Sinnessystem ihres Bestäubers anzupassen. Ein guter Zauberer oder Werber versteht sein Publikum. Dass sich die Pflanzen als Reaktion auf sich verändernde Bestäuber weiterentwickelt haben, hat sicher einiges zur Vielfalt der Blütenpflanzen beigetragen. Bei einem Viertel aller Blütenpflanzen standen die Verzweigungen im Stammbaum im Zusammenhang mit veränderten Bestäubern.

Aber nicht nur die Bestäubung trug zur weltverändernden Co-Diversifizierung von Blütenpflanzen und Tieren bei. Um hungrige Insektenmäuler abzuschrecken, tränken die Pflanzen ihr Gewebe mit chemischen Stoffen und Giften, die Fraß verhindern. Insekten entwickeln dann oftmals Gegenmaßnahmen, um das Waffenarsenal auszuhebeln. Damit derlei Gegenmaßnahmen wirken, müssen sie jedoch chemisch präzise sein, weshalb sich Insektenarten meist auf eine oder wenige Pflanzenarten spezialisieren. Das innige Hin und Her, der evolutionäre Rüstungswettlauf zwischen Pflanze und blattfressendem Insekt, rüttelt nicht selten so sehr an den Populationen, dass sie zersplittern und jede Subpopulation erneut ihre ureigene Kombination aus Giftstoff und Gegengift entwickelt – ein gutes Saatbeet für neue Arten.

Auch bei einigen Symbiosepilzen nahm nach der Entstehung der Blütenpflanzen die Vielfalt deutlich zu, auch wenn sich viele Hauptzweige im Stammbaum der Pilze schon zuvor fest im Totholz und den lebenden Wurzeln der damals noch von Farnen und Nadelbäumen geprägten Habitate etabliert hatten.

Bei den Orchideen waren andere Blütenpflanzen ein weiterer Ansporn zur Diversifizierung. Als durch das überbordende Wachstum und den wasserhaltigen Atem der Blütenpflanzen die heutigen tropischen Regenwälder entstanden, gingen auch die Orchideen in die Wälder und bildeten mehrfach neue Arten aus. Heute sind die Äste und Stämme vieler tropischer Bäume mit Orchideen verziert, die ihr Leben in den Baumwipfeln bestreiten. Sie sind wie insgesamt 70 Prozent aller lebenden Orchideenarten Epiphyten (»Pflanzen, die auf anderen wachsen«, auch Aufsitzerpflanzen genannt). Zusammen mit anderen Blütenpflanzen wie Bromelien machen sie die Hälfte aller Pflanzenarten in den Regenwäldern aus. Die an Ästen und Baumstämmen hängenden Pflanzen bieten Lebensraum für Zehntausende Tierarten, von Bestäubern über Pflanzenfresser bis hin zu den mikroskopisch kleinen Tieren, die in Laubmulden und Wurzeln leben. Wenn Sie zu Hause Orchideen haben, wachsen sie höchstwahrscheinlich nicht wie andere Zimmerpflanzen in Erde, sondern in mit Moos befüllten offenen Gefäßen, die ihre tropische Baumkronenheimat nachempfinden.

*****

Als Kind hielt ich La Roche-Guyon für einen einzigartigen Ort, mit seinem von Orchideen überwachsenen Kalksteinfelsen, die von Bienen, Fliegen und Wespen umschwärmt wurden. Aber für die Orchideen und Insekten existieren mehrere Sinnenwelten zugleich, manche schlicht, andere wahre Trugschlösser. An der Schnittstelle der beiden Welten kann die prachtvolle Vielfalt der Pflanzen und Insekten ent- und fortbestehen.

Bei der Fliegen-Ragwurz und ihren Verwandten, der Bienen-, Hummel- und Spinnen-Ragwurz, spielen für die Bestäubung allein die Sinnesvorlieben einzelner Insektenarten eine Rolle. Die Blüten des Affen- und des Purpur-Knabenkrauts, der Ziegen-Riemenzunge und der Pyramiden-Hundswurz locken mit kunstvoll verzierten Blüten ein großes Gefolge von Insekten an, ohne ihnen eine Belohnung zu geben. Die Langsporn-Händelwurz bietet langzüngigen Motten Nektar, der in Spornen im hinteren Teil der Blüte sitzt. Die Vogel-Nestwurz riecht muffig und zieht Fliegen zu ihrem kargen Nektar an. Den anderen Blütenpflanzen in dieser Gegend – Brombeere, Weißdorn, Butterblume und Schlüsselblume – geht die Doppelzüngigkeit ab, die vielen Orchideen zu eigen ist. Sie lehren die Insekten mit ihrem Nektar und Pollen die Liebe zu den Blumen und haben ihnen damit die florale Begeisterung in ihre Gene und ins Nervensystem eingeschrieben.

Die Insekten wiederum sehen die Sache aus einer anderen Perspektive. Sie besuchen möglichst viele Blumen, um Nektar und Pollen zu sammeln. Manchmal finden sie eine Belohnung, manchmal eine leere Blüte. Sie erinnern sich an einzelne Blüten und Aromen, an Formen und Farben und lassen sich von diesen Erinnerungen lenken. Einige Tiere wie Motten oder kurzzüngige Bienen beschränken sich auf die Blüten, an die ihre Mundwerkzeuge gelangen können, andere wie Schwebfliegen und manche Bienenarten sind vielseitiger und summen von einer Blumenart zur nächsten.

Nicht wenige männliche Insekten interessieren sich kaum für Pollen oder Nektar, es sei denn, um einmal rasch den Tank aufzufüllen. In der Kakofonie der Signale dringen zu ihnen vor allem Sexualdüfte durch, die sie entweder zu einer Blütenattrappe oder einer Geschlechtspartnerin führen. Viele Insekten sind allerdings selbst Illusionisten. Wespen und Bienen sprechen in derselben Bildsprache zu Raubvögeln. Ihre schwarz-gelben Streifen rufen: Stechgefahr!, bleib uns vom Leib! Nur tragen diese Warnung ausgerechnet die stachel- und damit harmlosen Wespen und Bienen. Waffenlose Schwebfliegen legen ebenfalls eine täuschende Hülle an, sie bemalen sich mit Warnsignalen und summen wie Honigbienen.

Das Beziehungsgeflecht wurde von der Evolution gesponnen. An einigen Fäden sind Orchideen und ihre Bestäuber fest aneinandergezurrt, andere verbinden Dutzende von Arten in einem loseren Netz. Dabei birgt jeder Faden die Möglichkeit neuer Anordnungen und neuerlicher Vielfalt.

An die Zügellosigkeit der Orchideen in der Artenvielfalt kommt keine andere Pflanzengruppe heran. Mit ihren tiefgehenden Beziehungen und ihrer außergewöhnlichen Spezialisierung verkörpern sie die berühmten letzten Worte aus Charles Darwins *Der Ursprung der Arten*: »… dass aus einem so schlichten Anfang eine unendliche Zahl der schönsten und wunderbarsten Formen entstand und noch weiter entsteht.«

Die Orchideen verdanken ihren Erfolg nicht zuletzt ihrer Seltenheit. Wenn deine Babys Parasiten sind, können sie nur in begrenzter Zahl heranwachsen, damit der Wirt sie nicht irgendwann ablehnt. Wer sich nur von einer einzigen Insektenart bestäuben lässt, kann nur dort leben, wo auch sie lebt. Für uns Menschen macht unter anderem diese Verknappung den Reiz der Orchideen aus. Eine seltene Schönheit lohnt den weiten Weg aus der Stadt. Doch selbst häufig vorkommende Orchideen wie *Tipularia discolor* sind nie in großer Zahl an einem Ort anzutreffen. Was die Biomasse betrifft, werden sie von den meisten anderen Pflanzen in den Schatten gestellt. Um eine Antwort auf die Frage zu finden, wie die Blütenpflanzen nicht nur zu ihrer großen Vielfalt, sondern auch zu ihrer unglaublichen Fülle gelangten, die sich die meisten Ökosysteme zunutze machen, müssen wir auf die Welt unter unseren Füßen schauen. Denn während ich mit meiner Mutter in Frankreich Orchideen bestaunte, knieten wir … im Gras.

Gras

Alles Fleisch ist Gras

DIE GRÄSER sind die Nonkonformisten unter den Blumen. Die meisten von uns sehen sie ja nicht einmal als Blumen an. Ihre Blüten haben keine knalligen Pigmente. Sie verbreiten keinen Duft, nur leisen Pollenhauch. Zur Begrüßung präsentieren sie uns keinen einladenden Kelch aus Blütenblättern. Nein, sie bündeln an ihren Halmen winzige Blüten, die den Pollen aus den herabbaumelnden Staubbeuteln schütteln. Die federähnlichen Narben fangen Pollen ein und führen ihn zu einer nahe am Halm verborgenen Eizelle. Die verwelkende Blüte verwandelt sich in eine trockene, papierene Frucht, in der ein stärkehaltiger Same liegt. Und statt in die Höhe zu steigen und sich wie die Bäume mit Holz zu verkleiden, bleiben die Gräser mit ihren mageren Körpern am Boden kleben.

Den gewohnten Gang der Dinge zu meiden war ein brillanter Schachzug. Heute besteht etwa ein Drittel der festen Erdoberfläche aus Grasland und grasbewachsenen Savannen. Dieser Überfluss ist allerdings relativ neu. Die ersten Gräser entwickelten sich schon vor 80 bis 100 Millionen Jahren, als die Welt noch ein von dichten tropischen Wäldern und ähnlich üppiger Vegetation bewohntes Treibhaus war, krochen durch den tiefen Schatten des Unterholzes und erforschten die besser beleuchteten Gegenden am Waldessaum. Aber erst seit etwa zehn Millionen Jahren bilden sie weite Prärien, Steppen und Savannen. Dabei beschleunigten sie auch die Evolution der ersten Menschen, und bis heute sind ihre reichen Gaben unsere Hauptnahrungsquelle.

Die Wissenschaft hat die Gräser einmal mit den Wikingern verglichen: zähe Abenteurer, die sich in alle Richtungen ausbreiten, wo sie zunächst Vorposten und dann permanente Siedlungen gründen. Ein gutes Bild, um die Wanderlust und Hartnäckigkeit der Gräser zu beschreiben, nur fallen dabei andere, weniger marodierende Eigenschaften unter den Tisch. Unter anderem entwickelten die Gräser neue Körperformen und überdachten das Prinzip der Mutterschaft, indem sie ihren Samen reichlich Proviant mitgaben, so viel, dass wir sie uns heute mit Vorliebe ins Müsli streuen. Ihre windbestäubten Blüten gedeihen vor allem in offenen, trockenen Gegenden, in denen Insekten eher unzuverlässige Partner sind. Wenn Sie Heuschnupfen haben, können Sie sich bei den Gräsern bedanken, die übrigens auch verborgene biochemische Superkräfte entwickelt haben, mit denen sie in ihren Blättern chemische Zaubertricks vollführen. Zuletzt haben die Gräser die ökologische Gemeinschaft vieler anderer Arten angenommen: Aus ihren Wikinger-Vorposten wurden kosmopolitische Großstädte, in denen sie gemeinschaftlich und innovativ in Aktion treten.

*****

»Die ganze Gegend war bis vor 20 Jahren mal ein Golfplatz. Hier sehen Sie zum Beispiel noch die Überreste eines Sandlochs.« Gabe Andrle zeigt auf eine leichte Delle mit hellem Sand, der sich von der rötlich-braunen Erde abhebt. »Und wo wir hier stehen, war damals, als die Dämme wiederhergestellt wurden, der Sammelpunkt. Hier war die Zerstörung am größten.«

Wir befinden uns im Panola Mountain State Park vor den Toren Atlantas, es ist ein warmer Vormittag im März. Schwerer Tau drückt die Spinnennetze in dem verstreuten Brombeergestrüpp nieder. Die feuchte Luft schmeckt erdig, mit einem Hauch von Holzkohle und nassem Heu. Gabe, ein junger Mann mit kurz geschorenem Bart, ist der Habitats-Projektleiter für Birds Georgia, eine gemeinnützige Organisation, die »Orte zum Gedeihen von Vogel und Mensch« gestalten will. Gabes Begeisterung für den Naturschutz, für Vögel, Reptilien und Pflanzen spricht aus jedem seiner Worte. Heute zeigt er mir, wie man den Gräsern und Vögeln helfen kann, indem man Felder in Brand steckt.

Vor zwei Wochen haben Gabe und seine Kollegen diesen Hügel und die umliegenden Wiesen angezündet, ein etwa fünf Hektar großes Gebiet. Die rußgeschwärzten Stämme junger Kiefern und chinesischer Wildbirnen liegen an den Waldrändern rundherum. In der Mitte der Wiese steht eine große Eiche, die anscheinend keinen Schaden davongetragen hat. Die blanke Erde unter unseren Füßen ist von feinem Ruß bedeckt. Wir bahnen uns einen Weg durch die versengten Grasbüschel und das abgebrannte Buschwerk.

Die ganze Gegend sieht aus, als hätte das Feuer über eine Schiefertafel gewischt. Doch dann sehe ich zwischen den Grasbüscheln ein paar grüne, belaubte Triebe.

»Das sind Bartgräser. Wir sind hier seit drei Jahren zugange, und die Gegend macht sich wirklich prächtig. Am Anfang ging es ziemlich langsam voran, weil so viel zerstört worden ist, aber inzwischen gedeiht die Art ganz prima.« Wir knien nieder, um uns das Gras näher anzusehen. Die Büschel, die wie steifborstige Scheuerbürsten aussehen, sind letztes Jahr gewachsen. Tatsächlich sind ihre Blätter weich und biegsam, und ihr frisches Blaugrün bildet einen starken Kontrast zu den braun-schwarzen Brandresten. Als ich näher hinsehe, stelle ich fest, dass die Bürsten über die ganze Wiese verstreut sind. Überall schießen neue Blätter hervor.

»Die Bartgräser waren die allererste Art, die wir hier ausgesät haben. Aber sie sind auch von selbst neu gekeimt. Hier im Piedmont kommen sie meist als Erste. Wenn Sie durch Atlanta fahren und eine gestörte Gegend sehen, eine Baustelle oder Ähnliches, ist das, was aus dem Boden schießt, meistens Bartgras.« Das gilt allerdings nicht nur für Atlanta. Wer schon einmal an einem Straßenrand oder auf einem alten Acker im Osten der USA knie- oder hüfthohe braune Wolken gesehen hat: Das war höchstwahrscheinlich Bartgras. Der englische Name »broomsedge« führt allerdings in die Irre. Das Bartgras ist kein

Riedgras, sondern ein echtes Gras. Die büscheligen Seggen sehen Gräsern zwar ähnlich, gehören aber zu einer anderen Familie und wachsen eher in feuchten Gegenden. Das Bartgras dagegen gedeiht auf schwierigen, oft ausgetrockneten Böden, und der vertrocknete Sommerwuchs steht noch den Winter über bis in den nächsten Frühling und Sommer hinein.

Während unseres Spaziergangs weist mich Gabe noch auf einige andere heimische Gräser hin, von denen manche von den Flammen verschont blieben. »Das hier ist das Kleine Präriegras, und hier das Gespaltene Bartgras, die beiden haben ganz von allein hergefunden.« Das Kleine Präriegras ist größer und rötlicher als das Gespaltene Bartgras und hat weniger aufgebauschte Samen. Seine Färbung ist prachtvoll, eine Mischung aus Gold mit rot-violetten Schattierungen. Ein Hauch silbern schimmernder Ähren fängt das Licht ein. Als Rasen wirkt Gras genauso einförmig und flach wie ein grün angestrichener Fußboden, aber hier wachsen trotz der Brände Gräser in verschiedensten Formen und Dutzenden Farbtönen und Schattierungen.

»Es gibt hier auch ein paar zugewanderte Arten, das Bermudagras ist zum Beispiel vom Golfplatz übrig geblieben. Dann haben wir hier noch Aleppo-Hirse und Dallisgras.« Gabe wedelt abschätzig mit der Hand zu den Büscheln unerwünschter Gräser hin und erklärt mir, er und seine Kollegen in den Regierungsbehörden versuchten, die Wiese mithilfe von Aussaaten, Umpflanzungen, Bränden und einigen Schuss Unkrautvernichter so einzuhegen, dass nur noch einheimische Gräser und ein paar eingestreute Wildblumen darauf wuchsen. »Ein paar von den Samen, die wir vor zweieinhalb Jahren ausgesät haben, kommen offenbar jetzt hoch.« Gabe kniet sich noch einmal hin und grinst, während er mit der Hand über das ausgesprossene Bartgras fährt. »Jeder Standort ist anders, deshalb braucht es Pyrodiversität. Das Areal hier brennen wir einmal im Jahr nieder, bei anderen Gegenden machen wir es seltener.« Ohne die Brände würde sich die Wiese in wenigen Jahren in ein Dickicht aus Brombeeren, Amberbäumen, Kiefern und Birnenschösslingen verwandeln.

Hier im Panola Park sorgt ein Säugetier – in diesem Fall der Mensch, organisiert in gemeinnützigen Organisationen und Regierungsbehörden – mithilfe von Bränden dafür, dass das Gras gedeihen kann. Im Grunde ist das eine uralte Geschichte. Gräser und Brände sind seit Zehnmillionen Jahren Partner. In letzter Zeit kamen zu dieser engen, wechselseitigen Beziehung noch einige Säugetiere hinzu, meist große Pflanzenfresser, aber inzwischen eben auch Menschen, die absichtlich Feuer legen. Die ersten Gräser, die sich im Schatten der tropischen Bäume freikämpften, kamen am Ende der Kreidezeit. Im Fossilbericht ist gut zu sehen, dass sie zunächst im Unterholz lebten, später dann auf Lichtungen und in offenen Waldungen. Erst seit Kurzem finden sie sich auch in Habitaten, die es zuvor noch nicht auf der Erde gegeben hat, in offenen Prärien, Steppen und Savannen. Viele Veränderungen wurden durch Brände entfacht. Sie trugen dazu bei, dass sich die Gräser überall dort verbreiten konnten, wo das Klima zeitweilig trocken oder aus anderen Gründen brandanfällig war. Nicht wir Menschen erfanden die Entwaldung. Die Gräser kamen uns zuvor, wenngleich sie in einem sehr viel langsameren Tempo vorgingen, das auch noch Platz für andere Pflanzen und Tiere ließ, während wir mit unseren Bulldozern einfach jegliche Diversität ausradieren.

Dass das Bartgras zwei Wochen nach dem Brand schon wieder austreibt, weist auf einige besondere Fähigkeiten der Gräser hin. Im Gegensatz zu den meisten Blütenpflanzen wachsen ihre Stängel seitwärts und nicht nach oben. Sie verschwenden keine Energie für holzige Stämme, sondern graben sich lieber in die Erde ein oder schlängeln sich über den Boden und bilden dann überschüssige Blätter und Blütenstiele. Einige Gräser wie etwa das Bartgras wachsen in sogenannten Horsten mit verschwindend kurzen horizontalen Stängeln, sodass die Wurzeln und Blätter aus Büscheln wachsen. Andere wie das ursprünglich aus Afrika kommende Bermudagras haben längere Stängel, die unterm oder nahe am Boden wachsen und regelmäßig Wurzeln und Blätter austreiben. Ähnlich wie das Bartgras kommt auch das Bermudagras gut mit Hitze und Dürre zurecht, weshalb es sich trotz mehrerer Durchläufe, in denen die Gegend abgebrannt und einheimische Gräser ausgesät wurden, auf dem ehemaligen Golfplatz noch an einigen Stellen erhalten hat.

Der niedrige Wuchs schützt die embryonalen Zellen der Gräser. Bei allen Pflanzen entsteht der neue Wuchs aus dem Bildungsgewebe, dem sogenannten Meristem. Das ist ein botanischer Quell ewiger Jugend, ein Haufen frischer, undifferenzierter Zellen, die sich teilen und zu jederlei reifer Zelle entwickeln können, die in den Stängeln, Wurzeln oder Blüten benötigt wird. Die Gräser haben ihr Bildungsgewebe gut versteckt, entweder in der Erde oder unter einem Schutzdach direkt über dem Boden. Wenn es brennt, ist das für sie kein Problem. Bäume und Sträucher dagegen haben ihr Bildungsgewebe in den Zweigspitzen und in einer Schicht unter der Rinde, was wunderbar ist, wenn man sich in die Lüfte ausbreiten will, aber denkbar schlecht bei einer Feuersbrunst. Als die Wiese niedergebrannt wurde, hatte das Bartgras danach eine Kurzhaarfrisur, während die Bäume und Sträucher allesamt abstarben – bis auf die eine alte Eiche mit ihrer dicken Rinde. Jetzt, nach dem Feuer, schiebt das Bartgras mithilfe seiner Meristeme fröhlich neue Blätter aus, die nunmehr ungehindert das Sonnenlicht genießen können, und darf sich an der nahrhaften Asche seiner hölzernen Konkurrenten laben. Außerdem haben die Gräser im Gegensatz zu den Bäumen keine großen Investitionen verbrannt. Sie halten sich stets bedeckt und bilden billige Blätter, leben also sehr sparsam. Und sie sind besonders widerstandsfähig. Der israelitische Prophet Jesaja betrachtete Gras als ein Symbol der Vergänglichkeit: »Das Gras verdorrt, die Blume verwelkt«. Auf einige wenige Gräser, die sich selbst jedes Jahr neu aussäen, mag das zutreffen. Aber der britische Autor und Geistliche John Donne aus dem 17. Jahrhundert erkannte in den Gräsern doch noch eine subtilere Wahrheit. Denn die meisten von ihnen sind außerordentlich langlebig und bestehen selbst dann fort, wenn die oberirdischen Pflanzenteile verwelkt und verbrannt sind. Donne schrieb, die Liebe »übersteht / den Wandel und die Jahreszeiten, wie das Gras«, was im 20. Jahrhundert in Max Ehrmanns *Desiderata* seinen Widerhall fand: »Denn trotz aller Öde und Enttäuschung verdorrt sie [die Liebe] nicht, sondern wächst weiter wie Gras.«

Für die meisten Lebewesen ist Feuer verheerend. Aber paradoxerweise hat die Pflanzenwelt das Feuer erst ermöglicht. Pflanzen laden zu Feuersbrünsten ein, schlicht und einfach, weil sie beim Wachsen Sauerstoff in die Atmosphäre pumpen und die Erdoberfläche mit brennbarem Holz und Grün überziehen. Seit die ersten Pflanzen an Land gegangen sind, leben Feuer und Pflanzenwelt in einer schwierigen, oft destruktiven Beziehung. Die Gräser gehören zu den wenigen Brandschutzspezialisten, die diese Verbindung für sich genutzt haben. Für sie sind Brände kein unvermeidliches Desaster, das es irgendwie zu überstehen gilt, sondern ihr Freund und Helfer, den sie willkommen heißen und sogar herbeirufen.

Allerdings sind die Gräser nicht nur passive Nutznießer. Sie sind der grüne Prometheus, der das Feuer für seine eigenen Zwecke domestiziert hat. Ihre Entwicklung und Verbreitung hat Brände befeuert. Sie sorgen für die Voraussetzungen ihres eigenen Erfolgs und sind mithin selbst Akteure der Evolution. Wenn Gräser ihre Blätter nicht mehr benötigen, lassen sie sie nicht wegfliegen oder verfaulen. Bei vielen Arten bleiben die toten Blätter am Stängel hängen, ohne zu verwittern. Aber sie fangen leicht Feuer. Die vertrockneten Büschel des Bartgrases, die den ganzen Herbst und Winter überdauern, gleichen einer Beschwörung: *Komm, Feuer, wir haben schon auf dich gewartet.* Auf dem Hügel im Panola Park streichen Gabe und seine Kollegen das Streichholz an, aber die wahren Feuermacher sind die Gräser.

In späteren Stufen der Grasevolution, die vor etwa 20 Millionen Jahren einsetzten, kamen auch grasende Säugetiere zur Graslandgesellschaft. Zu der Zeit, als die ersten Blütenpflanzen zur Entstehung bestäubender Bienen und Schmetterlinge beitrugen, schufen die Gräser die grasenden Säugetiere. Säugetierzähne machen ziemlich genau dasselbe wie ein Brand. Wenn Weidetiere die Knospen abknipsen und die Rinde schleifen, lichten sie das Unterholz. Sie ringeln erwachsene Bäume und merzen buschige Schösslinge aus. Aus Sicht der Gräser haben sie die nützliche Eigenschaft, selbsterhaltend zu sein. Die Gräser müssen nur den Mägen der Säugetiere ein paar Blätter opfern, um sicherzustellen, dass ihre Landschaftsgärtner auch im nächsten Jahr wiederkommen. Er züchtet sich seine eigenen Rasenmäher und Baumschneider.

Gras ist schwer zu kauen. Die Gräser spitzen ihre Blätter mit winzigen Glasscherben an, die sie aus besonderen Blattzellen herstellen. Bis zu fünf Prozent des Gewichts eines erwachsenen Blattes können aus Silikat bestehen. In Kombination mit Grus vom Boden ist das Gras dadurch ähnlich angenehm zu essen wie Schleifpapier. Deshalb haben Pflanzenfresser große Mahlzähne mit einer scharfen Schmelzkappe. Wenn Sie einmal zufällig einen Schafs- oder Pferdeschädel finden sollten, müssen Sie sich unbedingt die Backenzähne ansehen. Sie können so groß wie eine Menschenhand werden. Lassen Sie Ihre Finger über die Zähne gleiten und spüren Sie, wie scharf und kantig sie sind, fast wie ein abgebrochener Feuerstein. Dank dieser dentalen Neuerung konnten die entweder ausschließlich oder hauptsächlich Gras fressenden Säugetiere eine große Vielfalt entwickeln, um schließlich auf den meisten Kontinenten die große Säugetiergemeinde anzuführen.

Im Grasland vor Atlanta, wo Gabe und ich das Bartgras untersuchen, sind die meisten großen Weidetiere verschwunden, nachdem sie über Hunderttausende von Jahren in diesem Gebiet Nordamerikas weit verbreitet waren. Im Grasland im Südosten der USA gab es Grasfresser wie das Kolumbianische Mammut, das Faultier *Paramylodon harlani*, Elche, riesige Streifenhörnchen und Bisons. Aus dem Verhalten von Elchen und Bisons in anderen Gegenden lässt sich schließen, dass die Grasfresser dem Feuer folgten und nach den Bränden nach frischen Sprossen suchten. Heute knabbern ein paar Kaninchen und Wühlmäuse am Gras, und manchmal tapst ein Weißwedelhirsch aus dem Wald, um an einigen ausgewählten Blättern zu zupfen. Aber größtenteils muss das Gras hier ohne seine Säugetiergefährten auskommen.

Die Verluste im Südosten der USA reihen sich in ein globales Muster ein. Während sich die Menschen in den letzten 100.000 Jahren auf der Welt ausbreiteten, stürzten die Populationen der pflanzenfressenden Säugetiere ab, manche starben sogar aus. Das Ausmaß der Vernichtung reichte von 22 Prozent in Afrika bis 83 Prozent in Südamerika, während es auf den anderen Kontinenten zwischen 44 und 68 Prozent betrug. Die wilden Tiere wurden schlichtweg durch gezüchtete Weidetiere ersetzt. Heute übertrifft die weltweite Zahl der Nutztiere die aller wilden Säugetiere um fast das 30-Fache. Wo der Boden fruchtbar ist, haben intensiv genutzte Anbauflächen das natürliche Grasland ersetzt, das auf weniger ertragreichen Böden mit wenigen Ausnahmen inzwischen der Viehhaltung dient, als offenes Weideland oder Steppe.

Ohne pflanzenfressende Säugetiere kann natürliches Grasland eigentlich nur fortbestehen, wenn es durch Blitze oder Menschen regelmäßig in Brand gesetzt wird – gerade in Gegenden wie dem Panola Park, wo es keine domestizierten Grasfresser gibt. In weiten Teilen Nordamerikas, vor allem im Südosten, legten die indigenen Völker Feuer, damit sich das Grasland und die grasdurchwachsenen offenen Wälder regenerieren konnten. Dank dieser Praxis konnte die lange Beziehung zwischen Feuer und Grasland fortgeführt werden, nur eben nicht mithilfe grasender Zähne, sondern des menschlichen Erfindergeists. Als die Kolonisten kamen, raubten sie der indigenen Bevölkerung das meiste Land, enteigneten sie und setzten den traditionellen Waldbrandpraktiken ein Ende. Daraufhin wurde in vielen Gegenden aus offenem Grasland schnell dichtes Buschland oder Wald.

Heute sind viele »naturbelassene« Gegenden im Südosten der USA bewaldet. Das ist allerdings eine Anomalie jüngerer Zeit, was die öffentliche Wahrnehmung der Landbewirtschaftung verzerrt. Denn Prärien gehören ja wohl in den amerikanischen Westen und nicht auf den Panola Mountain oder in andere Gegenden im feuchten Osten –

oder etwa nicht? Bis heute verbreiten Lehrbücher diesen Mythos, indem sie behaupten, Grasland würde nur in Gegenden gedeihen, in denen es für Wälder zu trocken ist. Aber der Osten Nordamerikas hatte nie ein durchgängiges Blätterdach, und schon gar nicht der brandanfällige Süden, wo eine große Vielfalt an Gräsern gedeiht. In den Prärien im Mittleren Westen wachsen nur zwei Arten großer federartiger Bartgräser, im Süden dagegen fast zwei Dutzend. Mindestens einhundert Millionen Hektar Grasland und grasbewachsenes offenes Waldland haben sich trotz des feuchten Klimas im Osten der USA ausgebreitet. Atlanta hat 130 Zentimeter Regen im Jahr, mehr als Seattle. Paradoxerweise verhindert die Feuchtigkeit jedoch keine Feuersbrünste. Im Gegenteil, der Regen befördert im Frühling und Sommer üppig grünen Wuchs, wonach der Himmel für mehrere Wochen austrocknet und sich die alte Liebe zwischen Feuer und Gras wieder entzündet.

»Die Leute sind oft perplex, wenn sie hören, wie es hier eigentlich aussehen könnte. Vor allem hier in Atlanta, wo die Bäume so schnell wachsen, dass man leicht vergisst, dass das alles hier mal Grasland war. Wir denken ja, es ist normal, wenn überall Wald ist. Aber ja, ich glaube, wir leisten ganz gute Arbeit, und allmählich sehen wir auch erste Erfolge.«

Die Vögel können den Gräsern als Botschafter dienen: Mit ihrer Hilfe können wir uns eine andersgeartete Landschaft vorstellen. Während Gabe und ich über den ascheüberzogenen Hügel wandern, erspähen wir einige Feld- und Singammern, die ein paar Happen aus dem Boden rupfen. 30 Rotkehlchen suchen ebenfalls das Feld ab, dazu ein Weißbauch-Phoebetyrann und ein Hüttensänger, der nach Insekten schnappt. Zwar sehen wir heute keine Wiesenlerchen, aber auch sie leben hier, und noch einige andere Ammernarten – mit Ausnahme des Phoebetyranns allesamt Vögel, die im oder in der Nähe von Grasland leben.

»Die ›Hoffnung‹ ist dies Ding mit Federn … / doch nie, auch nicht in schlimmster Not / bat es mich um ein Krümchen Brot«, schrieb

Emily Dickinson. Aber um eines bittet uns die Hoffnung der Graslandvögel doch: um ein angezündetes Streichholz.

Oder, genauer gesagt, kein Streichholz, sondern eine Mischung aus Diesel und Benzin, die aus großen Flämmkannen aufs trockene Gras gesprüht wird. Etwa ein Jahr nachdem ich mit Gabe im Panola Park durch das Grasland gewandert war, kehrte ich mit einer von Birds Georgia organisierten Fahrt zurück, um der feurigen Erneuerung beizuwohnen. Während sich das Feuer ausbreitete, sah ich fassungslos zu, wie knie- bis brusthohe Gräser vier Meter hohe Flammen warfen, deren Rauch in die Wolken aufstieg. Auch das Brandgeräusch war frappierend. Aus mehreren Hundert Metern Entfernung klang das brennende Gras, als würde ein Sturzregen auf eine Plastikplane niederprasseln. Wenn ich näher heranging, drängten die höheren Töne in den Vordergrund, das Knistern und Knallen des Wassers, das als Dampf aus dem Gras aufstob, und der Grasfasern, die zu explosiven Gasen verdampften. Als das Feuer ein paar kleinere Kiefern erreichte, die im Gras ausgesprossen waren, explodierten die Schösslinge mit einem Knall, als rasselte eine Holzkiste mit Hunderten Gebeinen. Nur ein paar Sekunden dauerte das Rattern, dann war der Baum komplett abgebrannt.

Rotschwanzbussarde und Buntfalken drehten am Feuersaum ihre Runden und schnappten sich die aufspringenden Grashüpfer und panischen Nagetiere. Eine Amerikanische Waldschnepfe raste mit pfeifenden Flugfedern über unsere Köpfe hinweg Richtung Waldland, um sich in Sicherheit zu bringen. Feld- und Singammern flogen aufgeregt immer wieder kurz auf und hopsten so etappenweise vor den Flammen davon. Feuer schafft neues Grasland, fordert aber auch kurzfristige Opfer unter den Tieren. Zwar können die meisten fliehen, aber einige müssen doch sterben, und viele müssen sich eine neue Heimat suchen, bis die Grasnarbe hoch genug ist, um ihnen wieder Zuflucht und Nahrung zu bieten.

Das verordnete Feuer hatte das Ministerium von Georgia für Bodenkultur mithilfe von Birds Georgia entfacht. Grasland sollte entstehen, indem junge Bäume getötet und totes Gras abgebrannt wurde, sodass die Asche dem nunmehr nicht mehr überschatteten wachsenden Frühlingsgras als Dünger diente. An einem einzigen Tag wurden ca. 80 Morgen abgebrannt, wozu es 15 Mann in voller Brandmontur brauchte, ein schweres Notfallpaket mit Schutzausrüstung auf dem Rücken. Die Brandstifter dämmten das Feuer an den Rändern ein, damit es sich nicht unkontrolliert ausbreiten konnte und zugleich das gesamte Grasland abbrannte. Schon früher in diesem Frühling hatte ein Brandleger eigenhändig den alten Bunker, durch den Gabe und ich spaziert waren, sowie ein kleineres Feld ganz in der Nähe in Brand gesetzt. Allerdings konnte er die Flammen und die Glut, die in die benachbarten Areale flog, nicht in Schach halten, weshalb das Feuer nur mithilfe der Feuerwehr und mit einigem Glück gebändigt werden konnte, sodass nicht auch noch die in Windrichtung liegenden Wälder und Häuser abgefackelt wurden. Gräser interessieren sich allerdings nicht für Risiken oder Gesetze. Im Windschatten des Brandlegers ploppten bereits das Bartgras und das Kleine Präriegras aus dem Boden. Und auch nach dem verordneten Feuer schossen zwei Wochen später schon wieder die Gräser.

Blaugrüne Grasblätter, die sich hektarweit durch kohlschwarzen Boden schieben: die Farben der Erneuerung, das Banner der alten Revoluzzer, Feuer und Gras, die – mit freundlicher Unterstützung eines Säugetiers – gemeinsame Sache machen.

*****

An einem der heißesten Tage eines Hitzerekorde brechenden Juni komme ich noch einmal mit einem Dutzend freiwilliger Helfer von Birds Georgia zum abgebrannten Areal am Panola Mountain zurück: eine Mutter mit drei Kindern, ein paar Collegestudenten und zwei pflanzenbegeisterte Rentner. Wir fangen früh an, aber als die Sonne über den Bäumen aufsteigt, ist es schon unerträglich heiß. 25 Kilogramm Samen von einheimischen Gräsern wollen wir aussäen, vor allem von *Sorghastrum nutans*, einer Art mit federartigen goldenen Blütenköpfen, die oft so groß werden, dass sie einem über den Kopf wachsen. In der Botanik der westlichen Welt wird sie »Indianer-Gras« genannt, auch wenn sie nur eine von Hunderten Gräsern in Nordamerika ist, die von der Brandhilfe und Bewirtschaftung durch die indigenen Völker profitierten.

Das Wetter hier im Panola Park ist bestens geeignet, um dieses Gras auszusäen. *Sorghastrum nutans* kann gut mit Hitze umgehen. Mit seinen tiefen Wurzeln hält es sich noch wacker, während andere Gräser bereits schlappmachen. Seine Blätter schimmern in einem hitzereflektierenden Silberblau. Das heißt, wenn das unausweichliche Feuer kommt, sind sie nicht nur gewappnet, sondern nachgerade scharf darauf.

Mit langstieligen Grubbern kratzen wir den Humus auf und versuchen, die rote Erde zu lockern. Dann streuen wir eine Handvoll stachliger Samen auf das Saatbeet und drücken sie mit den Stiefeln ein. Seit einem Monat hat es nicht mehr geregnet, weshalb wir die Grubber fest niederdrücken müssen, damit die Metallzinken die Erde aufbrechen. Unsere Rücken und Arme protestieren. Der Schweiß rinnt in Strömen. Wieder einmal rackern sich Säugetiere treudienerisch für die Gräser ab. Ein singender Indigofink sieht uns vom Waldessaum zu. Er wird sich gewiss nachher aus ein paar Samen eine Mahlzeit bereiten.

Während ich über den Hang pflüge, komme ich auch an ein paar Stellen vorbei, wo ungehemmt das Bartgras wuchert. Die zögerlichen Büschel vom März sind inzwischen knöchel- bis kniehoch. Die Flammen haben gute Arbeit geleistet, Platz und fruchtbaren Boden geschaffen. Unter der Erde reichen die Wurzeln des Bartgrases doppelt so weit in die Tiefe, wie sich die Blätter nach oben strecken, und halten den Boden fest. Der South River, der hier 200 Meter hügelab vorbeifließt, wird weniger Schlamm schlucken, wenn der Regen kommt. Zwischen dem Bartgras verstreut finden sich schwarze Brombeersträucher, das »Kampferkraut« *Heterotheca subaxillaris* und Stinkkamille, allesamt Pflanzen, die der Sanierungstrupp mit Unkrautvernichter getilgt hat. Auch wenn diese Arten von ökologischer Bedeutung sind – Brombeeren ernähren Bienen und Vögel, Kampferkraut und Stinkkamille sind bei kleinen Bestäubern beliebt –, können sie dermaßen dicht wachsen, dass sie alle anderen Arten ersticken, sofern man sie nicht gleich im ersten Jahr der Behandlung im Zaum hält.

Zwischen den Bartgrasbüscheln sprießen auch Wildblumen. Die Amerikanische Minze, deren Blüten aussehen, als wären sie mit Zuckerguss bestäubt, wächst hüfthoch. Ich reibe leicht ihre Blätter zwischen den Fingern und rieche den mit einem Hauch Gin verschärften Minzduft. Selbst bei Dürre ist die Amerikanische Minze ein Nektarbrunnen. Bienen, Wespen und Schwebfliegen kraxeln über ihre Blütentrauben. Auch leuchten zwischen den silbrig-blaugrauen Gräsern Blüten von zitronengelbem, violett gefülltem Gold, Sonnenbraut und Schönauge. Dickkopffalter baumeln an den Blüten. Zwei Rudbeckien blühen und ich erspähe die erbsenähnlichen Blätter verschiedener wilder Indigopflanzen. Alle diese Pflanzen wurden von Birds Georgia ausgesät oder gepflanzt, im Fall der Amerikanischen Minze mithilfe von Samen, die herbeigeweht wurden und in der Erde schlummerten. Auf den benachbarten Wiesen ist die Sanierung schon weiter fortgeschritten, man sieht eine Blütenfülle von Silphien, *Rhus copallinum* (»Zwergsumach«), Seidenblumen, Bienenbalsam und wilden Indigopflanzen.

Ich freue mich, dass es hier so viele Wildblumenarten gibt, aber besonders viele verschiedene Pflanzenarten sind es trotzdem nicht, vielleicht zehn Prozent von dem, was in einem althergebrachten Grasland zu finden wäre, das über mehrere Jahrhunderte nicht gepflügt oder bewaldet wurde. Es dauert Jahrzehnte, bis renaturiertes Grasland seine alte Vielfalt wiedererlangt. Aber hier haben sich in nur drei Jahren seit Beginn der Maßnahmen ein ehemaliger Golfplatz und eine Baustelle in eine junge Prärie verwandelt, deren Artenvielfalt Jahr für Jahr weiter zunimmt.

Dass bereits Wildblumen und Kräuter sprießen, liegt an einer von vielen Superkräften der Gräser. Sie errichten Gemeinschaften. Der Begriff »Grasland« ist nämlich irreführend. Obwohl ungefähr fünf Prozent der 11.000 Grasarten weltweit natürlicherweise in annähernden Monokulturen wachsen – ein gutes Beispiel dafür sind Salzwiesen –, schaffen die meisten Gräser Bedingungen, unter denen auch andere Pflanzen gedeihen. Sie halten nur die holzige Konkurrenz fern, sodass sich die kleineren Pflanzen ungestört sonnen können.

Gräser sind Bauherren von Gemeinschaftsunterkünften. Graslandschaften beherbergen oft mehr Pflanzen als jedes andere Habitat. Den Weltrekord für die größte Anzahl an Pflanzen, die sich auf einem Quadratmeter tummeln, hält eine Wiese in den argentinischen Bergen: Dort leben 89 verschiedene Arten. Im Grasland im Südosten der USA kommt die Pflanzenvielfalt pro Hektar dem Regenwald am Amazonas nahe, auch wenn der tropische Wald insgesamt noch mannigfaltiger ist.

Allerdings sieht man die Vielfalt im Grasland nur, wenn man niederkniet und einen genauen Blick darauf wirft. Altes Grasland betört unsere Sinne weniger als hohe Bäume in einem alten Wald. Aber gelegentlich kriegen wir doch ein höchst spektakuläres Naturschauspiel zu sehen, das gerade die Wildblumen im Grasland bieten: texanische Wiesen mit fünf verschiedenen Lupinenarten, den Wiesenlupinen, sogenannte Superblüten von Mohnblumen und Dutzenden anderen Arten in den Hügeln Kaliforniens, Heuwiesen und Viehweiden voller Wildblumen in England, darunter auch die seltenen Arten, die die Begeisterung meiner Mutter für die Orchideen in den Chiltern Hills entzündeten – in Großbritannien und weiten Teilen Europas wachsen viele Blumenarten ausschließlich auf solchen Wiesen –, die Blumenspektakel der Regenzeit im Grasland und den Savannen von Tansania, Kenia und Uganda, mediterranes Grasland und grasbewachsene Wälder, die sich gegen Frühlingsende mit Wildblumen füllen, in den höheren Lagen der Alpen, der Westghats und der Rocky Mountains das Grasland, auf dem die Wildblumen in üppiger Sommerblüte gedeihen, die Prärien und Wiesen in niedrigeren Gefilden, die auf jedem Kontinent außer der Antarktis wachsen, mit Tausenden Pflanzenarten, die es sonst nirgendwo gibt, darunter auch der Bocksbart und die Orchideen, die wir schon in Washington und Frankreich kennengelernt haben. Wer gern schöne Blumen in Überfülle sehen möchte, sollte unbedingt ins Grasland gehen.

Im Grasland können viele Pflanzen nebeneinander leben, weil sie alle ihre eigene Nische haben. Die Virginische Quecke gedeiht in den kühleren Jahreszeiten, das Gambagras in der Sommerhitze. Das Rohr-Glanzgras und das Gama-Gras fühlen sich in feuchten Gegenden am wohlsten, während das Kleine Präriegras und das Bartgras es gern trocken mögen. Rudbeckien wachsen und blühen früher im Jahr als Goldruten und die meisten Astern. Die Wurzeln teilen sich die Unterwelt. Manche Pflanzen wie die Lindley-Mentzelie oder der Indigo winden ihre Wurzeln zwei Meter oder tiefer in den Boden hinein. Bei den meisten anderen Gräsern wachsen die Wurzeln in einer dichten faserigen Schicht an der Erdoberfläche, während sich einige Auswüchse bis über einen Meter in den Boden graben. Auch in der Ernährungsweise unterscheiden sich die Pflanzen. Hülsenfrüchte wie Klee oder Indigo halten sich in ihren Wurzelknöllchen spezielle Bakterien, die Stickstoff aus der Luft saugen. Der verbreitet sich dann im Boden und strömt auch zu den anderen Pflanzen. Die meisten von ihnen verlangsamen oder pausieren ihr Wachstum in der Sommerhitze, manche Bartgräser jedoch überstehen selbst schwere Dürren. Grasland mag eintönig aussehen, aber die Pflanzen haben Tausende Ecken und Winkel gestaltet. Ein Grasland ist ein mehrdimensionales Universum: Zu den drei Dimensionen des Raumes kommen bei den Pflanzen noch zeitliche Rhythmen, die Geometrie der Wuchsformen und die Besonderheiten ihrer Ernährung durch Sonnenlicht und Erde hinzu.

Vielfalt führt zu Produktivität. Als Wissenschaftler künstliche Graslandgemeinschaften mit jeweils unterschiedlich vielen Arten anlegten, stellten sie fest, dass die Gemeinschaften mit der größten Vielfalt auch die produktivsten waren. Je schwieriger die Umstände, umso größer der Vorteil. Wie bei Aktien ist ein breites Portfolio am besten. Kein Wunder, dass manche Säugetiere zu Grasfressern wurden. Grasland bietet nicht nur reichlich Futter, sondern auch permanent. Zudem können die Weidetiere aus einem großen Angebot auswählen. Je nach ihren Bedürfnissen können sie erst ein paar stickstoffreiche Hülsenfrüchte knabbern, sich dann einen grasigen Kohlenhydrat-Shot holen und ihre Mahlzeit mit einem tanninhaltigen, die Verdauung fördernden Zeckenklee oder ein paar Heilpflanzen wie Sonnenhut oder Bleibusch krönen. Das Insektenleben profitiert ebenfalls von dieser Produktivität. Während ich im Juni durch das Bartgras spaziere, springen mit jedem Schritt Dutzende Grashüpfer davon. Bienen und Wespen fliegen vorbei, Zwergzikaden hüpfen umher, Käfer huschen in ihr Versteck. Diese Produktivität ist auch der Grund, warum so viele Vögel das Grasland zum Brüten oder Überwintern brauchen. Vor allem in feuchten Gegenden mit fruchtbarem Boden schenkt ihnen das Grasland ein ebenso großes Nahrungsnetz wie ein Wald.

Gräser bilden auch Böden. Ihre Blätter schicken etwa zwei Drittel der Nahrung, die sie produzieren, in die Unterwelt. Dort wühlen sich die Wurzeln bis in mehrere Meter Tiefe. Während sie wachsen, brechen sie Stein und Ton, scheiden Zucker und andere Moleküle aus und verweben ihre Zellen mit Pilzen. Wenn die Wurzeln absterben, geben sie der Erde schwammiges organisches Material. Diese Bodenbildung ist dermaßen produktiv, dass sich sogar die Erde anhebt. Wenn zerstörtes Grasland gesundet, schwillt der Boden an, als atme er erleichtert ein. In altem Grasland kann der Erdboden bis in einer Tiefe von mehreren Metern mit organischem Material angereichert sein. Wird es aber durchpflügt, verschwindet der größte Teil der organischen Materie und der vormals lebendige, wasser- und nährstoffreiche Boden wird zu mineralischem Staub. Trotz weitreichender Zerstörung des Graslands steckt derzeit noch ein Drittel des gesamten in der Erde gespeicherten Kohlenstoffs in seinen Böden.

Einige ehrenamtliche Helfer, die Mitarbeitenden von Birds Georgia und ich säen Grassamen aus und setzen damit das Grasland-Ethos in die Tat um. Das ist wahre Gemeinschaftsbildung: Eine Art hilft der anderen. Gräser sind Schöpfer. Sie bauen sich mithilfe partnerschaftlicher Zusammenarbeit ein Heim, das wiederum anderen Arten Möglichkeiten eröffnet. Sie reichern Bodenkohlenstoff an, schaffen ein Habitat für andere Pflanzen und ernähren Tiere.

Auch wenn wir uns selbst nicht oft so sehen, sind wir doch ein Hauptnutznießer, eine Spezies, die vom Gras geschaffen wurde.

*****

Was gibt's heute zum Abendbrot? Gras. Ganz gleich, woher Sie kommen, vermutlich ernähren auch Sie sich hauptsächlich von Gräsern.

Als der Prophet Jesaja verkündete: »Alles Fleisch ist Gras«, war das ein Kommentar zur Vergänglichkeit des menschlichen Lebens, aber er sprach damit auch eine ökologische Wahrheit aus. Zu seiner wie unserer Zeit wurden und werden wir Menschen vom Gras versorgt. Würden wir die gesamte Getreideernte des Jahres 2023 in 50-Kilo-Säcken übereinanderstapeln, könnten wir darauf 40 Mal bis zum Mond klettern. Anders gesagt: In diesen Säcken sind 2,8 Milliarden Tonnen zu Samen gereifter Grasblüten verpackt. Drei Gräser – Reis, Mais und Weizen – machen 90 Prozent dieser Überfülle aus und liefern uns zwei Drittel unserer Kalorien. Der Saft des Zuckerrohrs, das ebenfalls ein Gras ist, ergibt 1,9 Milliarden Tonnen. Und auch Gerste, Sorghumhirse, Hafer, Hirse, Roggen und Wildreis sind Gräser. Unser Vieh frisst sich an Gras von den Weiden und den maisgefüllten Trögen der Mastbetriebe fett. Während sich unsere Cousins, die Großaffen, an Waldfrüchten, Blättern und Beutetieren laben, hängen wir Menschen am Gras. Würden wir uns nach unserer ersten Nahrungsquelle benennen, müssten wir Grasaffen heißen, *Homo poaceae*, nach dem wissenschaftlichen Namen der Grasfamilie, Poaceae, der vom griechischen Wort für »Futter« abgeleitet ist.

Der nahrhaften Kraft der Gräser verdanken wir, noch angereichert durch ölreiche Früchte wie Senf oder Ölpalmen, die Zunahme an Kalorien, von der wir in den letzten tausend Jahren und ganz besonders in den letzten hundert Jahren profitierten. Die Getreideernte lag 2023 um 50 Prozent höher als noch im Jahr 2000 und betrug das Dreifache der Ernte der 1960er-Jahre, womit sie sogar noch das Bevölkerungswachstum auf allen Kontinenten übertraf. Hungersnöte sind heute seltener und werden meist durch Kriege oder menschengemachte Ungerechtigkeiten ausgelöst, nicht durch das Versagen der Pflanzen als Nahrungslieferant. Diese Produktivität kommt uns allerdings teuer zu stehen: abgeholzte Wälder, künstlicher oder abgebauter Dünger und Ähnliches. Aber die Menschen, die im 19. und 20. Jahrhundert irrige Voraussagen über ein bevorstehendes Massensterben durch Hungersnöte machten, unterschätzten das weltverändernde Potenzial der Gräser.

In der Küche wird dieses globale Muster besonders gut sichtbar. Wenn ich bei mir daheim die untere Lade des Küchenschranks öffne, knarzt es herzzerreißend. Die Schubgelenke sind ausgeleiert, die Schublade ist vollgestopft mit Packungen und Behältern. Brotmehl, Vollkornmehl, Allzweckmehl, gelbes und violettes Maismehl, grober Maisgrieß, feiner Maisgrieß, Grießmehl, Gerstenmehl und Sorghummehl. Einiges davon sind Backzutaten etwa für Pfannkuchen, Weizen- oder Maisbrot. Anderes ist ehrgeiziger, im Schwung der Begeisterung von Katie und mir aus den Regalen im Dekalb Farmers Market gepflückt, während wir unseren Einkaufswagen durch die Gänge dieses umtriebigen Warenlagers schoben, das mit unverpackter Trockenware und frischen Produkten aus aller Welt lockt. Ungeachtet der Herkunft ist jedes einzelne Mehl in unserer Küchenschublade aus einem Grassamen entstanden, das Produkt einer reifen Grasblüte. In den anderen Schubladen liegen noch Reis und Nudeln, die ebenfalls aus Grassamen stammen. Unsere Küche ist wie viele andere Küchen rund um die Welt ein bunter Strauß aus Gräsern. Von den 300.000 Blütenpflanzenarten der Erde haben wir Menschen uns eine Handvoll herausgepickt und unsere moderne Landwirtschaft auf ihrer Produktivität aufgebaut. Aber was war nun das Besondere am Gras? Die Antwort auf diese Frage liefert uns nicht nur die Erklärung, warum wir uns derart an die Gräser klammern, sondern auch, wie sie es – lange bevor es den Menschen gab – geschafft haben, weite Teile des Planeten zu beherrschen.

Grasblüten sind Supermütter, die ihren Embryos reichlich Verpflegung mitgeben. Im Vergrößerungsglas sehen wir, wie sie das machen. Ich ziehe die jammernde Schublade auf und tauche einen Teelöffel in einige der Packungen, um das Mehl auf ein Schmierpapier zu streuen, das von der hellen Deckenleuchte angestrahlt wird. Was für mein bloßes Auge einfach wie verschiedenfarbiges Pulver aussieht, entblößt unter der Linse seine vielfältige Schönheit. Ich hatte gedacht, weißes Mehl sehe locker und flauschig aus, aber in der Vergrößerung gleicht es eher Korallensand. Als ich mit dem Löffel über das kleine Häufchen streiche, verwandelt sich das Mehl in einen Miniatur-Tropenstrand, eine schimmernde Fläche, die durch Einsprengsel dunklerer Körner noch an Lebhaftigkeit gewinnt. Vollkornmehl sieht wie hellbrauner Sand aus, der mit geschroteter Pappe vermengt wurde, als wäre ein Hurrikan auf dem Weg zum Strand durch eine Lagerhalle gefahren. Die Körner des violetten Maismehls sind größer als beim Weizenmehl und von weiß-blauen Kieseln und Brocken zerbrochenen Obsidians durchsetzt. Ungekochte Reiskörner ragen aus dem Sand auf. Sie sind leicht durchscheinend und haben eingeätzte Linien, als hätten die alten Ägypter ihre Obelisken aus Milchglas gebaut. Wer braucht Zauberpilze, wenn er eine Lupe mit siebenfacher Vergrößerung hat?

Was ich indessen am meisten bewundere, ist nicht die Struktur der Embryos im Samen, sondern die Überreste der Brotdose, die die Mutterblüte liebevoll gefüllt und ihren in die Welt entschwindenden Kindern mitgegeben hat. Der weiße, hellbraune und violette »Sand« und die glasige Masse des Reiskorns heißen in der Botanik Endosperm. Das Endosperm ist das Nährgewebe, von dem sich der Embryo während des Keimens ernährt. Nur Blütenpflanzen besitzen ein

Endosperm, auch wenn ein paar engere Verwandte wie das blütenlose strauchige Meerträubel, *Ephedra*, noch Rudimente davon besitzen. Die Entwicklung des Endosperms gehörte zu den Erfindungen, die den ersten Blütenpflanzen einen Vorteil verschafften.

Die Orchideen und einige andere Blütenpflanzen verloren oder reduzierten ihr Endosperm, als sie ihre winzigen Samen entwickelten. Ohne Endosperm sind die Sämlinge der Orchideen vollständig von Pilzen abhängig. Die Gräser haben die entgegengesetzte Richtung eingeschlagen und ihr Endosperm derart aufgebläht, dass der Embryo wie ein Anhängsel wirkt, als wäre das kleine Bündel noch rasch in eine Ecke des Samens gequetscht worden. Zumindest zu Beginn schenkt die üppige Ausstattung den Grassamen weitreichende Unabhängigkeit. Wenn Sie selbst schon einmal Weizenkörner eingetopft haben, wissen Sie, dass Grassamen Wurzeln und kleine Blätter austreiben können, ohne dazu Pilze oder andere Partner zu benötigen. Im weiteren Verlauf ihres Lebens wird dann für die Gräser die Gemeinschaftsbildung wichtiger, aber anfangs kommen ihre Samen gut allein zurecht.

Der Herstellung des Endosperms liegen seltsame Sexpraktiken und verstörende Geschwisterbeziehungen zugrunde. Wenn Pollenkörner aus der weiblichen Narbe einer Blüte schlüpfen, baut jedes Korn zunächst eine Röhre, die zur Eizelle führt, und schickt dann ein Paar schwanzlose Spermien durch den Tunnel. Beschließt der weibliche Teil der Pflanze, sie beide aufzunehmen, verschmelzen sie mit dem weiblichen Gewebe. Ein Spermium vereinigt sich mit der Eizelle, sodass ein Embryo entsteht, während sich das andere mit den Zellen der Hofdamen vereinigt, die sich rundum an die Eizelle schmiegen. Aus dieser zweiten Befruchtung entsteht ein Geschwister, das keine Wurzeln und keinen Stängel herausbildet, sondern sich mit Stärke und anderer Nahrung anreichert, die es aus der Mutterblüte zieht. Das ist das Endosperm. Jeder Same einer Blütenpflanze trägt zwei genetische Individuen in sich. Das eine, der Embryo, kann zu einer neuen Pflanze heranwachsen. Das andere, das Endosperm, ist eine undifferenzierte Zellmasse, deren Schicksal darin besteht, ihr Geschwister zu ernähren und dabei zu sterben

Entsetzt starre ich auf meine Mehlhäuflein. Was ich da gerade bewundere, sind zu Pulver gemahlene Embryos, schlimmer noch: das meiste davon sind die Überreste von Lebewesen, die sich – der Evolution sei Dank – zu Stärkeklumpen entwickelten, nur um von ihren eigenen Geschwistern gefressen zu werden. Mein Pilztrip nimmt eine üble Wendung. Aber als es Zeit zum Mittagessen ist, setzt doch der Hunger meine Skrupel außer Kraft. Dieses Endosperm ergibt halt wirklich schmackhaftes Brot, Reis und Tamale. Vielen Dank euch, todgeweihte Geschwister.

Seitdem die Menschen Landwirtschaft betreiben, hat das Endosperm sogar seine Spuren in ihrem Genom hinterlassen. Menschen, deren Vorfahren viel Endosperm aßen, besitzen zusätzliche Kopien jener Gene, die stärkeverarbeitende Enzyme produzieren. In manche Menschen-DNA hat die Evolution sogar eine Abhängigkeit von Weizen, Mais und Reis eingeschrieben. Das Gras lebt in uns. Und wie es Blütenpflanzen ja oftmals tun, hat es uns in neue, wechselseitige Beziehungen mit anderen Lebewesen versetzt. So ist die Fermentierung durch Bakterien und Pilze für viele menschliche Nahrungsmittel auf Grasbasis unabdingbar, etwa für Weizenbrot, Bier und Dutzende Gerichte aus fermentiertem Reis oder Mais. Gras, Mikroben und Menschen bilden ein findiges Kooperationstrio.

Dank ihrer Endospermreserven konnten die Gräser vor allem unter schwierigen Bedingungen gut gedeihen. Sind die Stärken, Öle und Proteine erst einmal in der Samenschale verstaut, halten sie sich monatelang. Endosperm ist das Original aller Vorratskammern. Grassamen warten so lange ab, bis die richtigen Bedingungen herrschen, um zu keimen. Wenn Wärme und Regen kommen, verdaut sich das Endosperm selbst und schiebt dem wachsenden Keimling Essen zu. Derart angestachelt, treiben die Sämlinge Wurzeln und Stängel aus und schlagen dabei jede Konkurrenz. Es ist kein Zufall, dass die erfolgreichsten transkontinentalen Verpflanzungen Gräser sind, die in den natürlichen Habitaten und auf den Äckern schnell zum Problem werden können, weil sie die ansässigen Arten oder die erwünschten Nutzpflanzen verdrängen. Wenn wir in die Vergangenheit schauen, zeigen uns die Fossilien und Stammbäume der Gräser, dass sie seit Millionen von Jahren neues Land bevölkern, was ihnen vor allem dank des Endosperms in ihren Samen gelingt. Sie sind wahre Wikinger, die aber nicht deshalb so erfolgreich sind, weil sie besonders kriegerisch wären, sondern weil ihre Mutterblüten sie mit einem Essenskorb in die Welt schicken.

Wie Entenküken, die sich gleich nach dem Schlüpfen selbst ernähren können und vor Fressfeinden davonhuschen, können die Gräser, sobald sie »ausgebrütet« sind, die ganze Welt erobern. Im Gegensatz zu den meist undifferenzierten Embryos ihrer engeren Verwandten haben die Grasembryos Wurzeln, kleine Stängel und Blätter sowie eine plazentaartige Struktur, die sie mit dem Endosperm verbindet. Unter den richtigen Bedingungen können die Embryos sofort in Aktion treten. Ein Reis- oder Weizenkorn in ihrer Hand mag vielleicht träge wirken, tatsächlich ist es eine Zeitkapsel, in der ein wahrer Kurzstreckenläufer steckt.

Was ich »Samen« oder »Korn« nenne, ist fachlich betrachtet die Frucht der Grasblüte. Wie alle Blütenpflanzen umhüllen die Gräser den Embryo und das Endosperm mit mehreren Schichten Muttergewebe. Im Gegensatz zu fleischigen Früchten wie Pflaumen oder Mangos ist das Fruchtgewebe bei Gräsern jedoch dünn und bröckelig. Beim Vollkornmehl nennt man diese faserige Hülle Kleie. Das ist das pappartige Material, das ich in meinem Vergrößerungsglas gesehen habe. Der »Weizenkeim« ist der Embryo, kleine Tupfen aus zähem Braun. Weißmehl ist reines Endosperm. Wenn wir Weißbrot oder Nudeln essen, ist das, als würden wir Kuhmilch trinken: Wir kriegen einen Energie- und Nährstoffschub, den sich die Evolution zum schnellen Wuchs der Babys ausgedacht hat. Vielleicht ist Pasta oder Pizza mit Käse deshalb eine so behagliche Mahlzeit, weil wir gleichsam von Blütenpflanzen und Rindern bemuttert werden.

Da den Gräsern das Fruchtbündel nicht genügte, umwickelten sie ihren Samen noch mit ein paar papierenen Extraschichten, die wild gewordenem Geschenkpapier glichen. Für diese Verpackung gibt es ein ganzes Rudel botanischer Begriffe – Blümchen, Spelze, Lemma, Granne, Vorspelze, Lodikula –, aber für uns ist sie meist einfach die Spreu, jener faserige Abfall, der uns in unserer Gier nach Endosperm im Wege steht. Dabei täuscht der Name darüber hinweg, wie ausgeklügelt die Anordnung der Einzelteile bei den einzelnen Arten ist. Manche sehen wie verschachtelte Kanus aus, andere wie ummantelte Speere. Viele sind in geometrischen Mustern aus Fächern oder Rudern angeordnet. Die Gliederung soll helfen, die Jungspunde entsprechend der Ökologie ihrer Art auf die Reise zu schicken. Viele haben windfangende Borsten, manche sind Widerhaken für Säugetierpelze oder Vogelflügel. Ich selbst habe einmal den Fehler begangen, mit Wollsocken durch das Grasland am Panola Mountain zu laufen, wonach ich Stunden brauchte, um mir Hunderte spitzer, haftfester Grassamen von den Socken zu zupfen, was mich wieder daran erinnerte, wie gut sie an Fell haften. Andere Grassamen verdrehen sich, wenn sich die Luftfeuchtigkeit ändert, und bohren sich in den Boden. Der Sammelbegriff für alle diese von der Mutterblüte gebauten Fruchthüllen lautet »Ährchen«. Dieses Merkmal bildete sich im Vorfahren der heutigen Gräser heraus, der sie mithilfe von Wind und Tierkörpern buchstäblich zu weltweitem Erfolg geführt hat.

All diesen vorteilhaften Eigenschaften mengten die Grassamen später noch einige Marotten bei, wodurch sie auf uns Menschen besonders anziehend wirkten. Wir haben einen empfindlichen Magen, der die Gifte und Tannine in den Samen vieler anderer Blütenpflanzen nicht verträgt. Schon ein paar Samen vom Rittersporn würden uns per Alkaloidvergiftung töten. Eicheln würden uns, wenn wir sie nicht mehrmals in Wasser tränkten, mit ihren bitteren Gerbstoffen Übelkeit bereiten. In unserem Speichel befinden sich nur geringe Mengen gerbstoffneutralisierender Chemikalien, die bei anderen Säugetieren eine höhere Toleranz gegenüber bitteren Nahrungsmitteln ermöglicht. Im Vergleich zu den Samen fast aller anderen Pflanzen ist Grassamen äußerst schmackhaft, vor allem für gewandte Affen, deren Hände die Spreu leicht abschälen können. Viele Gräser haben sich evolutionär so entwickelt, dass sie zumindest teilweise von pflanzenfressenden Säugetieren verbreitet werden, da ihre sperrigen, beblätterten Samen einfach durch die Gedärme flutschen. Über Jahrmillionen war es für die Gräser von Vorteil, keine giftigen Samen zu tragen, auch wenn manche von ihnen harte oder bittere Ummantelungen haben, um Pilze, Insekten oder übereifrige Grasfresser abzuhalten. Als unsere Vorfahren damit begannen, Samen zu sammeln und auszusäen, waren die Gräser daher die naheliegendste Lösung: essbar, leicht transportierbar, widerstandsfähig und voll mit leicht verdaulicher Nahrung.

Wenn Grasfrüchte reifen, lösen sie sich für gewöhnlich von ihrem Elter und trampen auf einem Tier oder im Wind davon. Diesen Vorgang nennen wir in der Botanik »Ausfallen«, weil oft durch eine einzige Berührung eines reifen Halms alle Früchte aufschnappen und wie Glassplitter versprengen. Die Mutterpflanze befördert das noch, indem sie die Zellen an dem Stängel, an denen die reifen Früchte hängen, tötet und teilweise verdaut. Bei manchen Grasarten kann das Ausfallen aber auch durch nur ein oder zwei Genmutationen ausgeschaltet werden. Dann kann die Mutter die Nabelschnur nicht mehr durchtrennen, sodass die Früchte an ihr hängen bleiben. In der freien Natur sind diese Mutanten hoffnungslos verloren, weil sie keine Nachkommen mehr aussenden können. Aber als clevere Zweibeiner auf die Welt kamen – unsere Vorfahren –, wurden die todgeweihten Mutanten buchstäblich zum Samen der Agrarrevolution. Da sie nicht »ausfällig« wurden und nicht zu Boden fielen, blieben sie so lange am Stängel kleben, bis wir in der Lage waren, sie zu ernten. Und indem die Menschen die Mutanten behielten und wieder aussäten, erhielten sie die ersten Getreidepflanzen. Wenn wir heute in ein Weizenbrot beißen, eine Maistamale oder ein Reiscurry essen, verzehren wir die Nachfahren dieser nicht ausgefallenen Mutanten.

Andere Mutationen, also zufällige genetische Veränderungen, die den Menschen auffielen und ihnen beim Aussäen im nächsten Jahr von Vorteil erschienen, trugen zu weiteren Verbesserungen bei, vor allem wenn es Mutationen waren, durch die sich die Anzahl der Früchte am Stängel erhöhte und die Samen dicker wurden. Viele Getreide durchliefen auch ähnlich wie der Bocksbart mehrere Runden der Genomduplikation und Hybridisierung. Doch ohne die frühen Mutationen, die das Ausfallen verhinderten, hätte unsere Spezies ihr Schicksal niemals derart eng an das der Gräser binden können. Stellen Sie sich nur einmal eine Welt vor, in der Reis, Weizen oder Mais ein nachrangiges, »wildes« Nahrungsmittel geblieben wären. Unsere Landwirtschaft wäre längst nicht so produktiv, die menschliche Population bedeutend kleiner. Nur wenige genetische Veränderungen hatten derart große Konsequenzen für die Geschichte des Lebens auf der Erde.

Die das Ausfallen verhindernden Mutationen brachten uns Menschen auf unseren heutigen Weg. Seit es uns gibt, roden wir Wälder und bestellen Felder. Im Buch Genesis, der Entstehungsgeschichte unserer grasbasierten Agrarkultur, heißt es: »Im Schweiße deines Angesichts sollst du dein Brot verdienen.« Gott verfügte also, dass die Menschen im Namen des Grases schuften und ackern sollten. Aber unsere Abhängigkeit vom Gras begann weit vor dem Aufkommen der Landwirtschaft oder irgendwelcher schriftlicher Aufzeichnungen. Ohne das Gras wären wir immer noch Affen mit kleinen Gehirnen, die auf Bäumen leben.

*****

Um einen genaueren Blick auf die ersten Tage der Menschheit zu werfen, unternehme ich ein kleines Küchenexperiment. Weizen- und Maissämlinge sprießen in den Töpfen auf unserer Fensterbank aus einer dünnen Schicht Erde. Gerade einmal vor einer Woche ausgesät, haben die Spitzen der kleinen Wikingerblätter schon den Topfrand erreicht – eine lebhafte Demonstration, wie das Endosperm für schnellen Wuchs sorgt. Eine junge Orchidee, die ja von ihrer Mutter nicht mit Nahrung ausgestattet wird, würde für denselben Weg Jahre brauchen.

Weizen und Mais gehören zu zwei verschiedenen Grassippen, die sich vor etwa 65 Millionen Jahren voneinander getrennt haben. Die Mitglieder der Weizensippe sind meist gut an kühles, feuchtes Klima angepasst, während die Maissippe besonders bei Wärme oder gar Dürre gedeiht. Obwohl sich die Sämlinge oberflächlich betrachtet ähneln, gibt es einen verborgenen Unterschied, der in der Evolution unserer Spezies eine ausgesprochen große Rolle spielt. Denn wie sich herausgestellt hat, hängt die Entwicklung des Menschen teilweise mit der Physiologie der Gräser zusammen, eine seltsame, folgenreiche Konvergenz in der Geschichte der Pflanzen und Primaten.

Ich greife in die Töpfe und gehe ein paar Blättern an den Kragen. Mit dem Cuttermesser schlitze ich sie einmal längs auf, dann lege ich sie auf einem Objektträger unters Mikroskop. Ich fühle mich wie eine Figur in einem Roman von Jules Verne, die mit ihren prädigitalen Untersuchungsmethoden in wunderliche unbekannte Welten abtaucht. Denn vergrößern heißt sich vertiefen. Durch das Okular sehe ich das aufgeschlitzte Blatt, das aussieht wie eine Felswand in normalem Maßstab. Die Wirkung wird noch durch meine Ausrüstung verstärkt, ein Taschenmikroskop vom Anfang des 20. Jahrhunderts aus Messing und Stahl mit Steampunk-Feeling, eins der wenigen Besitztümer meines Vater aus seiner Jugendzeit, die er mir vererbt hat. Hundert Jahre nach seiner Herstellung liefert das Mikroskop immer noch ein gutes Bild, wenn auch wegen des Staubs und eines fleckigen Spiegels kein perfektes.

Mein erster Eindruck von den aufgeschnittenen Blättern ist, dass sie vor Grün lodern. Von unten bestrahlt, liegen auf jedem Blatt Tausende leuchtender Smaragdkugeln verstreut. Das sind die Chloroplasten, mit Chlorophyll vollgestopfte Säckchen. Kein Wunder, dass die Sämlinge so schnell wachsen: Das Licht kann gar nicht durch das

Blatt hindurchscheinen, ohne sich in den Chlorophyllpigmenten zu verheddern.

Mein zweiter Eindruck ist, wie geordnet das Blattinnere wirkt. Wie die Ziegelsteine auf einem gepflasterten Bürgersteig liegen die Zellen bündig nebeneinander, in Längsrichtung, parallel zu den Rändern des Blattes. Die Blätter der Sämlinge sind kaum breiter als eine Spaghettistange, haben aber trotzdem fast hundert parallele Zelllinien, die vom Blattgrund zur Spitze verlaufen.

Besonders gut zu erkennen sind die Zellreihen an den aufgeschlitzten gezackten Rändern. Dort sind die Zellen klar wie Glas und enthalten keinerlei Pigmente. Das ist die durchscheinende Haut des Blattes. Zwischen diesen Oberflächenzellen befinden sich noch gläserne Stacheln: die Haare, die das Blatt vor Insekten schützen. Weiter unten ist die Haut des Blattes mit mundartigen Öffnungen bespickt, die beim Mais etwas größer sind als beim Weizen. Diese Atemporen bestehen aus zwei Zellen, die sich wie Lippen verhalten. Wenn sie auseinandergehen, strömen Luft und Wasser ins Innere. Graslippen sind im Vergleich zu den meisten anderen Pflanzen besonders dynamisch und können sich in wenigen Minuten öffnen oder schließen, je nachdem, ob die Pflanze Kohlendioxid einatmen will oder dicht machen muss, um das Wasser im Blatt zu halten.

Parallel zum Mauerwerk verlaufen längsseits Rohre über das Blatt. Das sind Leitungen für Wasser und Nahrung. Jedes Rohr ist mit einer Zellschicht ummantelt, ähnlich der Schaumstoffisolierung, die ich bei uns im Keller um die blanken Rohre gewickelt habe. Beim Weizen sind die Schutzhüllen durchsichtig und relativ klein. Die Isolierung beim Mais dagegen besteht aus dicken Zellen voller grüner Kugeln, der Chloroplasten. Dieser kleine Unterschied in der Verrohrung stellt tatsächlich eine revolutionäre Veränderung dar. Dank seiner chlorophyllgefüllten Scheidenzellen kann der Mais unter Bedingungen gedeihen, bei denen andere Pflanzen eingehen würden. Die neue Verrohrungsart hat schon viele Ökosysteme hervorgebracht, unter anderem auch die afrikanischen Savannen, aus denen unsere Vorfahren hervorgegangen sind. Und in einer immer stärker durch Dürren gefährdeten Welt wird diese Spezialisolierung immer größeren Anteil an unserer Ernährung haben.

Ein Riesenanspruch, der da an eine Rohrummantelung in einem gewöhnlichen Grashalm gestellt wird. Um Ihnen zu erläutern, warum diese Zellen so wichtig sind, möchte ich Ihnen gern eine der wichtigsten Chemikalien auf diesem Planeten vorstellen, von der Sie vermutlich noch nie gehört haben: Rubisco. Die Scheidezellen im Mais und seinen Verwandten versorgen uns mit diesem Molekül.

Der Name »Rubisco« ist die freundlicherweise gekürzte Fassung einer sehr viel längeren chemischen Bezeichnung für ein Protein, das sich das Kohlendioxid aus der Luft schnappt, sodass sich Pflanzen, Bakterien und andere fotosynthetische Lebewesen daraus Nahrungsmoleküle bauen können. Fast jeder Bissen, den wir zu uns nehmen, hat etwas mit diesem Rubisco zu tun. Mit einem Gewicht von ca. 700 Millionen Tonnen, die sich auf Billiarden Zellen verteilen, ist es das wahrscheinlich häufigste Proteinenzym der Welt. Bis zu zehn Prozent der Trockenmasse der Keimlingsblätter unter meinem Mikroskop bestehen aus Rubisco.

Ah!, Rubisco, die Grundlage irdischen Lebens. Ein altehrwürdiges Molekül, das die Ökosysteme nährt, seit es vor über 3,4 Milliarden Jahren entstand. Aber auch ein fürchterlich ineffizientes Molekül. Rubisco ist träge, es trödelt mit gerade mal ein Prozent der Geschwindigkeit anderer Enzyme vor sich hin. Schlimmer noch, es macht Fehler. Viele Fehler. In einem glücklich unter kühlen, feuchten Bedingungen wachsenden Blatt hat Rubisco etwa ein Drittel Fehlzündungen, bei denen es sich statt Kohlendioxid Sauerstoff schnappt. Dadurch geht viel Zeit verloren und entstehen giftige Abfälle, deren Recycling ziemlich teuer ist. In einem überhitzten Blatt, das Wasserstress hat, kommt es zu Fehlzündungen am laufenden Band. Das Molekül, von dem fast alles Leben abhängt, ist ein ziemlicher Flop.

Als das Rubisco entstand, waren diese Fehlzündungen noch kein Problem. Die Ur-Erde hatte 20 Mal mehr Kohlendioxid in der Atmosphäre als heute, sodass es auf ihr treibhauswarm war. In die Überfülle an Kohlendioxid getränkt, machte Rubisco nur selten Fehler. Als später die Blütenpflanzen kamen und sich vermehrten, war immer noch viermal mehr Kohlendioxid in der Luft als heute und das Rubisco tuckerte weiter halbwegs zufrieden vor sich hin. Erst in den letzten 50 Millionen Jahren, und ganz besonders in den letzten 20 Millionen Jahren, sackte der Kohlendioxidgehalt ab. Wie ein alter Motor, der mit den neuen Kraftstoffen nicht mehr zurechtkommt, sprotzt und stottert das Rubisco seitdem vor sich hin und fällt manchmal sogar komplett aus. Sehen Sie sich nur einmal an einem Sommernachmittag in einem Stadtpark um. Die meisten Pflanzen laben sich nicht mehr am Licht oder verzehren es höchstens noch in Zeitlupe. Sie haben ihre Atemporen geschlossen, um das Wasser zu halten, und ihr Rubisco ergeht sich in Schüttelkrämpfen, weil ihm noch die magere Ration an Kohlendioxid fehlt, die seinen unleidlichen Mechanismus zumindest in den kühleren Morgenstunden am Laufen hielt.

Aber nicht alle Pflanzen haben die Schotten dicht gemacht. In den Gemeinschaftsgärten, in denen Mais angebaut wird, oder auf den Wiesen, auf denen eigentlich in wärmeren Gegenden beheimatete Gräser wachsen, produzieren die Pflanzen wahrscheinlich selbst in der Nachmittagshitze noch Nahrung. In den Blättern von Mais und Konsorten holen sich die Zellen im Hauptteil des Blattes Kohlendioxid aus der Luft, und statt es wie der Weizen für sich zu behalten, hängen sie es an ein Trägermolekül und transportieren es zu den Scheidezellen an den Adern. Dort lädt der Träger seine Ladung ab, sodass sich eine hübsche Kohlendioxidsuppe anlagert. Auf diese Weise wird rund um das Rubisco in den Scheidezellen gleichsam die Urerde wiederhergestellt. In die Überfülle an Kohlendioxid getränkt, schnurrt das Rubisco wieder fast fehlerlos vor sich hin. Und dank der Kohlendioxidkonzentration am Rubisco kann die Maispflanze Nahrung schöpfen, wo andere Arten schwächeln. In der Biologie nennen wir diese Turboladung C4-Fotosynthese, weil der Träger aus vier Kohlenstoffatomen besteht.

Die C4-Turboladung ist eine derart fantastische Innovation, dass sie von den Blütenpflanzen schon mindestens 19 Mal entwickelt wurde. Die Gräser sind die erfolgreichsten und konsequentesten Nutzer dieser Technologie. Heute betreiben C4-Pflanzen 25 Prozent der gesamten Fotosynthese an Land, obwohl sie weniger als zwei Prozent aller Pflanzenarten ausmachen.

Die Blattscheiben unter meinem Mikroskop sind Vertreter zweier großer Sippen, zu denen jeweils Tausende Arten gehören. Mais ist eine C4-Pflanze und gedeiht wie alle seine engen Verwandten in heißen, trockenen Gegenden, wo das Rubisco besonders fehleranfällig ist. Bart- und Präriegräser gehören ebenfalls zu dieser Sippe, und auch die meisten Gräser in den Tropen und Subtropen. Weizen gehört zur zweiten Sippe, den Gräsern mit Rubisco ohne Hilfstechnologien, sogenannten C3-Pflanzen, deren Träger aus einem Molekül mit drei Kohlenstoffatomen bestehen. C3-Gräser gedeihen in kühleren, feuchteren Regionen. Turboladung ist eine gute Sache, wenn man in großer Hitze Hochleistung bringen muss, aber in gemäßigten Breiten funktioniert auch das alte C3 immer noch gut. Viele C3-Gräser verfügen zudem über Frostschutzmittel und andere Abwehrmechanismen für den kalten Winter, die den meisten C4-Pflanzen fehlen. Wenn Weizen und andere C3-Pflanzen in wärmeren Gegenden angebaut werden, dann meist als Winter- oder Frühjahrsgetreide, das in den kühleren, feuchteren Monaten im Jahresverlauf heranwächst. C4-Getreide wiederum liebt die Hitze, wie sicher jeder Mensch bezeugen kann, der in seinem Garten schon einmal Mais angebaut hat. In der größten Sommerhitze, in der die meisten Pflanzen arg zu kämpfen haben, blüht der Mais erst so richtig auf.

Heute bilden diese beiden Grassippen das weltweite kalorische Fundament des menschlichen Lebens. Weizen und Reis, die beiden C3-Pflanzen, ernähren uns in der gemäßigten Welt. C4-Getreide wie Mais, Zuckerrohr, Sorghum, Perlhirse und die Gräser tropischer Wiesen bieten uns in wärmeren Gegenden Nahrung. Und sie spielen wegen der Erderwärmung eine zunehmend große Rolle. Schon längst beschwören die Genetikerinnen und Genetiker Reis und andere C3-Getreide, zu C4-Pflanzen zu werden, bislang allerdings mit begrenztem Erfolg. Dabei hallen in ihren Versuchen die Anfänge der menschlichen Evolution wider. Denn indem wir uns angesichts des rapiden Wandels unserer Welt C4-Pflanzen als Nahrungsquelle erschließen, begeben wir uns zurück in eine alte Abhängigkeit. Das afrikanische C4-Grasland ist ja unsere Geburtsstätte. Hätte es dieses Grasland nicht gegeben, würden wir wohl heute noch auf Bäumen leben und in den Wäldern nach Früchten suchen oder als Savannenaffen mit kleinem Gehirn im Boden nach Knollen und Termiten stochern.

Diese Geschichte können wir übrigens sogar in unserem Zahnschmelz nachlesen. Das Verhältnis von C4- und C3-Pflanzen in der Ernährung eines Tieres hinterlässt nämlich in jedem Atom seines Körpers eine Signatur. Aufgrund einer kleinen Marotte in ihrer Physiologie, die für die Pflanze keine funktionale Bedeutung hat, sammeln C4-Pflanzen bevorzugt Kohlenstoffverbindungen, die etwas schwerer sind, da sie ein zusätzliches Neutron besitzen. Das heißt, wir können aus der Struktur der Kohlenstoffatome im Körper eines Tieres auf dessen Ernährung schließen. Bei Fleischfressern sehen wir anhand der Atomstruktur, welches Grün ihre pflanzenfressende Beute verzehrt hat. Ein Mais essender Veganer und ein Fleischesser, der gerne Rind mag, das oft mit Mais gefüttert wird, besitzen Kohlenstoffatome mit der Aufschrift »Mais«. »Alles Fleisch ist Gras« gilt also bis in die Ebene der Kohlenstoffatome. Selbst bei Tieren, die schon vor langer Zeit gestorben sind, können wir die Atomstruktur und damit die Ernährung an ihrem Zahnschmelz ablesen. Viele Erkenntnisse über die Art und Weise, wie sich Tiere in früheren Zeiten ernährt haben, verdanken wir der Kohlenstoffablagerung in ihren Zähnen.

So hat uns der in den Zähnen gefangene Kohlenstoff enthüllt, dass im Laufe der letzten zehn Millionen Jahre auf allen bewohnbaren Kontinenten Säugetiere aus dem Wald in das expandierende C4-Grasland gewandert sind. Die neu hinzugekommenen Säugetiere beschleunigten den Übergang von Wald zu Grasland und grasbewachsenen Savannen und erhielten dazu Unterstützung von einem alten Freund des Grases, dem Feuer. Der zeitliche Ablauf war dabei von Kontinent zu Kontinent unterschiedlich. Am leichtesten konnten sich die C4-Gräser dort durchsetzen, wo Brände durch Hitze und jahreszeitabhängigen Niederschlag begünstigt wurden. Auf einem Kontinent war das besonders ausgeprägt: in Afrika. Vor etwa zehn Millionen Jahren wurden Pferde und Zebras sehr schnell zu C4-Spezialisten, während Schweine, Nilpferde und Giraffen länger brauchten und sich von einem Mix aus C3- und C4-Pflanzen ernährten.

Zu den Tieren, die ins afrikanische Grasland zogen, gehörten auch die Menschenaffen, darunter einige unserer Vorfahren. Neben den großen grasfressenden Säugetieren gingen sie allerdings beinahe unter. Sie zu erwähnen wäre kaum der Rede wert, hätte nicht eine Art von ihnen später einen bemerkenswerten Aufstieg hingelegt. Noch vor fünf Millionen Jahren buckelten die afrikanischen Affen auf allen vieren durch die Gegend. Erst auf ihrem Weg ins Grasland erhoben sie sich zu Zweibeinern. Von den Hominini, unseren Vorfahren und ihren ausgestorbenen Anverwandten, gab es damals ähnlich viele Arten wie von den Antilopen und anderen Grasfressern. Ihr Stammbaum war jedoch mitnichten eine einzelne Linie, die geradewegs zum *Homo sapiens* führte, sondern glich eher einem Busch. Zahlreiche Arten existierten zur gleichen Zeit, jede einzelne ein evolutionäres Experiment, wie ein baumschwingender Affe zu einem aufrecht gehenden Graslandhumanoiden werden könnte.

Wie die großen Pflanzenfresser unterschieden sich auch die Menschenaffen in ihrer Vorliebe für C4-Gräser. Die Art *Ardipithecus ramidus*, die vor 4,4 Millionen Jahren lebte, ernährte sich ähnlich C3-reich wie die Schimpansen. *Paranthropus boisei*, eine Art mit einem besonders ausgeprägten Kiefer, die vor 2,5 bis 1,15 Millionen Jahren lebte, fraß fast ausschließlich C4-Pflanzen wie Gräser und Seggen oder eben Tiere, die sich von diesen Gräsern ernährten, sodass sie C4-reiches Fleisch hatten. Andere Arten wie der *Australopithecus africanus* (vor 3,3 bis 2,1 Millionen Jahren) oder der *Paranthropus robustus* (vor 2,3 bis 0,9 Millionen Jahren) ernährten sich per Mischkost. Zudem gab es beim *Australopithecus africanus* eine große Bandbreite an Individuen, was möglicherweise zu menschlichen Eigenheiten wie individuellen oder kulturellen Vorlieben für bestimmte Nahrungsmittel führte (auch wenn sich das noch nicht mit absoluter Sicherheit sagen lässt). Ob sich wohl manche Eltern der Art *Australopithecus africanus* darüber aufregten, dass ihre Kinder keine Grashüpfer aßen und keine Grassamen kauen wollten? Und ob sie die Vorlieben der anderen Hominini, die am See oder tief im Grasland lebten, lustig oder abartig fanden?

Der älteste Hinweis auf unsere Gattung, *Homo*, ist ein 2,8 Millionen Jahre altes Stück eines Kiefers aus Äthiopien. Schwarze Zähne, die trotz der langen Zeit unter der Erde noch glänzen, ein zerfallener Knochen. Die Struktur der Kohlenstoffatome in den Zähnen zeigt, dass sich unser Urahn von einer Mischung aus C3- und C4-Gräsern ernährte, und ergibt ein ganz ähnliches Bild wie bei den heutigen im Grasland lebenden Tieren wie den Giraffen oder manchen Antilopen. Höchstwahrscheinlich aß dieser Vormensch Pflanzen und Tiere, die am Waldrand und in C3- und C4-Grasland lebten. Spätere Angehörige der Gattung *Homo*, darunter vermutlich auch einige unserer direkten Vorfahren, gingen diesen Mittelweg weiter, bis sich ihre Ernährung vor 2 bis 1,4 Millionen Jahren offenbar veränderte. Jedenfalls lässt sich das aus den Überresten der Hominini herauslesen, die im Rift Valley in Kenia gefunden wurden. Ihr Zahnschmelz schreit förmlich: Gebt uns C4!

Die plötzliche Vorliebe dieser Vormenschen für C4-Pflanzen war eine bewusste Entscheidung. Denn die Pflanzengemeinschaft, in der sie lebten, hatte sich nicht verändert. C4-Gräser waren in der Gegend schon längst etabliert. Unsere Vorfahren beschlossen einfach nur, sich den Pflanzen und Tieren im C4-Grasland zuzuwenden. Vielleicht aßen sie nun Grassamen oder auch Grasblätter sowie einige andere C4-Pflanzen aus Feuchtgebieten wie etwa Seggen. Vielleicht gehörten auch C4-fressende Insekten dazu. Aus den gefundenen

Überresten gemetzelter Tiere könnte man jedenfalls schließen, dass diese alten Völker Strategien entwickelten, wie sie in Gruppen Tiere jagen und töten konnten, vor allem die C4-fressenden Boviden, die den Gnus ähnelten. Der Übergang zu einer C4-reichen Ernährung fiel jedenfalls mit der Entwicklung der ersten zweiseitigen, ovalen Faust- und Spaltkeile zusammen, die die gröberen Steinwerkzeuge ersetzten. Eine folgenschwere Neuerung. Denn keine anderen Primaten gehen regelmäßig mit ausgefeilten Werkzeugen gemeinsam auf Jagd, um große Beutetiere zu erlegen.

Während die Werkzeuge immer besser wurden, ereigneten sich im Körper der Hominini auch evolutionäre Veränderungen: Das Gehirn wurde größer, das Gesicht flacher, die Zähne und Kaumuskeln kleiner. Die daraus hervorgegangene Art, der *Homo erectus*, ist unser direkter Vorfahr und der erste Hominin, der aus Afrika in weit entfernte Gegenden in Europa und Asien wanderte. Außerdem war der *Homo erectus* der erste Hominin, der Feuer entfachte, um darauf zu kochen. Fortan war die Feuerstelle Zentrum und Katalysator der menschlichen Zivilisation. Gräser, Säugetiere, Feuer: Die alte Partnerschaft veränderte also erneut die Welt.

Die zerschnipselten Grasblätter unter meinem Mikroskop sind kleine Wunderwerke, die uns nicht nur einiges über die innere Funktionsweise der Blätter, sondern auch über die Entstehungsgeschichte der Menschheit verraten – eine Erzählung, die nicht von der Reise eines einsamen Helden, des Menschen, handelt, der seinen Aufstieg allein seiner Willenskraft und seinem Erfindungsgeist verdankt. Nein, in dieser Erzählung gibt es zwei Handlungsstränge, die sich fruchtbar miteinander verbanden, die des Grases und die des Affen, zu denen dann noch das Feuer seinen Teil beitrug. Denn der Grund für unsere Zweifüßigkeit, für Werkzeuge und werkzeugerfindende Gehirne sowie die gemeinschaftliche Kunst der Nahrungssuche und des Jagens ist das Grasland, allen voran die C4-Gräser. Dass wir für unsere Ernährung fast vollständig von den Gräsern abhängig sind, schreibt eine sehr viel ältere Geschichte fort, die sich wiederum in

Zukunft mit unserem Bedarf an hitzetoleranten C4-Pflanzen fortführen wird.

Karikaturen der menschlichen Evolution zeigen oft Affen, die sich ganz allmählich aufrichten und der Zukunft entgegenschreiten, der sogenannte »Marsch des Fortschritts«. Die Bilder sind allerdings irreführend, weil sie eine lineare Entwicklung suggerieren statt des tatsächlich weitverzweigten Stammbaums. Außerdem müsste in den Karikaturen dichter Grasbewuchs zu sehen sein. Denn wir Menschen haben uns nicht allein aus eigener Kraft aufgerichtet, sondern mithilfe der Gräser. Ja, wahrlich, Gras-Affen sind wir, wir sind der *Homo poaceae.*

Wir verdanken unsere Existenz unserer Verflechtung mit den Gräsern und werden dank ihnen gewiss noch lange weiter existieren. Seit einiger Zeit hängt jedoch unser Schicksal und das vieler anderer Lebewesen noch von einer anderen grasähnlichen Pflanze ab, die zumeist unbemerkt und ungefeiert an den schlammigen Rändern unserer irdischen Welt wächst. Lange vor dem Aufstieg der Gräser an Land veränderten die Seegräser, eine ganz andere Sippe der Blütenpflanzen, die Meere. Bis heute tragen sie rund um die Welt dazu bei, dass es Leben im Wasser und an Land geben kann.

Seegras

Retter aus dem Schlick

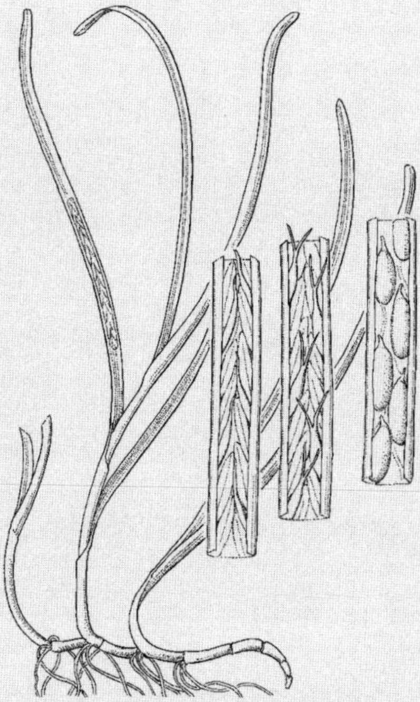

DIE SCHOTTISCHE BURG BLACKNESS sieht aus wie ein steinernes Kriegsschiff auf dem Weg zum Meer. Ihre Mauern bilden Bug und Heck, mit mastähnlichen Türmen und erhöhtem Achterdeck. Auf einer felsigen Landzunge im Firth of Forth gelegen, diente Blackness Castle über 500 Jahre als Garnison, Gefängnis, Munitionslager und königliche Festung.

Meine Schwester Julia und ich parken vorm Pub an der Zufahrtsstraße. Julia wohnt weiter landeinwärts am Fuß der Pentland Hills, war aber schnell damit einverstanden, zur Forth-Mündung herauszufahren, auch wenn es »da draußen ja eisig kalt ist«. Tatsächlich bläst an diesem Frühlingsmorgen von den Highlands ein frischer Wind herunter. Unser Interesse gilt heute nicht der Militärgeschichte, sondern Pflanzen, die durch den Schlamm krauchen. Wegen der traditionsreichen Burg wurde die Landzunge verstärkt, zu beiden Seiten erstrecken sich nun kleinere, knapp einen Kilometer breite Buchten. Schon seit Jahrhunderten setzt sich in den flachen Tidengewässern der Schlamm ab. Bei Ebbe scheint das Kriegsschiff regelrecht darin festzusitzen. In dem schwarzen Modder wächst an vielen Stellen Seegras, eine eher unbekannte Blütenpflanze, für die sich bis vor Kurzem niemand interessierte – obwohl einige indigene Völker schon lange wissen, dass Seegras ein Weltenbauer ist. Doch westliche Wissenschaft und Naturschutz haben es gerade erst entdeckt.

Julia und ich lassen längst vergessene Kindheitsfreuden aufleben: Gummistiefel an, Mütze auf und ab durch den Schmodder. »Ich glaube, hier«, ruft Julia grinsend. In schlammbeschwerten Stiefeln hüpfe ich zu ihr hinüber. Schmale grüne Bänder überziehen den Matsch. Mit der Flut werden sie sich quicklebendig wieder aufrichten und in der Strömung wiegen. Manche sind so lang wie meine Elle, aber die meisten nicht länger als eine Handspanne. Gleich über dem Boden erstrahlen sie in Lindgrün, weiter oben verdunkeln sie sich zu Kieferngrün. Ich hebe einen Strang an, er ist leicht durchsichtig. *Zostera marina*, Gewöhnliches Seegras.

»Und das ist wirklich keine Alge? Das sieht nicht aus wie Gras.« Meine Schwester hat recht. Es sieht aus wie Grünalgen. Wie langweilige Grünalgen: keine Rüschenränder oder Luftblasen, nur ein schlammgetüpfelter grünlicher Strang, dünn wie ein Bleistift. Eine Blüte können wir auch nirgendwo entdecken. Später finde ich heraus, dass sich die Blüten in Längsfalten verstecken. Doch mit ungeübtem Auge kann man kaum glauben, dass es sich bei dem schmucklosen Strang um eine Blütenpflanze handeln soll.

Ich hocke mich hin und bohre einen Finger in den Schlamm. »Guck mal, die gehen tief in den Boden. Ich kann die Wurzeln fühlen und … oh, die sitzt fest. Ich krieg sie nicht raus.« Zwei Knöchel tief bin ich auf etwas gestoßen, das sich wie eine raue, verknotete Sisalschnur anfühlt. Die grünen Bänder entspringen aus den unterirdischen Wurzelnetzwerken, die sich wie ein Lederband kaum auseinanderziehen lassen. So wächst keine Alge. Algen klammern sich mit Haftorganen an Felsen fest oder liegen lose auf dem Schlick. Seegras ist nur entfernt mit Landgras verwandt, doch beide haben unabhängig voneinander einen ähnlichen Aufbau entwickelt: aus zähen, unterirdischen Rhizomen oder Wurzeln wachsen kurzlebige fotosynthetische Halme.

»Wenn sich das Auge einmal daran gewöhnt hat, erkennt man sie sofort. Guck mal da drüben!« Julia zeigt über das Watt und deutet auf zwei oder drei Flecken. »Das vermatschte Grünzeug da ist garantiert keine Alge, es ist Seegras.« Noch ein Widerhall aus unserer Kindheit: Während ich meine Füße noch aus dem Schlick ziehe, weiß sie schon, wie die Sache hier läuft.

Wo sich Wattwasser in Rinnen sammelt, ist der Schlick besonders tief und triefend. Wir versuchen, die Rinnen zu umgehen, mäandernd nähern wir uns den neu entdeckten Seegrasflecken. Schon bald lehren uns unsere Gummistiefel, dass Boden, auf dem Gewöhnliches Seegras wächst, fest ist. Treten wir aber nur ein Stück zur Seite, stecken wir wieder im quatschenden, quietschenden Matsch.

Heute ist Blackness ein ruhiger Ort mit einem kleinen Bootsclub und einem Pub, der stolz auf seine Fischgerichte und seinen Lyrikwettbewerb ist. In den wenigen Häusern wohnen meist Leute im Ruhestand. Und sieht man von den lebhaften Winden ab, kommt vom Meeresarm, an dem der Ort liegt, genauso wenig Trubel. Doch vom 14. bis zum 19. Jahrhundert besaß Blackness einen geschäftigen Hafen mit Zollhaus und Speicherhäusern, einen Umschlagplatz für Salz, Ziegel, Backsteine, Bodenschätze und Fische. Der königliche Linlithgow Palace, nur sechs Kilometer weiter landeinwärts gelegen, nutzte den Hafen ebenfalls. In konfliktträchtigen Zeiten war Blackness Castle heftig umkämpft, Kriegsschiffe verstopften den Hafen, etwa im 16. Jahrhundert während der Auseinandersetzung zwischen Maria I., Königin von Schottland, und ihrem Vater Heinrich VIII. Danach belagerte auch Cromwell mit seiner Armee die Burg. Mitte des 19. Jahrhunderts wurde der Handelshafen schließlich aufgegeben, und die Kais bröckelten ab. Heute wird nur noch ein kleiner sanierter Kai vom Bootsclub genutzt, den übrigen Hafen haben sich Sedimentablagerungen zurückerobert. Was der Arzt und Altertumsforscher Robert Sibbald 1710 noch einen »Hafen für alle Schiffe« nannte, ist heute so flach, dass Julia und ich uns bei Ebbe einen Weg quer durch die Bucht bis auf Höhe der Burg bahnen können.

Julia kommt eher von der technischen Seite. Wenn sie auf den mit Wurzeln verknäuelten Schlick blickt, überlegt sie, welche physikalischen Gesetze dabei wohl eine Rolle spielen. »Die Wurzeln stabilisieren diesen ganzen Schlamm. Aber die Pflanzenblätter sind genauso wichtig.« Sie bückt sich und stupst einen labbrigen Halm an. »Durch die Blätter wird die Strömung verlangsamt. Alles, was dagegen gespült wird, sammelt sich dort an.« Später lese ich, dass Seegras zu den effektivsten »Bioingenieuren« der Welt gehört: Seegras bildet und formt Habitate. Es lebt nicht nur in einem Habitat, es baut sie aktiv auf und schützt sie. In der Wissenschaft nennt man das »biogeomorphologische positive Rückkopplung«: Leben als geologische Kraft.

In Blackness hat das Gewöhnliche Seegras den Untergang des Hafens beschleunigt. Wenn wir annehmen, dass der Hafen noch im 18. Jahrhundert mehrere Meter tief war, haben sich allein in der westlichen Bucht seitdem 250.000 Kubikmeter Schlick angesammelt, 25.000 Kipplaster-Ladungen. Weil Seegraswiesen Sedimente so zuverlässig festhalten, gelten sie in der Archäologie sogar als »Gruft«. Im Mittelmeer und vor Australien liegen vollständige Schiffwracks am Meeresboden, die von Seegraswiesen überwachsen und konserviert sind. Vor Dänemark sind ganze Dörfer und Fischwehre vom Seegras eingeschlossen. Auch wenn vor Blackness noch niemand im Schlick gegraben hat, finden sich dort mit Sicherheit Überreste geschäftigerer Zeiten.

Über kürzere Zeiträume betrachtet, lagern sich in Seegraswiesen pro Jahr drei Zentimeter mehr Sedimente ab als in unbegrüntem Schlick. Weil sich feste Stoffe zwischen ihren Halmen sammeln, wird Meeresboden regelrecht aufgebaut. Langfristig gesehen, ist der Effekt allerdings geringer. Aufgrund von Erosion und Stürmen beträgt der Unterschied jährlich nur noch wenige Millimeter. Über die Jahrzehnte kann diese Anreicherung dem Verlust der Küstenlinie durch steigende Meeresspiegel aber entgegenwirken. Wenn Stürme auf die Küste treffen, können Seegraswiesen Böen abfangen und das Meer und dahinterliegendes Land abschirmen. Genau wie andere Blütenpflanzen der Küsten, Salzwiesen oder Mangroven, ist Seegras Weltmeister im Bauen.

Manche Seegraswiesen sind so ausgedehnt, dass sie die Küste verändern. Im westaustralischen Gathaagudu beziehungsweise der Shark Bay sind 23.000 Quadratkilometer Meeresboden mit Seegras bewachsen. Die Seegraswiese bildet einen Rückzugsort für Meeressäugetiere, Fische und seltene Mikrobenmatten, die Stromatolithen.

Sie besteht aus einem Dutzend unterschiedlicher Seegrasarten, die auf bestimmte Wassertiefen, Salzgehalte und Standorte spezialisiert sind. Ein einzelnes Exemplar der Art *Posidonia australis* gilt bislang als das flächenmäßig größte Lebewesen der Welt. An seiner größten Ausdehnung hat es einen Durchmesser von 180 Kilometern, und es wächst noch heute aus Rhizomen, die ein einziger vor 4500 Jahren gekeimter Samen dort verbreitet hat. Im westlichen Mittelmeer gibt es noch ältere, wenn auch kleinere Seegrasexemplare. So wächst vor den Balearen ein 15 Kilometer breiter Klon von *Posidonia oceanica*. Das Neptungras ist mindestens 100.000 Jahre alt und damit vermutlich das älteste lebende Exemplar einer Art auf unserer Erde.

Doch Seegraswiesen heben nicht nur den Meeresboden an und schützen die Küsten, in ihren Sedimenten wird auch CO_2 in Form von Kohlenstoff begraben und gespeichert. Totes Plankton, Sedimentpartikel und pflanzlicher Abfall werden in die Wiesen gespült und setzen sich fest. Den Rest erledigt ein erstaunliches Wachstum. Die Pflanzenblätter einiger Seegrasarten wachsen jeden Tag um einen Zentimeter. Seegras kann produktiver sein als der gepflegteste Acker.

Jedes Jahr begraben Seegraswiesen weltweit 50 bis 100 Millionen Tonnen CO_2 in Form von Kohlenstoff unter sich. Zusammen mit anderen blühenden Küstenpflanzen wie Mangroven oder Salzwiesen binden sie damit in ihren Sedimenten mehr CO_2 als sämtliche Wälder der Welt. Und es kann Jahrtausende dort verbleiben. In Wäldern wird es nur für einige Jahrzehnte eingeschlossen. Und dabei machen Seegraswiesen nur drei Prozent der gesamten Waldfläche unserer Erde aus. Sie sind Meister der CO_2-Bindung, weil sie CO_2 30 bis 50 Mal schneller wegschließen können als die üppigsten Waldgebiete und Regenwälder. Zwar wird ihr Nutzen teils wieder zunichtegemacht, weil sie bei ihrem rasanten Wachstum das Treibhausgas Methan ausstoßen, doch ihr Effekt auf das Klima fällt insgesamt trotzdem positiv aus. Obwohl Seegraswiesen, Mangroven und Salzwiesen nur 0,5 Prozent der Meeresböden bedecken, geht mehr als die Hälfte des jährlichen in den Meeren gebundenen atmosphärischen CO_2 auf ihr Konto. Klein, aber kraftvoll: Die »Blue Carbon-Ökosysteme« absorbieren unverhältnismäßig viel des überschüssigen CO_2, das wir in die Atmosphäre blasen.

Als Julia und ich durch den Schlick waten und uns umschauen, entdecken wir zwischen den Halmen auch Plastik: einen Joghurtdeckel, ein ausgefranstes Seilstück, weiße und blaue Plastikscherben. Gewöhnliches Seegras hält alles fest. Wie Studien zu Mikroplastik zeigen, kann eine Handvoll Seegrasschlick zigtausend Mikroplastik-Teile enthalten. Im Mittelmeer lösen sich die mit Plastik versetzten Seegraswurzeln häufig vom Boden und treiben als schwimmende Meeresknäuel an die Strände. Das Plastik kehrt dahin zurück, wo es hergekommen ist, das Meer schmeißt den beschämenden Plastikdreck zurück an Land.

»Oh, guck mal, Krabben!« Julia lacht. Strandkrabben mit schlammverkrustetem Rückenschild laufen im Seitwärtsschritt über die Halme. Die Krabben mit niedlichen gestielten Augen und winzigen Scheren sind so klein, dass sie bequem auf meine Hand passen würden. Als Kinder haben wir sie am Schild hochgehoben, um ihnen von Angesicht zu Angesicht ins Auge zu schauen. Ich bin überrascht, wie viele es sind. Nicht weit von uns flussaufwärts liegen die Ölraffinerien von Grangemouth. Und auch aus den Städten und Feldern fließt Dreck in den Forth. Trotzdem scheinen im Seegras Tiere zu gedeihen oder zumindest zu überleben.

»Da, eine Schwertmuschel«, sage ich, »und guck mal, Austernschalen. Unglaublich.« Durch Überfischung sind Austern hier seit dem frühen 20. Jahrhundert ausgestorben. Doch ihre Schalen findet man immer noch. »Die Schale hier könnte über hundert Jahre alt sein. Cool. Lassen wir sie liegen.«

Anderen Weichtieren ist es besser ergangen. Der Schlick ist mit den weißen Schalen der Herz- und Plattmuscheln gesprenkelt. Auch Miesmuscheln finden wir reichlich, allerdings keine lebenden. Gemächlich kriechen Strand- und Wattschnecken über den Boden und drücken die Seegrashalme nieder. Zwischen Laubblättern schauen aus winzigen Löchern im Schlick Flohkrebse hervor. Und wo das Wasser aus der Seegraswiese rinnt, glitscht sogar ein handspannenlanger Seeringelwurm durchs Nass. Zudem scheinen hier noch weitere Meereswürmer zu leben, wie uns größere Löcher und Gussformen im Schlick verraten.

Ein kleiner Einblick in die Seegraswiesen als Zufluchtsort für Tiere. Viele kleine Wirbellose grasen auf den Laubblättern, leben in den Blattachsen oder graben ihre Wohnung ins Sediment. Wie der Kronenbereich im Regenwald bietet das in ruhigeren Gewässern üppig wachsende Gewöhnliche Seegras Tausenden von Tierarten ein Zuhause. Fische wie die Flunder suchen Seegraswiesen als Brutgebiet auf. Junge Seelachse verstecken sich im Sommer zwischen den Seegrashalmen, um sich satt zu fressen. Ob Rochen, Katzenhaie, Grundeln, Lippfische, Seenadeln oder Leierfische: Alle brauchen sie das Gewöhnliche Seegras.

Genauso die Vögel. Halme und Samen von Seegras sind die Hauptnahrung der Pfeifente. Auch ein halbes Dutzend weiterer Enten- und Gänsearten sowie Kormorane und Krähenscharben knabbern gern daran oder tauchen dazwischen nach Fischen und Muscheln. Auch Tordalk, Trottellumme und Papageitaucher, die näher am offenen Meer leben, verweilen gern in Seegrasnähe, um sich an Seenadeln und anderen Fischen zu laben.

Auch viele Seekühe der tropischen und subtropischen Gewässer – Dugong und Manati – sind fast vollständig von Seegras abhängig. Sie greifen mit ihrer borstigen, gespaltenen Oberlippe nach den Blättern, zerreißen sie, schieben sie sich ins Maul und zermahlen sie zwischen Hornplatten und Backenzähnen. Eine 1000 Kilogramm schwere Rundschwanzseekuh kann an einem Tag ein Zehntel ihres Körpergewichts an Seegras verspeisen. Seekühe haben sich vor ungefähr 50 Millionen Jahren aus Huftieren an Land entwickelt und mampfen seitdem Seegras. Wie die Gräser an Land entwickelten sich auch die Seegrasarten, um von Säugetieren abgeweidet zu werden und aus Rhizomen und Wurzeln neu zu wachsen. Doch durch Jagd, Umweltverschmutzung und Zusammenstöße mit Schiffen wurden die Seekuh-Populationen stark dezimiert. Zum ersten Mal seit Jahrmillionen fehlen die großen Weidetiere heute oft auf den Seegraswiesen.

Eine ähnliche Geschichte aus Fülle und Niedergang hat die Grüne Meeresschildkröte zu erzählen, auch wenn die Art dank Naturschutzanstrengungen mancherorts wieder häufiger vorkommt. Wie Seekühe äsen Grüne Meeresschildkröten auf tropischen und subtropischen Seegraswiesen, wobei sie manchmal so gierig sind, dass sie sie bis auf den Sand abfressen. Es muss einmal erstaunlich viele von ihnen gegeben haben, vermutlich Dutzende oder gar Hunderte Millionen. Wie der englische Siedler Edward Long im 17. Jahrhundert berichtete, »segelten Schiffe auf der Fahrt zu den Kaimaninseln, wenn sie im Nebel die Orientierung verloren, allein nach dem Schwimmgeräusch der schwimmenden Grünen Meeresschildkröten«. Und in seiner Schilderung von Kolumbus' zweiter Seefahrt von 1494 erwähnte Andrés Bernáldez, die Schildkröten seien »so zahlreich gewesen, dass die Schiffe auf ihnen zu stranden schienen«. Eine gewisse Übertreibung lässt sich wohl nicht ausschließen, aber derlei Erzählungen erinnern uns daran, dass bis zur Massenjagd auf die Grüne Meeresschildkröte große Weidetierherden auf den tropischen Seegraswiesen ästen, die es mit den Bisonherden in Nordamerika oder den Wildtierherden in der afrikanischen Savanne aufnehmen konnten. Heute macht sich die Wissenschaft die große Vorliebe der Grünen Meeresschildkröte für Seegras zunutze, um bislang undokumentierte Wiesen aufzufinden. Im Roten Meer etwa führen mit GPS-System ausgestattete Grüne Meeresschildkröten Forschungsteams zielsicher zum Seegras. Dabei sind sie weitaus präziser als Computerprognosen auf Basis von Satellitenbildern. Mit der Kartierung der Schildkrötenrouten erstellen wir gleichsam Schatzkarten. Denn dort liegt das Treibhausgas CO_2 in Form von Kohlenstoff vergraben.

Die Vorstellung, Blütenpflanzen würden zur Produktivität der Meere beitragen, liegt uns wohl ziemlich fern. Aber obwohl Seegraswiesen nur in flacheren Gewässern wachsen, dienen sie doch vielen jungen Fischen und Wirbellosen als Kinderstube und größeren Meeresbewohnern wie Vögeln, Schildkröten und Säugetieren als Weide. Seegraswiesen sind wie Mangroven und Salzwiesen, zwei andere Blütenpflanzen, für den gesunden Zustand der Meere unerlässlich. Wenn die Biologie die Evolutionsgeschichte der Blütenpflanzen als »terrestrische Revolution« bezeichnet, lässt sie außer Acht, dass die Blütenpflanzen auch im Meer Wurzeln schlugen und Zehntausenden Tierarten neue Möglichkeiten boten.

Die scheinbar so langweiligen, schleimigen Halme um Julias und meine Gummistiefel sind verkannte Umweltgenies. Bescheidene, unbeachtete Pflanzen, die sich als Retter entpuppen. Wie kümmerlich unsere Sinne doch sind, wenn es um das Meer geht! Unsere Gummistiefel versinken in einem der produktivsten und bedeutsamsten Ökosysteme der Welt, doch wir sehen nur »Unkraut« und »Schlick«. Wie eine aktuelle Studie zur Medienpräsenz ergab, bekommen Korallenriffe hundert Mal mehr Aufmerksamkeit als Seegras. Sogar Salzwiesen und Mangrovenwälder werden drei Mal so häufig medial bedacht. Und das, obwohl Seegras bei CO_2-Speicherung, Wasserreinigung und Habitatbildung pro Hektar mindestens doppelt so gut abschneidet. Seegras wird einfach übersehen, weil ihm die optische Grandezza von Bergen, Urwäldern und Korallenriffen fehlt. Und selbst wenn wir es wahrnehmen, wie Julia und ich in Blackness, halten wir es für eine unspektakuläre, matschige Alge und nicht etwa für eine Blütenpflanze, die den Meeressaum verändern kann. Wenn ich mich richtig erinnere, kam Seegras in meinem Biologiestudium nicht ein einziges Mal vor. Bis heute stellen Biologiebücher Regenwälder und Riffs in den Mittelpunkt und lassen Seegras meist außen vor. Das Umweltprogramm der Vereinten Nationen nennt Seegraswiesen das »vergessene Ökosystem«.

Aber nicht von allen wurden sie vergessen. Julias und meine Vorfahren lebten an oder nahe der englischen, schottischen und irischen Küste, wo das Seegras den Fisch- und Krabbenfang beflügelte, für Dächer und Matratzen verwendet und vermutlich, wie in vielen indigenen Kulturen Nordamerikas, auch als Samen geerntet und gegessen wurde. Trotzdem hat niemand sein Seegraswissen an Julia oder mich weitergegeben. Durch die Industrialisierung ist der transgenerationale Wissenstransfer in Großbritannien abgerissen. Von Vorfahren, die sich im Meer auskannten, haben wir nur eine Gedächtnislücke geerbt. Über die Mittelmeergöttinnen der Mythologie weiß ich mehr als über die realen Gewässer der britischen Inseln, die meine Vorfahren ernährten. Auch wenn die importierten antiken Sagen um Poseidon und die Nereïden zweifellos wunderbar sind, schaffen sie keine Verbundenheit zwischen uns und den lebendigen Meeren vor unserer Haustür. Wir müssen unser Unwissen nur einmal mit dem Wissen der Kulturen in Melanesien und Mikronesien vergleichen! Dort haben Seegraswiesen und ihre Bewohner je nach Habitat zig verschiedene Namen. An manchen Seegraswiesen in Naro vor den Salomoninseln ist Fischen verboten. In Palau gibt es Holzintarsien in Form von Seegrasblüten. In den Dörfern der Roviana-Lagune vor der Insel New Georgia rufen die Menschen Seegrasgeister an, damit sie ihnen beim Fischfang helfen, und geknüpftes Seegras gilt als Glückbringer. Die Menschen in Melanesien und Mikronesien ehren das Seegras als tägliche Lebensgrundlage und spirituelle Heimat.

Doch angesichts von Klimakrise und Artensterben sind wir alle auf Seegraswiesen angewiesen: als Küstenbefestigung, als Hort der Biodiversität und als CO2-Speicher. Wie also können wir verlorenes Wissen zurückgewinnen und wieder eine Verbindung schaffen? Die Wissenschaft kann uns dabei helfen. Mit Messungen zur CO2-Aufnahme im Schlick oder der Vermessung der Biodiversität der Seegraswiesen kann sie uns die Augen für das Seegraswunder öffnen. Aber neben abstrakten Kohlenstoffmengen und Artenlisten brauchen wir auch sinnliche Freuden: Wir müssen in Gummistiefeln durch den Matsch quatschen, die schlammverknäuelten Halme an den Fingern spüren, den belebenden Duft des Schlicks riechen und beim Anblick der Krabbenkapriolen lächeln. Nur so können wir als Einzelne, als Familie und als Gemeinschaft unsere Körper, Emotionen und Gedanken neu justieren.

Als Julia und ich eine bröckelnde Ufermauer hinaufklettern und wieder landeinwärts fahren, hat das gemeinsame Erlebnis einen Teil verlorener Verbundenheit neu geknüpft. Wir wissen jetzt, dass Seegraswiesen nicht nur am Rande unserer Alltagswelt leben, sondern unerlässlich sind.

*****

Es gibt nur wenige Transformationen in der Geschichte des Lebens, die so extrem waren wie die Vereinnahmung der Meere durch Seegras. Wie Wale und Delfine stammen die heutigen Seegrasarten von Landbewohnern ab. Meeressäugetiere müssen zum Luftholen allerdings aufsteigen. Das Seegras lebt häufig vollständig untergetaucht. Aber warum ist es abgetaucht, warum hat es dem Land den Rücken gekehrt und sich in ein Meereslebewesen verwandelt? Die Kontinente unserer Erde sind von großen Sand- und Schlickflächen gesäumt. Bevor sich das Seegras dort ansiedelte, war es noch keiner Pflanze oder Alge gelungen, sich auf Dauer in diesem instabilen, schwankenden Umfeld zu halten. Seegras bereicherte den Meeresboden mit unterirdisch kriechenden Rhizomen, kräftigen Wurzeln und biegsamen Laubblättern. Es konnte in dem schlammigen, schmoddrigen Habitat nicht nur überleben, es bildete sogar noch mehr davon.

Abgesehen von einer zähen körperlichen Grundkonstitution brachten seine Landvorfahren noch zwei weitere nützliche Eigenschaften mit, die Meereslebewesen nicht besitzen. Erstens Blüten und zweitens Lignin, ein Molekül. Das Seegras hat sein nützliches Erbe dann noch durch verschiedene Innovationen ergänzt, die ihm das Überleben an den salzigen, wellengepeitschten Meeresrändern erleichterten.

Keine Blüte der Welt ist vermutlich so enttäuschend wie eine Seegrasblüte. Als ich im Frühsommer in Blackness erstmals welche sah, begriff ich nicht einmal, dass es sich um Blüten handelte. Erst nachdem ich mir im Internet Schautafeln des Gewöhnlichen Seegrases angesehen und bei einem weiteren Besuch ein paar dickere Halme zurückgebogen hatte, entdeckte ich in Halmfalten die hellgrünen Zickzackleisten. Das war's. Kein sonderlich betörender Anblick, aber in der Meeresströmung ein Wunderwerk.

Unter dem Mikroskop tritt die Eleganz der Seegrasblüten deutlicher zutage. Die Blütenformen der Seegrasarten sind zwar unterschiedlich, aber alle tricksen die zerstörerische Schleppkraft des Wassers durch Miniaturisierung und Stromlinienform aus. Das Wasser schlüpft an ihnen vorbei. Blütenblätter gibt es keine, oder sie sind zu schuppenartigen Schilden verkümmert. Manche tropischen Arten wie *Halophila ovalis*, ein Froschbissgewächs, besitzen fadenähnliche lange Narben, die das Wasser nach Pollen durchkämmen. Bei anderen wie dem Neptungras *Posidonia australis*, das im australischen Gathaagudu wächst, stehen die Blüten an winzigen Ähren blattloser Stiele. Je rauer die Küste, desto stromlinienförmiger die Blüte. Von allen Arten ist das Gewöhnliche Seegras vielleicht die extremste: Die Blüten sitzen im Halminneren, die Fortpflanzungsorgane lugen kaum hervor. Selbst die Peitschenhiebe der atlantischen Frühlingsstürme können ihnen nichts anhaben.

Bei den weiblichen Narben und männlichen Pollen macht sich das Seegras die Fließeigenschaften und Viskosität des Wassers zunutze. Winzige Strudel, die sich um Halme und Laubblätter bilden, erleichtern die Bestäubung. Bei den meisten Seegrasarten sind die Pollenkörner fadenförmig. Sie treiben nicht, wie es runde Pollenkörner tun würden, an einer Narbe vorbei, sondern kreiseln in der Strömung auf die Narbe zu. Und wenn sie sie verpassen, werden sie vom nächsten Strudel zur nächsten Narbe emporgeschubst. Die Hauptarbeit der Bestäubung übernimmt die Strömung, allerdings werden die Pollen von *Thalassia testudinum*, einem tropischen Gras aus der Familie der Froschbissgewächse, auch von kleinen Tieren weitergetragen.

Zu den großen Errungenschaften der Blütenpflanzen gehört die mütterliche Fürsorge. Die Früchte und Samen von Seegras ähneln gut ausgestatteten Tauchkapseln, in denen der Keimling bestens geschützt schwimmen und die Gegend erkunden kann. Manche Samen treiben monatelang und Hunderte Kilometer weit, andere lassen sich schon nach wenigen Stunden in der Nähe der Eltern nieder. Nur in seltenen Fällen, bei einigen Arten im Indischen und Pazifischen Ozean, klammern sich die nackten Keimlinge an die Mutterblüte und werden über placentaähnliche Verbindungen so lange ernährt, bis sie bereit sind, sich zu lösen.

Beim Wachsen hilft dem Seegras dann ein anderes Erbe seiner Landvorfahren. Seine Rhizome und Wurzeln sind dadurch so hart wie Draht und seine flexiblen Blätter überaus reißfest. Die Härte verdankt das Seegras dem Lignin. Das Molekül hat sich ursprünglich an Land entwickelt, damit Baumstämme wachsen und Blätter mehr Halt haben. Lignin sorgt für Festigkeit. Im Holz gibt es jede Menge davon, in Baumwolle kein bisschen. Papier ist Holz, dem das Lignin entzogen wurde. Weil Seegras die Landerfindung übernommen hat, konnte es anders wachsen als die anderen Meerespflanzen: als Wiese mit fast unzerbrechlichen Fasern. Und weil Lignin auch der Fäulnis widersteht, kann Seegras beim Wachsen Sedimente bilden.

Blüten und Lignin erwiesen sich also als hilfreiches Vermächtnis der Landvorfahren. Doch seinen Erfolg im Meer verdankt das Seegras auch eigenen Erfindungen in puncto Aufbau und Kooperationsfähigkeit.

So verlaufen im Inneren der Blätter, Halme und Wurzeln Luftkanäle. Sie fungieren wie Tauchflaschen, die sich automatisch nachfüllen. Der Sauerstoff, den die Laubblätter durch Fotosynthese erzeugen, wandert durch die Kanäle zur übrigen Pflanze, bis hin zu den Rhizomen im sauerstoffarmen Schlick. Auch die Blätter selbst werden durch die Luftkanäle gestützt, sodass sie sich dem Licht zuwenden.

Weil Wasser Sonnenlicht reflektiert und absorbiert, leben Unterwasserpflanzen wie in einem ewigen Schattenreich. Das Seegras hat die smaragdgrünen Chloroplasten, die für die Fotosynthese zuständig sind, in die obere Blätterschicht gepackt und die lichtsammelnden Pigmente neu konfiguriert. Jede Art hat dabei genau die Farbpalette gefunden, die am besten zum wässrig-blaugrünen Licht in seinem Zuhause passt.

Für das Leben im Meer wurden Dutzende Gene umgewandelt, aufgegeben oder verdoppelt. Bei einigen Seegraslinien hat sich, wie bei anderen Blütenpflanzen-Revolutionen, zunächst das gesamte Genom verdoppelt, um sodann bearbeitet zu werden. Die Gene, die dem Abpumpen von Natrium dienen und das Seegras von übermäßigem Salz befreien, wurden vervielfacht. Wachstumshormone und Gene gegen Stress überarbeitet, fallen gelassen oder gestärkt, vor allem Gene, die Pflanzenfresser abwehren. Die alten Feinde fehlten im Meer, auf den Seegraswiesen wimmelte es vor neuen Weidetieren. Die Zahl der Gene gegen Eisenmangel stieg, da Wasser nur ein Prozent der Eisenmenge von Süßwasser oder Erdreich enthält. Die Gene zum Aufbau der Zellwände übernahmen kurzerhand das Rezept der Algen. Als Julia und ich in Blackness Seegras mit Algen verwechselten, erkannten wir unbewusst eine genetische Realität. Seegras konnte im Meer so erfolgreich sein, weil es manche Moleküle und Zellen denen der Algen annäherte, zugleich aber vorteilhafte Eigenschaften der Landpflanzen beibehielt.

Wie die Orchideen verdankt das Seegras seinen Erfolg zu einem großen Teil seiner Kooperationsbereitschaft. Klonales Wachstum ist die erste gemeinschaftsstiftende Übung. Seegras wächst nicht wie Baumstämme vor sich hin, es vervielfältigt sich. Auf diese Weise entstehen üppige Wiesen, die kleinen Wirbellosen ausgezeichnete Verstecke bieten. Die Krustentiere, Würmer oder Fische weiden wiederum gern die Algen ab, die die Seegrasblätter zu verkrusten drohen, und halten so das Seegras-Zuhause sauber. Unentwegtes Knabbern verhindert, dass es von Algen erdrückt wird.

Manche Wiesen werden durch einen dreifachen Mutualismus von Seegras, Faltenmuschel und Bakterien entgiftet. Die Faltenmuschel flutet Bakterien, die in ihren Kiemen leben, mit schwefel- und sauerstoffreichem Wasser. Die Bakterien verwandeln die chemischen Stoffe in komplexe Nahrungsmoleküle, von denen sie einige an ihre

Wirtsmuschel zurückgeben. Mit ihrer vertrauten Beziehung sorgen Muschel und Bakterien dafür, dass der Schwefelgehalt im Schlick sinkt, wodurch das Seegras gut gedeihen kann. Im Gegenzug bietet es den Muscheln eine schützende Wiese. Auch Korallen pflegen mit manchen Seegrasarten eine mutualistische Beziehung. In der Karibik finden kleine Korallen in Seegraswiesen ein sicheres, nahrungsreiches Zuhause. Sie sammeln sich am Fuß der Halme und halten so Meeresschildkröten vom übermäßigen Äsen ab. Ohne den Korallenstrumpf würden Seegraswiesen oft bis aufs Sediment abgefressen. Und die Korallen würden, hätten sie das Seegras nicht, von der Strömung mitgerissen. Wo Seegras wächst, entstehen Partnerschaften.

Seegraswiesen erweisen sich zudem als Hort mikrobieller Aktivität. Die Wurzeln aller Blütenpflanzen an Land sondern Zucker ab und füttern damit Bakterien. Doch das Seegras hat Rinnsale in einen Strom verwandelt. Für die menschliche Zunge schmeckt Schlick vor allem salzig und faul, doch Sedimente in der Nähe von Seegraswurzeln sind mitunter süß wie Fruchtnektar oder Baumsaft. Das großzügige Zuckergeschenk ist an Bedingungen geknüpft. Neben dem Zucker tränkt Seegras seine Umgebung nämlich auch mit Aromastoffen, die ihn einschließen – wir kennen sie hauptsächlich von Kaffee, Rotwein oder Baumrinde. Die meisten Bakterien kommen daher gar nicht in den Genuss der Süße. Den Schlüssel besitzen nur wenige. Bakterien etwa, die Stickstoff für die Wurzeln liefern, Schwefel entgiften oder Wasserstoff verspeisen. Nützliche Bakterien werden offenbar gefüttert, die anderen müssen hungern. Womöglich will sich das Seegras an sonnigen Tagen auch überschüssigen Zuckers entledigen und versetzt ihn mit Aromastoffen, damit schädliche Bakterien nicht unkontrolliert gedeihen.

Bakterien an Blättern und Wurzeln werden also vom Seegras gefüttert. Und die Bakterien schützen es dafür. Wie Faltenmuscheln können auch Wurzelbakterien Schwefel abbauen. Bei einer Mittelmeerart, *Posidonia oceana* oder Neptungras, absorbieren sie den in Wurzeln gelösten Stickstoff und verwandeln ihn in Ammoniak und Aminosäuren. Dann leiten sie die – stickstoffhaltigen – Moleküle an den Seegraswirt weiter. Der revanchiert sich für die Düngerlieferung mit Zucker. Die Symbiose wurde eben erst entdeckt. Gut möglich also, dass auch andere Seegrasarten, an deren Wurzeln vielfach stickstoffspendende Bakterien sitzen, vergleichbare gastfreundliche Abmachungen haben.

Die faserigen Seegrasrhizome, die das Sediment durchziehen, wirken auf uns Menschen oft langweilig. Nichts als Fasern und Schlamm. Doch wenn man sich die Mikroben und Moleküle anschaut, wimmelt es in der Rhizosphäre – der »Wurzelwelt« – vor Leben.

Keine andere Pflanze hat in puncto Aufbau, Gene und Lebenszyklus eine derart komplette Wandlung durchgemacht wie das Seegras. Das Erfolgsrezept: eine ausgeklügelte Kombination aus Atavismus und Innovation. 400 Millionen Jahre nachdem seine Vorfahren an Land gekrochen waren, drehte das Seegras die Evolution der Landpflanzen zurück. Vor allem in seiner Blattstruktur näherte es sich Algen an, entwickelte zugleich aber neue Blütenformen, Luftkanäle, biochemische Formeln und ökologische Meerespartnerschaften. Erstaunlicherweise hat es den Tauchgang mehrfach unternommen. Alle Seegrasarten stammen von einer Blütenpflanzengruppe ab, die vielfach in Sümpfen oder an Flussufern lebt und zu der unter anderem die Aronstab- und Froschlöffelgewächse gehören. Unabhängig voneinander sind drei oder vier Pioniere aus der Gruppe ins Meer zurückgekehrt, zum ersten Mal vor 100 Millionen Jahren. Was wir als »Seegras« bezeichnen, sind also in Wahrheit mehrere Sippen, die es ins Meer zurückzog.

Seegras steht für Anpassungsfähigkeit und Widerstandskraft. Sprich: für Hoffnung in biologischer Form. Wenn diese Blütenpflanzen sogar untergetaucht gedeihen können, sorgt ihre Kreativität und Resilienz doch sicher dafür, dass sie auch mit den Umwälzungen klarkommen, die der industrialisierte Mensch ihnen aufbürdet?

Tja, nein. Oder zumindest noch nicht.

*****

»Ihr geht zu zweit, aber jeder hat eine Pistole. Unser Team hat sie geladen, als ihr euch heute Morgen registriert habt.« Ich stehe von einer steifen Märzbrise umweht mit etwa 20 Freiwilligen auf dem Sandwatt vor Burntisland. Gegenüber, auf der anderen Seite des Firth of Forth zeichnet sich die Silhouette der Vulkanberge und der Häuser von Edinburgh ab. Blackness Castle, weiter landeinwärts gelegen, ist von hier aus gerade nicht mehr zu sehen.

Jemand aus der Gruppe hebt die Hand und fragt: »Wie habt ihr die Schicht vorhin noch mal genannt? Könnt ihr das genauer erklären?« »Anoxische Schicht, das ist die dunklere, sauerstoffärmere Sedimentschicht«, antwortet Lyle Boyle, Seegras-Ranger im Ecology Centre und Project Manager bei Restoration Forth. »Seegras wächst vor allem oberhalb der anoxischen Schicht, aber bei Bedarf kann es auch Sauerstoff in die Wurzeln schicken.«

»Wir säen also oberhalb der Schicht?«

»Ja, genau. Drei Zentimeter tief. Letztes Jahr hat das gut funktioniert. Damit liegen wir meist über der anoxischen Schicht.«

Lyle dreht sich um und zeigt auf die Spritzpistolen, die am muschelübersäten Spülsaum aufgereiht liegen. »Wir haben die Samen untergemischt, und es müssten jetzt 32 Pistolen vorbereitet sein. Wir säen in Kreisform, mit einem Durchmesser von zwei Metern. Jeder jeweils einen Halbkreis.«

Er erklärt weiter: »Ihr werdet heute Morgen von einem Teammitglied begleitet, und wir nehmen auch noch ein paar Messungen vor, wir vermessen die anoxische Schicht und die Sedimenthöhe. Unser Team, das sind Katie vom Project Seagras, Esther, dort mit der Pistole in der Hand – sie arbeitet als wissenschaftliche Leiterin für Project Seagras –, Eleri, die Seegras-Rangerin vom Seabird Centre in East Lothian, und ich.«

Esther Thomson nimmt sich eine Pistole. »So, also, die Spritzpistolen sind mit einer Samen-Schlick-Mischung gefüllt. Bei jeder Injektion spritzen 1,5 Milliliter heraus. Aber drückt nicht zu fest.« Sie bedient den Abzug, aus der Tülle tropft schiefergrauer Schlick, der vor allem seitlich aus einem Loch quillt und nicht aus der Spitze, die mit einem Stift verschlossen ist. »Ich mache es so, dass ich die Tülle ins Sediment stecke, sie leicht hin und her ruckle, um ein bisschen Luft zu haben, dann spritze ich es rein. Wir wollen 320 Samen pro Quadratmeter injizieren. Dazu markieren wir hier mit Band und Bambusstab Kreise rund um die Fahnen, die ihr überall im Sand seht.« Sie weist auf die feuchte, sandige Fläche, die heute durch das ungewöhnliche Niedrigwasser der Springtide frei liegt.

»Okay, und wie viele Samen werden mit einmal Spritzen injiziert?«, fragt jemand.

»Fünf oder sechs. Wenn du mit deinem Halbkreis fertig bist und die Pistole noch voll ist, verspritz einfach die restlichen Samen irgendwo im Kreis.«

»Tut euch zu zweit zusammen!«, ruft Lyle. Mein Partner ist Jake Norton, Leiter der Firth of Forth Lobster Hatchery, einer Behörde zum Schutz von Hummern. In meinem Büro an der Universität hatte ich in einem Aquarium jahrelang einen Hummer gehalten, den ich vor einer Grillparty gerettet hatte. Homer, wie er hieß, war bei meinen Studierenden äußerst beliebt. Jake und mich verbinden also Hummergeschichten. Und er gibt mir Tipps für die Walbeobachtung im Forth. Nahe des Ufers, an dem wir stehen, verläuft eine tiefe Schifffahrtsrinne. Im Winter kommen die Buckelwale zum Fressen bis hierher. Als wir unsere Spritzpistolen ins Sediment setzen und die Samen ausbringen, stelle ich mir vor, wie die winzigen Hummer Schutz in den neuen Wiesen aus Gewöhnlichem Seegras finden. Manche treiben vielleicht bis ins offene Gewässer und werden von einem gigantischen Wal durchsiebt und verschluckt. Mächtige Meeressäugetiere, die winzige wachsende Seegrassamen fressen.

Die kämpfenden, kargen Seegras-Bestände in der Forth-Mündung bringen nur wenige Samen hervor, darum säen wir heute Samen von den üppigen Seegraswiesen der Orkney Islands, 300 Kilometer weiter nördlich. Das Gewöhnliche Seegras von Orkney und Forth gehört zum selben genetischen Subbestand, während das an der ge-

genüberliegenden schottischen Westküste leicht abweicht. Naturschützerinnen und Naturschützer haben eimerweise Seegrashalme mit reifen Samen gepflückt und den Winter über in Salzwasserbecken gelagert. Als die Halme verfaulten, gaben sie den Samen frei, mit dem wir jetzt unsere Spritzpistolen laden. Samen in den Schlick zu stecken, ist einfach. Die Vorbereitungen dazu brauchen Monate.

Mit dem Projekt Restoration Forth, das der World Wildlife Fund mit neun Partnern vor Ort koordiniert, sollen sich die Seegraswiesen in der Forth-Mündung weiter ausbreiten. Zugleich werden einheimische Europäische Austern ausgesetzt. Niemand weiß, wie viel Seegras früher in dem Meeresarm wuchs, möglicherweise war es zehn Mal so viel wie heute. Weil der Firth of Forth mittlerweile durch Zuflüsse und Algen eingetrübt ist, reicht das Sonnenlicht nicht mehr tief genug ins Wasser. Seegras wächst heute nur noch in sehr flachen Gezeitenbereichen und nicht mehr, wie andernorts, in metertiefen Gewässern. Um die einheimischen Austern, die hier einst überall in dicken Bänken wuchsen, ist es noch schlechter bestellt, sie sind heute in dieser Gegend ausgestorben. Doch die Leute von Restoration Forth fangen bescheiden an: vier Hektar Seegraswiesen und 30.000 Austern. Sie wollen erst einmal herausfinden, mit welchen Methoden sich der Meeresarm am besten neu beleben lässt.

Der katastrophale Seegrasschwund im Firth of Forth ist ein Trauerspiel, aber nichts Außergewöhnliches. Schon Anfang des 20. Jahrhunderts sind die globalen Seegraswiesen um jährlich ein Prozent geschrumpft. Hundert Jahre später hatte sich der jährliche Schwund bereits auf sieben Prozent erhöht. An vielen Orten zerstören wir die Seegraswiesen hundert Mal schneller, als sie nachwachsen können. Und mit dem Verlust der Seegraswiesen kann die Erde nicht mehr von ihrem Nutzen profitieren: als CO2-Speicher, Küstenschutz, Brutplatz und Heimat zahlloser Meerestiere. Seegraswiesen gehören heute weltweit zu den am stärksten bedrohten Lebensräumen.

Der Schwund hat viele Ursachen. Das Seegras wird durch Ausbaggerarbeiten und durchfahrende Schiffe entwurzelt. Landwirtschaft,

Klärwerke, Fischzucht und Industrie verschmutzen die Gewässer und fördern eine alles erstickende Algenblüte, die das Wasser eintrübt und dem Seegras das Licht nimmt. An Küsten mit starken Gezeiten und Erosionskräften reißen Stürme riesige Seewiesenstücke heraus. Schon in den 1930er-Jahren hat ein Schleimpilz auf der gesamten nördlichen Erdhalbkugel die Seegraswiesen dezimiert. Durch verschmutzte Meere und den geschwächten Zustand der Pflanzen hatte er leichtes Spiel. In jüngerer Zeit stirbt Seegras durch extreme Hitze. So wurden von 2010 bis 2014 in Gathaagudu beziehungsweise der Shark Bay über 1000 Quadratkilometer dichte Seegraswiesen durch Hitzewellen vernichtet. Und wenn die Wiesen sterben, kehrt der im Boden gespeicherte Kohlenstoff ins Wasser zurück und steigt teils als CO_2 in die Atmosphäre auf. Aus CO_2-Speichern werden CO_2-Schleudern.

Seit der Mensch die Welt industrialisiert hat, erträgt er unklare Ränder nur noch schlecht, erst recht nicht, wenn sie schlickig sind und nach Schwefel riechen. Wir wünschen uns scharfe Grenzen, keine subtilen Übergänge. Doch wenn harte Strandmauern sanft geschwungene Küsten ersetzen, wird das Seegras wie andere Küstenpflanzen, Mangroven oder Salzwiesen, verdrängt. An der Forth-Mündung macht sich das besonders bemerkbar. Damit Wohnhäuser, Industrie und Landwirtschaft sich bis ans Wasser ausdehnen können, werden zur »Landgewinnung« Beton- und Steinmauern gebaut und hinterfüllt. Wenn der Meeresboden jenseits der Mauern durch Stürme ausgespült wird, bleiben in tieferen Gewässern nun badewannenähnliche Senken zurück und nicht mehr komplexe Flickenteppiche aus unterschiedlich hohen und konsistenten Sedimentflächen. Wie in Kultur und Politik tauschen wir auch in der Ökologie differenzierte Abstufungen gegen binäre Systeme ein.

In Burntisland ist die Küste durch zwei Felsvorsprünge teils vor Wellen geschützt. In der kleinen Bucht liegt einer der wenigen Sandstrände am Forth. Trotz der oft kühlen Witterung sind die Hänge der Bucht mit Ferienhäusern gespickt. Bei Ebbe erstrecken sich feuchter

Sand und Schlick Hunderte Meter weit in den Meeresarm, und hier und da sind ein paar kleinere Seegrasflecken zu erkennen.

Jake und ich wechseln uns beim Säen ab. Abwechselnd spritzen wir die schlammige Soße in den Sand. Wir können die Samen nicht erkennen, aber Naomi Arnold vom World Wildlife Fund hatte uns zuvor einige in einem Plastikröhrchen gezeigt. Linsengroß und aufgequollen hüpften sie im Wasser auf und ab. Manchen wuchsen schon feine Würzelchen. Sie waren so weit.

Dass aus den Samen, die wir in den feuchten Sand stecken, einmal Pflanzen werden, scheint eigentlich ein Ding der Unmöglichkeit. Normalerweise hege und pflege ich meine Samen und setze sie in sorgfältig aufgelockerte, gut geschützte Gartenerde oder in Anzuchtschalen. Wenn heute Nachmittag die Flut kommt, wird sie wieder am Sand zerren und ihn malträtieren. Fast jede Woche zieht hier ein Sturm rüber. Machen wir uns falsche Hoffnungen?

Ja, vielleicht. Letztes Jahr sind über das ausgesäte Seegras Stürme hinweggefegt, die selbst steinerne Strandmauern zertrümmerten. Die Samen hatten kaum eine Chance, sich im feuchten Sand zu halten. Fast kein Samen keimte dort, wo er ausgesät worden war, aber immerhin fünf Prozent ein paar Meter weiter. Von den Samen, die in geschützteren Buchten gesät worden waren, keimten zwölf Prozent, das entspricht in etwa den Ergebnissen von Rekultivierungsstudien in anderen Gegenden. Doch obwohl die meisten Samen in Burntisland letztes Jahr ins Meer gespült wurden, haben sie zum Projekt beigetragen. Denn Experimente mit unterschiedlichen Standorten und Pflanztechniken sind für eine erfolgreiche Rekultivierung unerlässlich. Die erfolgreichsten Methoden vom letzten Jahr bestimmten jetzt Pflanztiefe und Standorte.

Mein Unbehagen, Samen in einer scheinbar so unwirtlichen, wellengepeitschen Umgebung auszubringen, zeugt im Grunde von mangelnder Vorstellungskraft. Schließlich hat sich das Seegras seit 100 Millionen Jahren an genau solchen Standorten ausgesät. Seine Samen sind dazu gemacht, im Meer zu treiben und Wurzeln zu schlagen. Die Samen, die ich zu Hause verwende – Tomate, Salat, Basilikum –, entwickelten sich in letzter Zeit hingegen so, dass sie menschliche Pflege brauchen. In der freien Natur würde aus ihnen nichts. Ich muss also einsehen, dass meine Erwartungen an die Leistungsfähigkeit der Samen stark domestiziert sind. Das salzige, wellengeprügelte Watt ist für Seegras ein fantastisches Saatbeet. Und auch die Masse macht's. Ein Hektar gesunde Seegraswiese kann jährlich zehn Millionen Samen hervorbringen, von denen die meisten allerdings nie einen geeigneten Standort finden. Mit unseren Spritzpistolen mischen wir die Karten zugunsten der Pflanzen neu. Wir befördern ihre Samen an einen idealen Keimort. Die riskante Verbreitungsphase ist gestrichen.

Wenn Seegras eine Chance bekommt, kann es sich, wie Rekultivierungsprojekte anderswo auf der Welt zeigen, von den Zerstörungen erholen. Das den Gezeiten ausgesetzte Wattenmeer der Nordsee zwischen den Niederlanden und Dänemark ist das größte Watt der Welt. Noch im Jahr 1900 wuchsen dort in zehn Meter tiefen, klaren Gewässern Hunderte Quadratkilometer Seegraswiesen. Doch durch Abwässer aus Landwirtschaft, Städten und Industrie haben Algen und Schwemmstoffe zugenommen und das Meer eingetrübt. Krankheiten breiteten sich aus, die Sedimente schwanden durch Bauen und Baggern von Dämmen und Fahrrinnen. Im 20. Jahrhundert sind die Seegraswiesen um 90 Prozent zurückgegangen. Doch durch Rekultivierungsprojekte wie im Forth, bei denen Samen injiziert oder ausgewachsene Exemplare verpflanzt wurden, konnten sie sich mancherorts wieder erholen, obwohl sie in jüngerer Zeit zusätzlich durch Grundschleppnetzfischerei und Hitzewellen bedroht sind. Anderswo in Europa haben sich Seegraswiesen nach einem jahrzehntelangen Niedergang ebenfalls erneut ausgebreitet. Ganz ähnlich wurden durch Krankheiten und Stürme auch die Seegraswiesen an der Küste des US-Bundesstaats Virginia vernichtet. Doch 2001 stellte sich ein Zusammenschluss aus Universitäten, Forschungsinstituten und Naturschutzverbänden der Mammutaufgabe, 74,5 Millionen Samen an

500 ausgewählten Standorten einer insgesamt 213 Hektar großen Rekultivierungsfläche auszubringen. Die Aufgabe gelang. Das Seegras hat sich selbst weiter ausgesät und sich auf fast 4000 Hektar verbreitet. Obwohl es damit bislang nur ein Drittel seiner ehemaligen Fläche zurückerobern konnte, ist das angesichts seines fast völligen Verschwindens im späten 20. Jahrhundert ein großer Erfolg. Wo die neuen Seegraswiesen wachsen, verbessert sich die Wasserqualität, bilden sich neue Sedimente und kehren Tiere wie Fische oder Muscheln in großer Zahl zurück.

Seegras mag zu den meistbedrohten Pflanzenarten der Welt gehören, doch die Zigmillionen Jahre, die es an den Rändern der Meere lebte, haben es widerstandsfähig gemacht. Bekommt es eine Chance, gedeiht es prächtig. Wir müssen Seegraswiesen nicht rekultivieren, nicht wiederherstellen. Wir stellen sie nicht wieder her wie ein passives Möbelstück, das eine Überholung braucht. Besser wäre es vielleicht zu sagen: Wir beleben sie neu oder wir erwecken eine ums Überleben kämpfende Gemeinschaft zu neuem Leben. Ich finde das Wort »entfachen« oder »entzünden« besonders treffend. Zum »Entfachen« gehört eine sorgfältige Vorbereitung, es wird Material gesammelt und richtig angeordnet, damit der entzündete Funke Nahrung findet und sich selbst erhält. Wir Freiwilligen in Burntisland haben mit unserer Spritzpistole dazu beigetragen, dass der aufregende Funke seine beeindruckende Wirkung entfalten kann. Doch schon vorher waren Naturschutzverbände tätig, haben Genehmigungen eingeholt, Best Practices erkundet, Förderanträge gestellt, mit den Eigentümern der Wattflächen verhandelt, Kontakte zur Gemeinde gepflegt und all das Kleinholz abgearbeitet, das dafür sorgt, dass die Flamme des Unterwassergrüns nicht erlischt.

Als wir die Saat ausbringen, regnet es von Westen her feine Bindfäden. Die Grenzen zwischen Luft, Wasser und Sediment verschwimmen. Immer wieder fällt die Bemerkung, wie »dreich« es heute ist. Das ist Schottisch und meint nasses, trübes Wetter. Wir atmen salzige, schlickfeuchte Luft und tauchen Samen in triefendes Sediment.

Dann hört der Regen auf. Aus dreich wird silbern. Im glänzenden Watt spiegelt sich das klägliche Tageslicht als endlose Schattierung aus Zinn und Perlmutt. Als unsere Spritzpistolen leer sind, schlurfen wir durch Gezeitentümpel zurück zum Treffpunkt am Sportparkplatz. Wir teilen uns auf die Autos auf und fahren zum Bürgerhaus. Das weiß gekalkte Gebäude liegt auf der Landzunge am anderen Ende des Strandes.

Eigentlich habe ich nur Tee und Kekse erwartet, aber das informelle Treffen ist für Seegras offenbar genauso wichtig wie das Ausbringen der Samen.

Schon seit mindestens 10.000 Jahren leben Menschen am Firth of Forth. Und stets waren Mensch und Meer eng miteinander verwoben. Als sich die Gletscher nach der letzten Eiszeit zurückzogen, konnten die Menschen hier überleben, weil es reichlich Krustentiere, Enten und Fische gab, neben Haselnüssen und Holz in den ausgedehnten Küstenwäldern. Später dann ernährte sich die örtliche Bevölkerung vom Fischfang und der Austernfischerei im Forth und im offenen Meer. Im 18. und 19. Jahrhundert priesen Austern- und Fischverkäufer ihre Waren in Edinburgh an. Die sogenannten »Fischweiber« in ihren auffälligen rot-weiß gestreiften Kleidern schleppten die Fische und Meeresfrüchte auf dem Rücken durch die Straßen. Jahrhundertelang bildeten Häfen und Werften am Forth das Rückgrat von Gewerbe und Handel. Die Bedeutung des Forth lag für alle auf der Hand, selbst für die Menschen in der Stadt. Heute ist die Verbindung zum Forth vielfach verloren gegangen. Unsere Arbeitsplätze liegen landeinwärts. Essen kaufen wir im Supermarkt. Wenn wir uns »Fish and Chips« holen oder abends frischen Fisch zubereiten, sind in Großbritannien neun Zehntel davon importiert. Die Küste sieht malerisch aus, aber sie ist offenbar nicht mehr der Mittelpunkt unseres Lebens und Lebensunterhalts.

Im Bürgerhaus kann ich miterleben, wie die alte Verbundenheit wieder auflebt. Die meisten Freiwilligen hatten von Seegras noch nie gehört und besaßen höchstens eine vage Vorstellung von den Austernbänken im Forth. Jetzt wissen wir nicht nur erheblich mehr, wir haben Seegras auch körperlich erfahren. Wir erinnern uns nicht nur an abstrakte ferne Schulstunden oder Museumsbesuche, die Forth-Mündung hat sich mit ihrer Lebendigkeit tief in unsere Hände und Sinne eingeschrieben.

Wissen, das wir körperlich erfahren, verbreitet sich außerdem gern weiter. Wir wollen davon erzählen. Und hier im Bürgerhaus sind alle besonders gesprächig. Wer sich an einem trüben Morgen aufmacht, um im kalten Schlick Samen zu verbuddeln, muss wohl energiegeladen und ein gut vernetzter Katalysator seiner Gemeinschaft sein. Junge Gruppenleitende, Tauchbegeisterte, Ranger und Freiwillige im Schulalter hocken um überdimensionierte Thermosflaschen mit Tee und Kaffee. Wenn man das Feuer richtig entfacht, brennt es wie von selbst. Der gleiche lebhafte Tatendrang ist mir in einer Freiwilligengruppe in Panola Mountain begegnet, wo ganz unterschiedlich engagierte Leute zusammenkamen. Die Erfahrung, Prärien brennen zu sehen und einheimische Grassorten zu säen, belebte dort die Verbundenheit zwischen Pflanzenwelt und Mensch neu.

Eine warme Tasse Tee in der Hand, verstehe ich endlich, warum NGOs wie Restoration Forth oder Birds Georgia so großen Wert auf die Zusammenarbeit mit Freiwilligen und Gemeinden legen. Wenn Seegras und Austern langfristig zurückkehren sollen, müssen die Menschen ihnen mit einer neuen Vorstellungskraft und Aufmerksamkeit begegnen. Einige erfahrene Feldökologen hätten das Seegras vermutlich schneller und mit weniger Aufwand gesät als 20 Freiwillige. Doch es genügt nicht, den Samen ins Sediment zu setzen, die Saat muss auch in der menschlichen Vorstellungswelt aufgehen. Nur wenn Kultur und Politik die lokalen Ökosysteme wertschätzen und sich der Forth erholen kann, kann sich das Gewöhnliche Seegras selbst weiter aussäen.

Als wir die Spritzpistolen einpackten, hatte ich Addie Dinsmore vom World Wildlife Fund gefragt, was sie mit dem Forth verbindet. Sie sei hier aufgewachsen und wohne ganz in der Nähe, in einer Stadt weiter im Landesinneren, antwortet sie mir. »Ich hatte von Seegras noch nie gehört, bevor ich zu dem Projekt gestoßen bin. Aber je mehr ich darüber erfahre, desto mehr verstehe ich, was damit alles verloren gegangen ist und was das für das Habitat und für die CO_2-Speicherung bedeutet. Seegraswiesen sind Unterwasser-Regenwälder. Hier und in den Tropen.«

Dann erzählt sie von ihrer Kindheit: »Die Wasserqualität war schlecht hier, als ich klein war. Ich ging im Forth schwimmen und kam mit einem Hautausschlag wieder raus. Die Verschmutzung war echt schlimm.« Sie schüttelt noch immer ungläubig den Kopf, während sie das sagt. »Da hat sich sehr viel verbessert. Inzwischen kann man sogar wieder tauchen. Ein ganz anderes Wasser ist das.«

Mit einem Blick zu den Freiwilligen sagt sie: »Man merkt den Leuten an, dass ihnen der Forth wirklich am Herzen liegt. Sonst würden viele gar nicht mitmachen! Die kulturelle Verbindung zum Forth ist in der Gegend noch immer stark. Darum ist unser ganzer Presse- und Medienkram auch so wichtig für das Projekt.«

Addie dreht sich um und blickt lächelnd auf den grau schimmernden Forth. »Wow, ich glaube, jetzt kommt das Seegras echt groß raus.«

*****

Schaut man weiter in die Vergangenheit, ist Seegras vor 55 Millionen Jahren zum ersten Mal ganz groß rausgekommen, im sogenannten Eozän. Damals erstreckten sich die Tropen vom einen Pol zum anderem. Es gab keine Gletscher, nirgends. Die Meeresspiegel lagen mindestens 100 Meter über denen von heute. Die Ozeane bedeckten nicht nur die Kontinentalränder, sie zerteilten die Kontinente. Obwohl die Vorfahren vieler Seegrasarten sogar noch älter sind, hat sich Seegras erstmals an den warmen, flachen Kontinentalrändern des Eozäns weltweit großflächig ausgebreitet. Viele Seegrasarten bewohnen bis heute nur warme Gewässer. Doch alle, auch wenn sie wie das Gewöhnliche Seegras in kälteren Regionen wachsen, haben Warmwasser-Liebhaber als Vorfahren.

Die Wiege der Seegrasarten war ein Treibhaus. Unsere Erde ist heute wesentlich kühler, auch weil die CO_2-Werte seit ihrem Hoch im Eozän gesunken sind. Welch traurige Ironie der Geschichte, dass uns ausgerechnet das Seegras vor der globalen Erderwärmung und ihren Folgen schützt. Weil Seegraswiesen CO_2 absorbieren und unsere Küsten stabilisieren, können sie uns wenigstens vor den schlimmsten Folgen des törichten Verbrennens fossiler Brennstoffe bewahren.

Aber alles hat seine Grenzen. Selbst wenn es uns gelingen sollte, die Erderwärmung auf 2° Celsius zu begrenzen, was angesichts der derzeitigen Prognosen niedrig angesetzt sein dürfte, werden die Meeresspiegel in den kommenden 2000 Jahren zwischen zwei und sechs Metern steigen. Und schon bei einem Anstieg von zwei Metern werden über eine Million Quadratkilometer Land überflutet, die vierfache Fläche Großbritanniens oder zwei Mal Kalifornien. Und was wächst dann an den großflächig überfluteten Kontinentalrändern? Nicht viel, wenn wir die Meeresböden weiter aufreißen und die Meere als Müllhalde benutzen. Doch wenn das Meerwasser relativ sauber ist und Bagger, Trawler und Schiffsanker fernbleiben, könnten sich dort Seegraswiesen ausbreiten. So, wie die Bucht von Blackness, Schiffwracks im Mittelmeer oder frühere dänische Dörfer von Seegras bewachsen sind, lägen die Reste der menschlichen Küstenzivilisationen dann darunter begraben.

Wenn wir noch weiter in die Zukunft schauen und sich in vielen Zehnmillionen Jahren die Menschen in etwas anderes verwandelt haben oder ausgestorben sind, überziehen Seegraswiesen vielleicht die verlassenen Küstenstriche und füllen sie mit neuem Leben. Mit Sicherheit wird es in den posthumanen Wiesen vor Meereslebewesen wimmeln, ein lebendes Denkmal für das, was darunter begraben liegt.

Die spekulative Zukunft entbindet uns allerdings in keiner Weise von unserer heutigen Verantwortung. Vielmehr sollte uns die Vorstellung von einer geheilten Zukunft ein Ansporn sein. Seegraswiesen mit ihrem lebendigen Grün können dem künftigen fatalen Schicksal der Menschheit und des übrigen irdischen Lebens noch eine neue Wendung geben. Zum ersten Mal in ihrer langen Evolutionsgeschichte hängt die Fähigkeit der Seegrasarten, sich zu vermehren und zu erholen, absurderweise von den Herzen und Hirnen terrestrischer Affen ab. Wir müssen nur Ja sagen und unsere Sinne, unsere Vorstellungskraft und unseren Gemeinschaftsgeist für diese alten, lebensspendenden Pflanzen öffnen.

Es mag auf den ersten Blick abstrus und unrealistisch erscheinen, dass die Menschen Körper und Geist mit Blütenpflanzen verschmelzen. Wir sind ja auch viel zu beschäftigt, um den Pflanzen einen Platz in unserem Alltag oder der Wirtschaft einzuräumen … Doch eigentlich haben wir genau das längst gemacht. Mit Lilien, Jasmin oder auch … mit den Rosen.

Rose

Eine artenübergreifende Gemeinschaft, die sich Düften verdankt

ICH SITZE auf einem wackligen Metallstuhl unter einem alten Olivenbaum. Ein Tag im Mai, später Vormittag. Nachdem ich unter der heißen mediterranen Sonne durch die Gegend geschlendert bin, trinke ich nun gierig aus meiner Wasserflasche. Rund um den Baum ist kniehohes Gras aufgeschossen, das zu Heu verdorrt. Meine Nase genießt den beruhigenden Duft des Grases, der ihr nach den vorherigen Strapazen ein wenig Linderung verschafft. Denn die letzten drei Stunden waren ein olfaktorisches Abenteuer, ein schnüffelnder Spaziergang durch die Gärten des Internationalen Museums der Parfümerie im südfranzösischen Grasse.

Grundgütiger! Hunderte duftender Pflanzenarten auf gerade einmal zwei Hektar Land. Bei jedem Schritt eine neue Köstlichkeit. Die Pflanzen sind nach Themen geordnet – Zitrusfrüchte, Jasmin, Veilchen, Holz, Gewürze –, und doch wirkt der Garten zumindest teilweise sehr wild. Hier wird mit leichter Hand gestutzt. Die Erde ist überwiegend mit Stroh bedeckt. Die Wege werden zwar gemäht, aber an den Kanten frei gelassen, sodass dort Fontänen von Gräsern und Wildblumen aufschießen. Auf der Beschilderung des Gartens werden die ungeplanten Sprösslinge, das »Unkraut«, als wichtiger Beitrag zur Vielfalt anerkannt. Pestizide kommen nicht zum Einsatz.

Wie mir Christophe Mège, der leitende Gärtner, erklärte, ist ein zweiter wichtiger Aspekt neben den Pflanzensammlungen die Gestaltung eines »reichen, üppigen« Gartens. Und dieser Reichtum übersteigt alle menschlichen Sinne. Überall schwirren Bienen, Schwebfliegen und Vögel umher. Den überreichen Wuchs erschaffen Christophe und sein Team, indem sie das Laub kompostieren, Holzreste von den Baumpflegeunternehmen sowie den Dung von den Pferden und Schafen der umliegenden Bauernhöfe ausbringen. Bäume spenden empfindlichen Pflanzen Schatten und bieten Tieren Lebensraum. Das am Boden liegende Totholz dient Insekten als Nistplatz.

Der Bewirtschaftungsplan sieht vor, dass die Gärten in die umgebende Landschaft integriert werden sollen, weshalb neben den Duftpflanzen, die hier natürlich im Mittelpunkt stehen, auch heimische Pflanzen kultiviert werden. Selbst an diesem Ort, an dem Arten aus aller Welt versammelt sind, nehmen also heimische Pflanzen einen bedeutenden Platz ein. Sie kommen aus eigenem Antrieb und mit ein bisschen Hilfe der Gärtner hierher und siedeln sich an. Das Ergebnis ist das Gegenteil eines architektonischen Gartens, der den Pflanzen eine geometrische Ordnung auferlegt, die allein dem menschlichen Auge gefallen soll. Hier sind die Menschen und Pflanzen in ihrem Tun miteinander verflochten, sodass ein Ort entsteht, in dem es vor Leben wimmelt und der alle Sinne ergötzt.

Einen derart gedeihenden Garten zu errichten sei ganz schön schwierig, sagt Christophe, vor allem hier, wo die Böden im Sommer »ausgedörrt« sind und im Winter »vor Wasser triefen«. Seine Tätigkeit ist ein Widerhall der jahrhundertelangen harten Arbeit, die die hiesigen Pflanzenzüchter in die Kultivierung von Blumen und Duftpflanzen gesteckt haben.

Christine Saillard, die Leiterin Öffentlichkeitsarbeit und Kulturprogramm der Museen in der Region Grasse, erzählte mir wiederum, der ökologische Ansatz der Gärten treffe »bei manchen Besuchern auf Unverständnis«. Viele hätten »die Vorstellung eines traditionellen französischen Gartens im Kopf: ein wasserreicher, akribisch angelegter und gut gepflegter Garten mit üppigem Grün«. Diese Gärten dagegen »dienen dem Schutz wilder Tiere und Pflanzen und verbrauchen so wenig Wasser wie möglich, in einer Gegend, die im Sommer knüppeltrocken ist«. Mögen manche Besucher auch mit dem Mangel an formaler Ordnung hadern, so wurde doch die Vielfalt des Vogellebens und der Ökologie der Gartenlandschaft von nationalen Umweltschutzgruppen mit Preisen ausgezeichnet.

Während meines Besuchs steht die *Rose de Mai*, die Mairose, in voller Blüte und ich verbringe eine ganze Stunde damit, meine Nase in ihre pinken Blütenkrausen zu stecken. Honigbienen und Große Holzbienen, die ihrem Namen alle Ehre machen, zuckeln durch die Rosenstöcke und fliegen von Blüte zu Blüte, um Pollen zu sammeln. Der Duft der Blüten ist ein Brokatteppich, milde Süße, durchzogen von Fäden aus Golden Spice und ein paar Strängen Moschus. Diese Rosensorte, die wegen ihrer vielzähligen Blüten- und Laubblätter auch *centifolia* genannt wird, ist eine Kreuzung aus wilden europäischen und asiatischen Rosen. Die Blüten verströmen ein derart zartes Aroma, dass die Sorte und ihre Vorfahrinnen schon seit Jahrhunderten gezüchtet werden, um daraus Parfüm herzustellen. Wenn Sie schon einmal einen rosigen Duft in einem Parfüm gerochen haben, dann war es höchstwahrscheinlich die Mairose oder ihre enge Verwandte, die Damaszenerrose.

Gleich neben den Rosenbüschen erblicke ich ein Fleckchen Erde, auf dem gerade die hellblaue Iris erblüht. Ihre Blüten riechen leicht puderig. Aber aus den unterirdischen Stängeln lässt sich für die Parfümherstellung ein intensives Aroma gewinnen. Ich reibe Salbeiblätter zwischen den Fingern und schlendere zum Narzissenbeet, wo die Blüten zu dicken Kelchen herangereift sind. Während ich hügelauf weitergehe, rieche ich das kleine Lavendelfeld schon, bevor ich es sehe. Zusammen mit dem Thymian ist der Lavendel das aromatische Aushängeschild dieser provenzalischen Hügel, ein lebhafter, leicht beißender Geruch, wie Kiefernharz, das sich für den Samstagabend herausgeputzt hat. Verholzte Lianen aus Jasmin wuchern in mehreren Reihen über einen Pfad im Lavendel. Ihre Blüten werden erst im Sommer aufgehen, gerade gleichen sie noch verwilderten Weinbergen.

Unterm Schatten des Olivenbaums ergötze ich mich an einigen unbekannteren Duftpflanzen. Ein Bitterorangenhain verheißt wohlriechende Blüten und aromatisches Öl von den Blättern und Früchten. Aus den Ritzen des Brunnens ein paar Meter von mir entfernt wuchert der Kalmus, eine Pflanze mit gerade aufragenden spitzen Blättern. Die im Wasser stehenden Stängel bergen erdige Aromen von Kampfer. Akazien, von denen die duftenden Zweige genutzt werden, überdachen einen Pfad zwischen den Beeten. Vetiver, ein zotteliges Horstgras, wird wegen seiner Wurzeln angebaut.

Besonders gefällt mir ein kleines Eckchen, »Der Garten der vergessenen Parfümpflanzen«, wo Arten wachsen, die einst für die Parfümerie von Bedeutung waren, aber heute nur noch selten Verwendung finden. Bei einigen wie etwa der Feige entfaltet der Duft eine toxische Wirkung, weshalb es inzwischen gesetzlich verboten ist, sie in Parfüms einzusetzen. Die meisten anderen Pflanzen wurden von synthetisch hergestellten Ersatzstoffen vom Thron gestoßen. So entdeckten die Chemiker im 19. Jahrhundert, dass sich Chemikalien herstellen ließen, die wie Veilchen oder wie Maiglöckchen rochen. Diese Aromen kann man nur schwer oder gar nicht aus den Blumen gewinnen, und die synthetischen Düfte sind immerhin leidlich gute Annäherungen. Die Blüten der Hyazinthen wiederum haben ein wunderbar grünes Aroma nach frisch gemähtem Gras und wurden in den 1920er-Jahren zur Verwendung in Parfüms weitflächig gezüchtet. Allerdings war der Ertrag gering. Heute werden im Labor passable Kopien hergestellt. Hier im Garten jedenfalls können unsere Nasen das Aroma direkt aus der Blüte schnuppern.

Dieser Garten ist ein lebendes Museum, das uns daran erinnern soll, dass es in der Parfümherstellung bei aller Kunst und allem Handwerk letztlich um unsere Beziehung zu den Pflanzen geht, vor allem natürlich zu den Blumen. Abgesehen von einem Gewächshaus, in dem sich auch das Besucherzentrum befindet, liegt der gesamte Garten unter freiem Himmel und ist das ganze Jahr über den Elementen ausgesetzt. Dass hier so viele verschiedene Arten gedeihen, liegt an dem speziellen Mikroklima der Gegend. Aus den Bergen im Norden kommt Wasser und kühler Sommerwind, die hier Seltenheitswert besitzen. Das Mittelmeer, 15 Kilometer weiter südlich, schützt die Pflanzen im Winter vor extremer Kälte. Der Niederschlag im Spätwinter und Frühjahr befördert frühen Wuchs. Und dank reichlich Sonnenlicht und Wärme können sogar subtropische Arten gedeihen.

In dieser für Pflanzen idealen Gegend ist die moderne Parfümherstellung entstanden, die sich auf Traditionen der Duftkreation und Pflanzen aus aller Welt beruft. Seit 500 Jahren züchten die Menschen in der Region Grasse Duftpflanzen und haben die Kunst, Wissenschaft, Herstellung und Vermarktung von Parfüm immer weiter verfeinert. Im Jahr 2018 hat die UNESCO ihr Wissen und ihre Praktiken als bedeutenden Beitrag zum immateriellen Weltkulturerbe anerkannt. Besonders betont wurden die Fähigkeiten »in der Zucht von Parfümpflanzen, die Kenntnisse und Verarbeitung natürlicher Rohstoffe und die Kunst der Parfümkomposition«.

Ironischerweise war der Auslöser für die Parfümherstellung in Grasse der Gestank der Gerbereien. Schon seit dem 12. Jahrhundert war der Ort eine Hochburg in der Verarbeitung von Tierhäuten, die aus dem gesamten Mittelmeerraum importiert wurden. Die Lederarbeiter von Grasse, vor allem die Handschuhmacher, waren europaweit bekannt. Im 16. Jahrhundert kamen einige Gerber dann auf eine Idee, die Auswirkungen auf das Schicksal der gesamten Gegend haben sollte: parfümierte Handschuhe. Öle und Puder mit Blumen- und Pflanzenduft sollten den intensiven Ledergeruch abmildern und den Händen bleibenden aromatischen Genuss bereiten. Schon in den 1530er-Jahren stieg auch die Modewelt darauf ein, angestachelt von der frühen Renaissance-Influencerin Caterina de' Medici.

Im 17. Jahrhundert schließlich war ganz Grasse von Gärten mit Duftblumen umgeben, die aus denselben Wasserläufen bewässert wurden, in die auch die Abwässer der Gerbereien flossen. Nun gab es neben den Handschuhmachern also noch ein neues Kunsthandwerk, den Parfümeur. Im 18. Jahrhundert war der Umsatz mit Parfüm dann schon so groß, dass die Gerbereien dichtmachten und sich die Zunft der Parfümeure von den Handschuhmachern trennte. Der Ort blühte auf. Allerdings konnten sich nur die Reichen die neuen Parfüms leisten, allen voran der königliche Hof. Ludwig XIV. hatte wegen seiner Leidenschaft für Parfüm sogar den Beinamen *le doux fleurant*, »der sanft Duftende«, und der Hof Ludwigs XV. war bekannt als *la cour parfumée*, »der parfümierte Hof«. Damals war Männlichkeit – und was gibt es Männlicheres als einen König? – eine essenziell blumige Angelegenheit. Einige Pflanzen züchteten die Könige für ihre Parfüms in ihren Palästen bei Paris, aber aufgrund seines Mikroklimas und des jahrhundertealten Know-hows blieb Grasse die Speerspitze der Herstellung und Erfindung von Parfüm.

Im 18. Jahrhundert verkauften die Parfümeure ihre Produkte dann auch an die Mittelschicht. Ermöglicht wurde die Ausdehnung des Parfümverkaufs vor allem durch die zunehmende Verwendung destillierten Alkohols als Lösungsmittel und Träger floraler Düfte, was bis heute bei vielen Parfüms praktiziert wird. Auch nach dem gewaltsamen Umsturz durch die Revolution konnte sich die Parfümherstellung in Grasse halten. Als die neue revolutionäre Regierung in den 1790er-Jahren die Ländereien des Königs und der Kirche versteigerte, kauften begüterte Händler das Land rund um Grasse. *Liberté, égalité, fraternité … parfumé.*

Im 19. Jahrhundert brachte die Industrialisierung das Parfüm den Massen. Dass wir heute ins Kaufhaus gehen und uns ein erschwingliches Parfüm kaufen können, das nach Rosen duftet, verdanken wir der massenhaften Herstellung und Vermarktung von Parfüm, die in Grasse ihren Ursprung hatte. Heute werden die meisten Rohstoffe für die Parfümherstellung im Labor produziert oder in Osteuropa, der Türkei, Südasien oder Nordafrika angebaut. Aber in den edelsten Kreationen stecken bis heute Rose und Jasmin aus Grasse.

Ihre Vormachtstellung in der Parfümerie verdankt die Region dem Wasser. Weil Gerbereien viel Wasser benötigen, siedelte sich Grasse an einigen der wenigen zuverlässigen Wasserläufe an, die von den Bergen herabströmten. Aus diesen Quellen wurden später die Felder mit den Rosen, mit Jasmin, Tuberose und anderen Duftpflanzen bewässert, allesamt Arten, die in der Gegend eigentlich nicht heimisch waren. Der bedeutendste Platz in Grasse ist die Place de la Foux, benannt nach der dort entspringenden Quelle. Im Jahr 1568 verabschiedete der Gemeinderat einen für den gesamten Ort geltenden Plan zur Verwaltung und Verteilung der Wasservorräte. Diese Verordnung, die über Jahrhunderte bestehen blieb, gewährleistete, dass die Gärten und Felder gut mit Wasser versorgt und nicht durch die Gerbereien verunreinigt wurden.

Im 19. Jahrhundert wurden zusätzliche Kanäle gebaut, um die Wasserzufuhr der Stadt weiter zu erhöhen. Als Erstes wurde Wasser aus der Siagne, das aus einer 20 Kilometer weiter westlich liegenden Schlucht kam, über Grasse nach Cannes umgeleitet. Dieser Kanal kurbelte den Tourismus an der Küste an und half auch den Blumenzüchtern im Landesinneren. Sodann gruben sich die Kanalarbeiter durch die Berge, um Wasser von der im Osten entspringenden Source du Foulon herbeizuschaffen. In den 1890er-Jahren wurden die meisten Pflanzenwurzeln in Grasse durch Wasser feucht gehalten, das aus einem weitreichenden Gebiet der umliegenden Berge abgezapft wurde. Besser könnten es die Rosen und die vielen anderen Duftpflanzen kaum haben: unerschöpfliche Wasserzufuhr für die Wurzeln, reichlich Sonnenlicht für die Blätter und ein gemäßigtes Klima.

Während ich unter dem Olivenbaum sitze und den Blick in den Garten genieße, wähne ich mich fast in einer natürlich gewachsenen Landschaft, an die der Mensch nur leicht Hand angelegt hat. Aber die botanische Fülle existiert allein dank der technischen Meisterleistungen des 19. Jahrhunderts. Meine Bank steht ganz in der Nähe des Siagne-Kanals, der nur ein paar Meter hügelauf unsichtbar vorbeifließt. Aus ihm werden der Garten und die froschreichen Teiche bewässert. Wenn ich einen Schluck aus meiner Flasche nehme, trinke ich Wasser aus der Source du Foulon, die bis heute Grasse mit Trinkwasser versorgt. Bevor es Kanäle und Gerbereien gab, bauten die Menschen hier Weizen an, der von den Niederschlägen im Frühjahr zehrte, dazu dürrebeständige Oliven und Wein. Durch die Parfümherstellung veränderten sich die alten Sitten, und der jahrtausendealte Anbau von Getreide, Öl und Wein wurde durch Pflanzen ersetzt, die die Nase beköstigen.

Ende des 19. und Anfang des 20. Jahrhunderts gab es rund um Grasse 2000 Hektar duftende Pflanzen. Zum Ernteschnitt, der bei den Rosen im Mai und Juni und beim Jasmin von Juli bis Oktober ging, erhielten die Landarbeiter Unterstützung von Arbeitern aus Italien und Nordafrika. Jedes Jahr pflückten sie zwei Milliarden Rosen, alles mit der Hand, immer in den frühen Morgenstunden nach Sonnenaufgang, worauf die Blüten zu den nahe gelegenen Destillerien gebracht wurden. Jasminblüten sind kleiner, und ihre Schlinggeflechte ringen die Blüten nachgerade zu Boden. Die Feldarbeiter ernteten davon jedes Jahr über zehn Milliarden Stück und nannten sie *parfum de mal au dos*, das »Rückenschmerzenparfüm«. Die Schmerzen zogen sich bis in den Herbst hinein, wenn die Ranken mit Erde oder Mulch angehäufelt werden mussten, um sie vor der Winterkälte zu schützen. Rosen und Jasmin machten den Hauptanteil der Ernte aus, aber die Felder schenkten den Gärtnern auch Hunderte Tonnen Veilchenblätter, Tuberoseblüten, Orangen, Narzissen und Mimosen. Die gesamte Anbausaison hindurch rollten durch die Straßen von Grasse mit Säcken wohlriechender Blüten und Blätter beladene Karren.

Das Ziel all dieser harten Arbeit bestand darin, den Pflanzen ihr Aroma zu entnehmen und daraus Konzentrate herzustellen. Ein kleines Fläschchen Parfüm hat einen langen Weg zurückgelegt. Ein Tropfen kann unserer Haut oder Kleidung tagelangen Duft schenken. Diese Wirkung kommt von der extremen Konzentration. Bei der Extraktion wird aus zwei Tonnen Rosen ein Kilogramm Extrakt gewonnen. Ein winziger Tropfen Rosenöl enthält das Aroma von 30 Rosen. Kein Wunder, dass wir es im ganzen Zimmer oder im Parfümhauch eines auf der Straße an uns vorbeigehenden Fremden riechen können. Wie hochprozentiger Alkohol oder Medikamente auf Pflanzenbasis, erhalten Parfüms ihre Wirkmacht durch Konzentration. Was die Pflanze maßvoll erwuchs, wird von uns hochverdichtet.

Das Aroma entnahmen die Parfümeure von Grasse den Rosen mithilfe von Destillation, einer Methode, die hier wie auch in Bulgarien und der Türkei, wo die Rosenproduktion inzwischen ein bedeutender Wirtschaftszweig ist, bis heute angewandt wird. Die Arbeiter schaufeln dazu Berge rosaner Blütenblätter in beheizte Kessel. Riesige Kupferhauben fangen den Dampf auf und leiten ihn in ein Rohrsystem. Am Ende tropft der abgekühlte und dadurch flüssig gewordene Dampf als Rosenessenz aus den Rohren heraus. In den Kesseln wiederum werden die Blütenblätter zu einer gelblich-braunen Masse verkocht. Und in ein paar Jahren ist die in Flaschen abgefüllte Essenz dann mehr wert als ihr Gewicht in Gold.

Das luftig-süße Aroma des Jasmins dagegen ist für die Destillation zu empfindlich. Hitze wäre hier tödlich. Stattdessen pressten die Arbeiterinnen in Grasse – fast alle Bewohnerinnen der Stadt arbeiteten damals in den Parfümeriefabriken – einzelne Blüten zwischen dünne Glasscheiben, auf die sie eine dünne Schicht ausgelassenes, geruchloses Tierfett schmierten, zumeist Schmalz oder Talg, und die sie anschließend in Holzrahmen spannten. In jedem dieser Rahmen lagen nun bis zu einhundert Blüten mit dem Gesicht in der Schmiere. Das Jasminaroma sickerte von den Blütenblättern ins Tierfett, und nach ein bis zwei Tagen entnahmen die Frauen die ausgelaugten Blüten und spannten neue ein. Nach mehreren Durchläufen kratzten sie das Fett ab und gaben es in Bottiche, in denen sie es mit Alkohol wuschen, um den Duft zu entnehmen und zu konzentrieren, bis schließlich ein Absolue entstand, ein Extrakt, der das Aromaöl in einer derart hohen Konzentration enthielt, dass er dunkel und zähflüssig war. Da auch im Fett noch Reste des Aromas steckten, wurde aus ihm Seife hergestellt. Dank dieses Verfahrens, der »Enfleurage« (wörtlich »Beblütung«) bei Zimmertemperatur, das in Grasse erfunden und perfektioniert wurde, konnten die Parfümeure das reine Jasminaroma ohne jede Verunreinigung in ihre Flaschen füllen. Im weiteren Verlauf des 19. Jahrhunderts entwickelten die Parfümeure dann ein Verfahren, bei dem ein Lösungsmittel eingesetzt wurde, Hexan, mit dem das Aroma ohne aufwendige Enfleurage extrahiert werden konnte. Beide Methoden wurden in Grasse bis Anfang des 20. Jahrhunderts angewendet. Heute wird das Jasminaroma mit Hexan und anderen Lösungsmitteln extrahiert, und die bei der Enfleurage benutzten Glasscheiben und Holzrahmen können wir nunmehr im Museum bewundern.

Diese Methoden der Duftextraktion sind im Prinzip sehr alt. Schon 3500 v. u. Z. destillierten die Sumerer in Keramikgefäßen Kräuterextrakte, in China wurde die Technik um 2000 v. u. Z. erfunden. Später wurden die Gefäße durch Kühlrohre und Destillierkolben erweitert, und man verwendete Glas, um das Verfahren besser steuern zu können. Im 14. Jahrhundert wurde in Syrien Rosenwasser destilliert, indem man Destillierapparate mit mehreren Kolben benutzte, die von einem in der Mitte stehenden beheizten Topf abgingen. Auch zur Enfleurage wurde ein altes Verfahren verfeinert. Schon die alten Chinesen, Ägypter, Inder und Perser stellten duftende Salben her, indem sie Blüten und andere Pflanzenteile in Öl oder Fett badeten.

Extraktionsmethoden dienen aber nicht nur der Konzentration, sondern auch der Einhegung. Aromen sind sogenannte Volatile, flüchtige Verbindungen, die schon in einem Windhauch davonwehen. Die meisten Volatile sind fettlöslich, sodass sie leicht durch die Membranen der Fettzellen in die Luft entweichen können. Blüten riechen nur gut, solange sie neues Öl produzieren, das das durch Verdunstung verflüchtigte Öl ersetzt. Die Kunst und Wissenschaft der Parfümerie besteht nun darin, sich diese flüchtigen Stoffe zu nehmen und ihnen Beständigkeit zu verleihen. Die Volatile werden gespeichert, um sie ganz nach Wunsch zu versprühen. In unseren Gärten können wir den Duft der Mairose jedes Jahr immer nur für ein paar Wochen genießen, und selbst dann sollten wir in den frühen Morgenstunden hinausgehen, wenn der Duft am intensivsten ist. In der Flasche wird die Mairose zur mehrjährigen Pflanze, die auf unserer Haut erblüht, wann immer wir es möchten.

*****

An den Mairosen im Museumsgarten von Grasse tauchen Honigbienen in die Blütenkelche und ziehen hektisch darin Kreise, um sich in die pollentragenden Staubbeutel zu graben. Mit flinken Stößen ihrer sechs Beine befördern sie den Pollen in die Körbe an ihren Hinterbeinen: Nahrung für die hungrigen Larven, die im Bienenstock auf sie warten. Während sich die Bienen in der Blüte bewegen, ölen sie sich mit dem Aroma ein und nehmen ein schönes Rosenblütenbad.

Die Blütenblätter der Rosen sind vollständig mit kegelförmigen Zellen überzogen, die prall gefüllt sind mit öligen aromatischen Volatilen und rosafarbenen Pigmenten. Und auch auf der Unterseite stecken Duftöle in den Zellen. Da die Volatile einfach durch die Zellmembran hindurch in die Luft fliegen, ist jede Blütenblattzelle ein lebender Aromazerstäuber.

Die Bienen spüren die Volatile der Rosen dank Hunderter winziger Härchen, mit denen ihre Antennen bepelzt sind, sowie geruchsempfindlicher Grübchen zwischen den Haaren. Sich durch eine Blüte zu wühlen muss für die Biene ein aromatischer Hochgenuss sein, da jeder einzelne Sensor angeregt wird. Und es schult die erstaunlichen Fähigkeiten der Honigbiene bei der Unterscheidung von Aromen. Sie kann sich Hunderte verschiedener Blumendüfte merken und weiß schon nach einem einmaligen Besuch einer Blume, welcher Nektar zu welchem Aroma gehört. Besonders angenehme Aromen merkt sie sich ihr ganzes sechswöchiges Leben lang.

Genau aus diesem Grund fabrizieren die Blumen ihre Düfte: um den lebenden Bestäubern einen unvergesslichen Aromastoß zu verpassen. Mit einer Belohnung lernt das Insekt viel schneller, den Duft mit der Blume in Verbindung zu bringen, als nur anhand einer Farbe. Zudem gibt es Aromen in Tausenden Varianten. Jede Blumenart kredenzt ihre eigene aromatische Gedächtnisstütze. Wer als Blume den Insekten kostbaren Pollen und Nektar anbietet, sollte sicherstellen, dass sich die Besucher auch genau daran erinnern, wer ihr Wohltäter ist. Denn nur dann bekommt sie regelmäßig treuen Besuch. In der

Welt der Blumen gibt es keine anonymen Spender. Jedes Aroma kündet lauthals von seinem Erzeuger.

Für die Pflanzen sind die Aromen wie eine Sprache. Jede chemische Variante ist wie ein Wort, ein sprachlicher Baustein, der in Kombination mit anderen Worten Beziehungen schafft und Nachrichten transportiert. Dabei sind die Blumen in diesem chemischen Gespräch ein Spätzünder. Volatile entstanden zunächst, um die Zellen innerhalb einer Pflanze zu einem kommunikativen Netzwerk zu verbinden, worüber das Wachstum des Gewebes und chemische Verteidigungsmaßnahmen koordiniert wurden, ähnlich wie es beim Menschen die Nerven und Hormone tun. Da Volatile leicht durch die Membran hindurchschlüpfen können, übermitteln sie Signale in Windeseile von einer Zelle zur nächsten. Es gibt sie in tausend verschiedenen Formen, sodass sie sehr präzise Signale aussenden können. Einige Volatile verbinden jedoch nicht nur die Zellen innerhalb einer Pflanze, sondern wehen auch durch die Luft zu ihren Nachbarn, um ihnen den neuesten floralen Tratsch zuzuflüstern: Wie ist der Boden heute? Wo kneift es bei dir? Sollen wir schon anfangen zu blühen?

Die Aromasprache der Pflanzen dient auch als Signal an die Insekten, die sich von ihrem Saft und ihren Blättern ernähren. Verzieht euch!, sagen die Chemikalien, diese Pflanze ist eklig. Die Volatile schmecken nicht nur schlecht oder giftig, sondern erzählen auch von der Unverträglichkeit der Pflanze. Und einige Pflanzen sprechen sogar noch die Feinde ihrer Feinde an. Wenn sie von einem Insekt angegriffen werden, schicken sie Volatile in die Luft und in den Boden, die parasitäre Wespen, Raubmilben und insektenvernichtende Nematodenwürmer anlocken. Die vom Pflanzenduft herbeigerufenen Bodyguards töten dann die Schädlinge, die die Pflanze fressen wollen.

Während die Blumen ihre reiche Vielfalt entwickelten, erweiterten sie die Sprache der Pflanzenvolatile auf revolutionäre Weise. Statt sich nur gegenseitig etwas zuzuflüstern, den Feinden zu drohen und um Hilfe zu rufen, verwendeten die Blumen flüchtige Moleküle auch, um Arbeitsgemeinschaften mit Tieren zu knüpfen. Einige von ihnen, darunter viele Orchideenarten, wendeten die Zusammenarbeit später in ein Ausbeutungsverhältnis. Aber für die meisten Blumen sind die Volatile ein beredtes Bekenntnis ihrer Bereitschaft, mit ihren Bestäubern zu kooperieren. Hier gibt es Nahrung für euch, sagen sie, kommt und holt sie euch.

Einige Blumen sprechen nur ganz bestimmte Tiere an, nur einen oder vielleicht eine Handvoll Bestäuber. Die Orchideen, die ihre Besucher mit sexueller Täuschung anlocken – wir erinnern uns –, verwenden einzigartige Mischungen von Volatilen, die nur die Männchen einiger weniger Insektenarten bezirzen. Aber auch andere Blumen richten ihr Aroma auf einzelne Bestäuber aus. Die Blüten der in den Wäldern Südasiens lebenden Feigenart *Ficus semicordata* (benannt nach ihrer Blattform, die wie ein halbes Herz aussieht) erregen mit nur einer einzigen volatilen Verbindung die Aufmerksamkeit der Weibchen einer einzigen Wespenart. Die bestäubt nicht nur die Blüte, sondern legt auch ihre Eier darin ab. Der enge Mutualismus zwischen Feige und Wespe ist nur möglich, weil das einzigartige Aroma der Feige wie ein duftendes Leuchtfeuer durch die Wirrnis des Waldes dringt, gleich einer intimen Duftwolke, anhand derer die Wespe ihre Blüte erkennt.

Indes bilden Aromen, die nur einem einzigen Bestäuber dargeboten werden, die Ausnahme. Die Dutzende, manchmal Hunderte von Volatilen im Aroma einer Blume locken zumeist eine Vielzahl von Bestäubern an. Blumen, die von Fledermäusen bestäubt werden, wie etwa die Kakteen in den Wüsten Nordamerikas oder einige Bäume in den tropischen Regenwäldern, haben oft einen schwefelartigen, fruchtigen Geruch. Außerdem besitzen sie oft auch reflektierende Kelche, von denen die echoortenden Schallwellen der Fledermäuse zurückprallen – das akustische Gegenstück zur farbenfroh strahlenden Blüte. Von Vögeln bestäubte Blumen haben dagegen keinen oder kaum Duft, sondern nutzen optische Signale, wie auffällig rote Blütenblätter. Fliegenbestäubte Blumen wie der Weißdorn haben sauer nach Schweiß riechende, Stickstoff enthaltende Moleküle, denen noch einige süßere Noten beigemengt sind. Einige wenige Blumen wie der Feuerkolben locken Fliegen und Käfer mit Ammoniak- und Schwefelverbindungen an, die Aas oder Kot imitieren. Motten und Schmetterlinge werden besonders von Volatilen angezogen, die Benzoide genannt werden. Viele davon riechen für unsere Begriffe extrem süß. Auch Bienen und Wespen mögen den Geruch, ebenso wie Terpenoide, eine andere Gruppe von Volatilen, zu denen Aromen wie Eukalyptus, Menthol, Nelke und Zitrone gehören.

Innerhalb dieser großen Gruppe kredenzen die Blüten verschiedener Pflanzenarten oft ganz spezielle Duftmischungen, vor allem wenn sie nah miteinander verwandt sind – was wiederum im Gegensatz zu den chemischen Gesprächen innerhalb der Zellen steht, wo die vorhandenen Chemikalien artenübergreifend ähnlich oder gar identisch sind. Rosen, Feigen und Orchideen verwenden allesamt fast dieselben Moleküle, um neue DNA herzustellen, Sonnenlicht einzufangen und das Wachstum in den neuen Zellen zu koordinieren. Aber um mit ihren Bestäubern zu kommunizieren, verwendet jede Blume andere flüchtige Verbindungen und unterschiedliche Duftmischungen. Diese Vielfalt aromatischen Ausdrucks entsteht durch die Vielfalt der ökologischen Beziehungen.

In Spanien stellt die wilde Narzisse über 80 verschiedene Duftmoleküle her. Einige davon, etwa das zitronige Limonen oder das erdige Myrcen, produzieren alle Arten. Aber die meisten Moleküle sind spezifisch, gehören also speziell zu nur einer Art. Und ohnehin hat jede Art ihre ureigene Molekülmischung. Dennoch lässt sich in dieser Vielfalt ein Muster erkennen: Die Aromen der Arten, deren Hauptbestäuber Motten und Schmetterlinge sind – wie etwa die Weihnachts-Narzisse, *Narcissus assoanus* oder *Narcissus serotinus* –, sind von Indol, einem moschusartigen, fast kotähnlichen Geruch, und anderen Chemikalien mit laubartigem, würzigem Aroma dominiert. Die Arten, die hauptsächlich von Bienen und Fliegen bestäubt werden – die Reifrock-Narzisse, die Engelstränen-Narzisse und die stark gefährdete *Narcissus bujei* –, haben zumeist fruchtig-süße Aromaprofile.

Die große Bandbreite floraler Aromen wird von Genen gefertigt, die Moleküle zerschneiden und wieder aneinanderkleben. Diese Gene stammen ihrerseits von Genen ab, die die Nahrung und Abfälle in den Pflanzenzellen zerhacken und verräumen. Diese Alltagsgene machten von sich selbst mittels Genduplikation Kopien, die sich dann zu Aromaherstellern weiterentwickelten. Die Duplikate ersannen eine Sprache der Düfte, die aus den Zellen steigen und an die benachbarten Pflanzen und Tiere andocken. Inzwischen umfasst diese Sprache Tausende aromatischer »Wörter«, die jeweils eine ganz bestimmte Bedeutung haben.

Wenn ich den Duft der Rosen im Garten von Grasse rieche, inhaliere ich zum Beispiel 400 verschiedene Volatile. Der Geruch mit dem einen und einzigen Namen »Rose« ist in Wahrheit ein fröhlicher Verbund von Molekülen. Eines der wichtigsten Rosenaromen ist Geraniol, ein volatiles Öl (auch ätherisches Öl genannt). In den Blütenblättern der Rosen wird das Geraniol von einer Variante eines Haushaltsgens hergestellt, das in fast allen Lebewesen zu finden ist. Dieses Gen hat sich im Vorfahren der wilden Rosen, Erdbeeren und Fingerkräuter, einer Gruppe mit über 800 Arten, viele Male dupliziert. Nachdem sich die Vorfahren der Rosen von den anderen Arten abgespalten hatten, folgten weitere Duplikationen, sodass sich Kopien des Gens auf vielen Chromosomen verbreiteten. Bei einer dieser Duplikationen kam ein weiteres DNA-Stück hinzu, das heute in den Blütenblättern der Rosen als An-Aus-Schalter für das Geraniol fungiert. Die meisten Genduplikate besitzen jene Rosensorten, die unsere Nase heute in die größte Verzückung versetzen.

Die glückselige Erfahrung des Dufts einer wohlriechenden Rose ist das Ergebnis genetischen Überschwangs. Die Vorfahren der Rose betrieben erst exzessiven Gebrauch des Genkopierers und ließen dann den Schwarm der Kopien für die Herstellung ätherischer Öle arbeiten.

Die Blumen bildeten Aromen heraus, um mit ihren Bestäubern sprechen zu können. Aber auch ihre Feinde können sie riechen. Pflanzenfresser, die gern Blütenblätter, Pollen, Fruchtknoten oder Pflanzensaft mögen, können ihrer Duftspur folgen, um an Nahrung zu gelangen. Damit stecken die Blumen in einer Klemme. Ein zu starker Duft lockt die falschen Gäste an. Ist er zu schwach, bemerken ihn die richtigen Bestäuber nicht.

In Laborexperimenten konnte man zeigen, wie heikel diese Balance sein kann und wie flexibel die Blumen darauf reagieren können. Wenn Ackersenfpflanzen im Labor von Hummeln bestäubt werden, ohne dass zugleich Pflanzenfresser an ihnen schnüffeln, bilden sie duftende Blüten heraus, die besonders anziehend auf Hummeln wirken. In nur sechs Generationen entwickelt sich der Senf dann in eine Sexfalle für Hummeln. Gibt man jedoch Raupen hinzu, treten die Blumen auf die Evolutionsbremse und entwickeln sittsame Blüten. Denn wenn Pflanzen von Raupen angefressen werden, müssen sie in chemische Abwehrmechanismen investieren, was ihnen Ressourcen nimmt. Dann sind sie irgendwann zu erschöpft, um noch sexy zu sein. Von Raupen geplagte Blüten betreiben häufiger Selbstbestäubung. Und um die Eigenliebe zu erleichtern, rücken die männlichen und weiblichen Teile in der Blüte näher zusammen und schmiegen sich aneinander.

Die hungrige Raupe treibt der Blume also ihren Sex-Appeal aus. Das ist auch außerhalb des Labors so. In einem Experiment mit wildem Ackersenf wurden Pestizide eingesetzt, die Raupen und Schnecken vernichteten, Hummeln dagegen verschonten. Daraufhin dauerte es nur vier Generationen, bis die Pflanzen wieder duftendere Blüten ausbildeten. Im Westen der USA gibt es den nachtblühenden wilden Tabak *Nicotiana attenuata*, der seine Blüte daran anpasst, wie viele Schwärmerraupen an seinen Blättern knabbern. Die Schwärmer sind der bevorzugte Bestäuber des Tabaks, doch wenn die Raupen zu viele Eier auf ihm ablegen, schlägt die nützliche Beziehung um, weil zu viele Blätter vernichtet werden. Normalerweise blüht der Tabak nachts und hat herrlich duftende Blüten. Wenn ihn nun aber zu viele Raupen plagen, schalten die Blüten den Duft ab und verlegen sich darauf, tagsüber zu blühen, wodurch der schwärmerische Besuch abnimmt. Glücklicherweise retten ihn die tagaktiven Kolibris zumindest halbwegs aus der Flaute. Bei vielen Blumen ist der Duft ein Kompromiss zwischen Sex und Sicherheit. Jede Pflanze findet ihre eigene Balance, wie sie Bestäuber anlocken und sich vor Fressfeinden schützen kann.

Manchmal gehört auch der Blütenduft zu der chemischen Sprache, mit der die Pflanzen zu den Tieren sprechen, was für sie nicht selten von Vorteil ist. Wenn eine Honigbiene zu ihrem Bienenstock zurückkehrt, rekrutiert sie auch mithilfe des ihren Körper umwebenden Blütendufts weitere Sammelbienen. Die mit Nektar oder Pollen beladene Rückkehrerin teilt ihren Erfolg den anderen Bienen in ihrer stockdunklen Unterkunft per Tanz und Duft mit. Anhand ihres Schwänzeltanzes auf der Wabe erklärt sie den anderen Bienen, wie weit und in welche Richtung sie fliegen müssen. Unterdessen drängeln sich ihre Nestgenossinnen um sie herum und kriegen Wind vom Blumenduft. Wenn dann die neu rekrutierten Sammelbienen aus dem Stock fliegen und nach den Blumen suchen, erinnern sie sich an das Aroma. Die Tanzrichtung beim Schwänzeltanz zeigt ihnen das ungefähre Gebiet an, in das sie fliegen müssen, während der letzte Teil des Tanzes oftmals auf Düften basiert, die die Bienen zu bestimmten Blumen im Dickicht der Vegetation führen sollen. Dort angekommen, helfen ihnen bisweilen Duftmarken, die die erste Sammelbiene hinterlassen hat, kleine aromatische Fußabdrücke auf der Blüte. Die Duftmarken heben oder senken gleichsam den Daumen, ob sich die Blüte noch lohnt oder schon ausgesaugt ist.

Besonders große Mengen ihres unverkennbaren Parfüms schenken die Pflanzen aus, wenn ihre Blüten ihren höchsten Reifegrad erreicht haben, wodurch sie es sozialen Insekten erleichtern, Nestgenossen zu rekrutieren. Im Bienenstock wird die Pflanzensprache zur Bienensprache. Schwester, wo hast du das Parfüm her? Das will ich auch haben … ah!, da sind ja die Blüten.

In Süd- und Mittelamerika gehen manche Bienen sogar noch weiter und verwenden Blumenduft als Liebessprache. Wir Menschen sind also nicht die einzige Art, die sich parfümiert, um unser Gegenüber zu betören. Männliche Bienen umwerben Weibchen mit Düften, die sie von den Blumen gesammelt haben. Sie landen auf den Blütenblättern oder anderen duftenden Pflanzenteilen und tupfen darauf Öltröpfchen, die den Duft aufnehmen. Mit den Bürsten an ihren Vorderbeinen fegen die Bienen das Duftöl zu den Hinterbeinen, wo sie es mit Kämmen in behaarte Furchen und Beutel drücken. Anscheinend haben also nicht die Parfümeure in Grasse die Enfleurage erfunden – sondern die Bienen. Eigentlich wenig überraschend. Denn Bienen fressen ausschließlich Pollen und Nektar und sind damit buchstäblich ein Erzeugnis der Blumen. Dass bei einigen von ihnen der Körperbau darauf ausgelegt ist, Düfte zu sammeln, erscheint da nur folgerichtig.

Die große Zahl duftbesessener Bienen hatte auch Auswirkungen auf die Evolution der Pflanzen. Heute werden etwa 600 Orchideenarten von den Parfümeursbienen bestäubt. Jede Blüte klebt ihre Pollensäcke an einen anderen Körperteil der Biene, sodass diese die richtigen Blüten geliefert bekommt, selbst wenn sie mehrere verschiedene Blumenarten besucht. Die Pflanzen, die heute von Parfümeursbienen bestäubt werden, sind frühestens zehn Millionen Jahre nach den Bienen entstanden. Insofern ist die Beziehung zwischen ihnen – obwohl die Bienen und Blumen voneinander abhängig sind – wohl doch keine so enge wie etwa bei den Feigen, die von einer einzigen Art der Feigenwespe bestäubt werden.

Wie Parfümmarken, die sich von ihren Wettbewerbern abzusetzen versuchen, bieten die verschiedenen Blütenpflanzenarten ihre jeweils eigene Aromamischung mit einem genau erkennbaren Profil an. Bei den von den Parfümeursbienen bestäubten Orchideen greifen zum Beispiel alle Blüten auf dieselbe Liste an Inhaltsstoffen zurück, die knapp 200 Aromamoleküle umfasst. Jede Blüte nimmt sich einen bis sechs dieser Stoffe, die die dominante »Note« in ihrem Parfüm darstellen, um sie in verschiedenen Kombinationen und Konzentrationen zu mischen. Wo viele Orchideen in einem Areal wachsen, sind die aromatischen Signaturen offenbar besonders ausgeprägt. Für die Bienen hat jede Art ihren eigenen Geschmack, sodass die Weibchen verlässlich Männchen finden und beurteilen können. Wie bei den Pflanzen scheinen also auch bei Bienen, die in dichten Schwärmen ausfliegen, die aromatischen Vorlieben sehr stark individuell geprägt zu sein.

Eine wählerische Liebessprache kann eine rasche Evolution zur Folge haben. Wenn die Vorliebe der Biene und der Duft der Blume genau aufeinander abgestimmt sind, kann eine Art besonders leicht Unterarten entwickeln. Zum Beispiel hat eine Veränderung in einem einzelnen Duft-Rezeptorgen in den neongrünen Prachtbienen der Gattung *Euglossa* im Süden Mexikos und Mittelamerikas zur Aufspaltung einer Art geführt. Die mutierte Genvariante ist auf andere Aromen als das ursprüngliche Gen eingestellt, sodass sich Bienen, die die neue Art anfliegen, nur untereinander paaren. Bei diesen Bienen führte also eine kleine Veränderung in ihren Duftvorlieben zur Herausbildung einer neuen Art.

Der Geruchssinn ist der penetranteste Sinn von allen. Wenn die Antenne einer Biene vor Blütenduft kribbelt oder ich an einer Blüte schnuppere, binden sich flüchtige Moleküle, die sich noch kurz zuvor in den Zellen des Blütenblatts befanden, an unsere Geruchsrezeptoren. Im Gegensatz zum Gehör- oder Sehsinn, die auf ordentliche, gesittete Weise über einen Kanal aus Klang- oder Lichtwellen angeregt werden, haben Gerüche eine unmittelbare körperliche Wirkung. Durch diese intime Berührung kommen unsere Sinne körperlich in Kontakt mit den Pflanzengenen und ihrer Evolution. Eine Pflanze zu riechen heißt, die kreative Wirkmacht der Evolution einzuatmen.

*****

Es ist bis heute ein großes Rätsel, warum wir Menschen am Duft von Blumen ein solches Wohlgefallen finden. Wir sind ja keine Bestäuber wie die Bienen. Warum hat uns dann die Evolution Geruchsrezeptoren gegeben, mit denen wir Blütendüfte erkennen können? Warum ist unser Gehirn so verdrahtet, dass wir viele dieser Chemikalien betörend finden? Im Gegensatz zu anderen angenehmen Gerüchen – gutes Essen, der Geruch unserer Sexualpartner oder Kinder – haben Blütenaromen offenbar keine direkte Auswirkung auf unser Überleben oder unsere Fortpflanzung. Trotzdem setzen wir uns duftende Blumen in den Garten oder stellen sie uns ins Haus, kultivieren Blumendüfte, füllen sie in Flaschen und sprühen sie uns auf den Körper. Seltsamerweise wissen wir mehr über die Biochemie der Blumen als über den Grund für unsere Begeisterung für wohlriechende Blumen.

Umgekehrt riechen für uns aber auch nicht alle Blumenaromen angenehm. Blumen wie die Titanwurz und andere Aronstabgewächse, die Aas oder Kot imitieren, ekeln uns an, während viele Fliegen und Käfer den Geruch unwiderstehlich finden. Andere Blumen wie die Orchideen, die den Bienenmännchen Liebesparfüms offerieren, riechen für unsere Nase stechend und muffig wie in Motoröl getränkte Mottenkugeln, denen manchmal noch ein Schuss Zitrusfrucht oder buttrige Vanille beigefügt wurde. Nicht gerade ein Aroma, das ein menschlicher Parfümeur auslesen würde. Die Blumen im Garten von Grasse und in den Parfümflaschen rund um die Welt stellen nur eine kleine Auswahl der weltweiten Vielfalt an Blütenaromen dar. Was macht diese wenigen Aromen nun so attraktiv?

Unsere verschiedenen Kulturen können uns einiges über die Bedeutung von Gerüchen lehren. Kinder lernen durch jahrelange Beobachtung der Erwachsenen, welche Bedeutung und Wertigkeit Düfte und Aromen haben. Wer in Südostasien aufgewachsen ist, mag wahrscheinlich den Geruch von Durian gern, während viele andere Menschen das schwefelartige Aroma widerlich finden (weshalb es wohl kein Zufall ist, dass sie auch »Stinkfrucht« genannt wird). Käse und andere fermentierte Nahrungsmittel munden dem, der sie von Kindheit an kennt, aber wer den beißenden Geruch von durch Bakterien oder Pilze gereifter Milch oder Kohl nicht kennt, wird ihn vermutlich abstoßend finden. Ähnliche kulturelle Einflüsse haben Auswirkungen darauf, wie wir auf Blumendüfte reagieren. Jasmin und Veilchen wurden in den islamischen Kulturen des Mittelalters als typisch männliche Düfte angesehen, und im Iran war Jasmin der Duft der Herrscher, während Männer im heutigen Nordeuropa Jasmin meist als zu feminin ablehnen. Rosen gelten in den meisten europäischen Parfüms als feminin, im Mittleren Osten dagegen als feminin *und* maskulin. Dort wurde Rosenwasser mindestens seit der Zeit der Assyrer vor über 3000 Jahren benutzt. Die moschus- oder gar kotartigen Aromen in manchen europäischen Parfüms gelten in Japan als geschmacklos, da dort die meisten Parfüms blumig riechen. Schon im Mutterleib lernen wir, Aromen mit Wonne zu assoziieren. Im Blut unserer Mutter sind Aromamoleküle von Gemüse wie Möhren oder Gewürzen wie Anis gelöst und strömen durch die Plazenta zum Fötus. Wenn wir auf die Welt kommen, erinnern wir uns daran, welche pflanzlichen Volatile uns im Mutterleib Genuss brachten. Aber ob wir auch schon vor der Geburt die Aromen der Blumen und blumige Parfüms kennenlernen, wissen wir noch nicht. Wenn Ihre Mutter in der Schwangerschaft ein Rosenparfüm benutzt hat, erinnert sich dann womöglich Ihr Unterbewusstsein daran, und ist das der Grund, weshalb Sie eine besondere Vorliebe für Rosen entwickelt haben?

Auch die Bedeutung von Aromen verändert sich in den Kulturen im Laufe der Zeit. Als Ernest Beaux mit Jasmin aus Grasse Chanel N°5 kreierte, wurde das Parfüm bei den jungen Modeaficionados der 1920er-Jahre sogleich zum Hit. Später galt es dann jedoch als »Parfüm für alte Damen«. Heute hat sich sein Ruf erneut gewandelt, und es gilt mittlerweile als »Klassiker«. Permanenter Wandel ist das Wesen der Mode. Wer trägt und benutzt, was gerade en vogue ist, markiert damit seine gesellschaftliche Stellung, seinen Sinn für Ästhetik und seinen Wohlstand.

Parfüm ist für die Modewelt das ideale Vehikel: milliardenfache Kombinationen von Volatilen – eine endlos abwandelbare Palette – und Zutaten, die nicht immer, aber oftmals teuer sind, was eine weit gefächerte Preispalette von erschwinglich bis bodenlos ermöglicht. Das ist allerdings alles nichts Neues. Schon im 1. Jahrhundert u. Z. berichtete der römische Schriftsteller Plinius von Dutzenden Veränderungen in den Moden der Aromen: »Lange Zeit genoss der Duft der Iris aus Korinth die höchste Wertschätzung, bis der von Kyzikos in Gebrauch kam … und danach der Duft des Wasserfenchels, aus Zypern … und dann der aus Ägypten bevorzugt wurde … der dann durch die Salbe aus Majoran ersetzt wurde, aus Kos, die wiederum durch die Quittenblüte ersetzt wurde.« 2000 Jahre später liest sich das Dokument wie der Bericht eines Modereporters von heute, der jede neue Kreation der Parfümhäuser im gesamten Mittelmeerraum kennt. Zu Plinius' Zeiten waren manche Parfüms so günstig, dass sie in Militärlagern verwendet wurden, während andere derart überirdische Preise aufriefen, dass sie nur der »verschwenderischen Erfüllung« dienten, als ein Vergnügen, das im Gegensatz zu Juwelen und schönen Kleidern »in der Stunde, in der sie benutzt werden, verschwindet«.

Nun ist unsere Vorliebe für Blumendüfte nicht ausschließlich kulturell vermittelt. Auf der ganzen Welt erfreuen sich Menschen am Geruch von Blumen. Aber jenseits des ewigen Wandels der Kulturen und Moden stellt sich noch eine andere Frage: Was könnte die biologische Ursache für diese Leidenschaft sein?

Wir riechen mithilfe von Rezeptoren, die tief in der Nasenhöhle sitzen, gleich unter den Augäpfeln. Dort lösen sich die Aromamoleküle aus der Luft auf und bilden eine dünne Schleimschicht, in der Trägermoleküle die Aromen zu den Sinnesnerven befördern. Diese Nerven britzeln vor Proteinen, die sich verschiedener Aromamoleküle annehmen. Dabei erkennt jeder Nerv nur einen Proteintyp. Die Nerven wiederum führen von der Nasenhöhle direkt zu einem Verarbeitungszentrum im Gehirn. Wir besitzen ungefähr 400 verschiedene Rezeptortypen, mehr als doppelt so viel wie eine Honigbiene (und sehr viel mehr als die mickrigen drei Farbrezeptoren in unseren Augen). Unser Gehirn kombiniert die verschiedenen eintreffenden Reize und übersetzt sie in das von uns bewusst erlebte Aroma. Das ist der Grund, weshalb wir so vielfältige Gerüche wahrnehmen können.

Jedoch unterscheiden wir Menschen uns in der Sensibilität unserer Aromarezeptoren, weshalb das Geruchserleben immer eine ganz persönliche Note hat. Wie viele verschiedene Aromen eine durchschnittliche Menschennase wahrnehmen kann, ist umstritten. Manchen Studien zufolge können Menschen theoretisch bis zu einer Billion Aromen unterscheiden, andere sprechen von etwa 10.000 Aromen. Die große Diskrepanz ergibt sich aus der Frage, inwieweit sich diese Zahlen aus den Ergebnissen einer kleinen Zahl von Experimenten unter Laborbedingungen hochrechnen lassen. Unterdessen erklären alle aktuellen Studien die im 19. Jahrhundert grassierende Vorstellung, Menschen besäßen einen schlechten Geruchssinn, zum Mythos. Die meisten von uns haben bis zu 20 Millionen Nerven in der Nase, die auf Aromen ansprechen. Theoretisch können wir Spuren fast aller volatilen Moleküle erschnüffeln. Wie bei allen Sinnen gibt es allerdings eine große Bandbreite zwischen den verschiedenen Individuen, teils aufgrund genetischer Launen, teils aufgrund von Schädigungen oder der Abnutzung von Nerven.

Dass viele von uns so stark auf den Duft von Pflanzen reagieren, hat zumindest auch mit der Notwendigkeit zu tun, Nahrung zu finden, was vielleicht erst einmal abwegig klingt. Natürlich haben wir gelegentlich gern ein paar Kapuzinerkresseblüten im Salat, aber wir sind ja keine Tiere, die sich von Blumen ernähren. Tief in unserem Nervensystem hören wir jedoch unsere Vorfahren flüstern. Für sie konnte ein Blumenduft ein Signal für eine Nahrungsquelle sein. Bevor unsere Vorfahren zu Grasaffen wurden, lebten sie etwa 50 Millionen Jahre lang als Primaten auf Bäumen, wo ihnen der Geruch der Blüten und Blätter als überlebenswichtiger Wegweiser diente.

Für diejenigen Primaten, die bis heute im Wald leben, sind die Blumen eine wichtige jahreszeitliche Nahrungsquelle, und mit Ausnahme der insektenfressenden Koboldmakis mampfen Primaten aller Familien Blumen. Die Weißschulter-Kapuzineraffen in Costa Rica fressen über ein Dutzend verschiedene Blumen und schlagen sich den Bauch voll, wenn ihre Lieblingsblumen wie die nachtblühenden Malven Saison haben. In den afrikanischen und amerikanischen Tropenwäldern verspeisen viele Affenarten die saftigen roten Blüten der *Symphonia globulifera*. Die Blüten stellen ihre Bestäubung sicher, indem sie die Vögel, die sie besuchen, mit ihrem in Öl eingelegten Pollen einölen, weshalb ihre Staubbeutel auch den Affen eine reichhaltige Mahlzeit bieten. Schimpansen und Bonobos, unsere engsten Verwandten, verzehren ebenfalls gelegentlich Blumen. Auch wenn sie hautpsächlich Früchte und Blätter fressen, können Blüten bis zu zwei Prozent ihrer Ernährung ausmachen. Sie fressen Blumen selbst dann, wenn es überreichlich Früchte gibt, was darauf hindeutet, dass sie offenbar bewusst nach blumigen Snacks Ausschau halten. Wir Menschen haben die Lust an Blumen weitgehend verloren, besitzen aber immer noch die meisten Geruchsrezeptoren, die unsere Vorfahren zu ihrem Ziel lotsten. Unsere Leidenschaft für blumige Parfüms ist also zumindest teilweise ein gastronomischer Atavismus.

Der Duft der Blumen führt uns auch zu verheißungsvollen Landschaften. Viele aromatische Verbindungen in Blumen sind dieselben wie in Blättern oder Früchten, nur dass sie in der Blüte in konzentrierter Form vorliegen. Linalool hat einen würzigen, leicht zitronenartigen Geruch und findet sich im Aroma vieler Blüten. Aber auch in vielen Blättern ist es reichlich vorhanden. Methyljasmonat ist unabdingbar für das innere Kommunikationsnetzwerk vieler Pflanzen und ein zugleich häufig vorkommendes Volatil in Blumen, das nach Jasmin riecht. Vielleicht ergötzen sich die Lustzentren in unseren Nerven und unserem Gehirn an der botanischen Sprache, weil eine belaubte Gegend ein gutes Habitat für Menschen ist. Eine Wald- oder Wiesenlandschaft mit üppig wachsenden Pflanzen kann uns vermutlich eher ernähren als eine Wüste oder ein Sumpf. Düfte führen uns dorthin, wo wir heimisch sind.

Blumen geben auf relativ engem Raum große Stöße pflanzlicher Volatile ab. Das ist das Bezaubernde an ihnen. Sie erschaffen eine Illusion botanischer Fülle. Wenn ich an einer Blume rieche, atme ich mit einem Atemzug Dutzende, manchmal Hunderte aromatischer Pflanzenmoleküle ein, was wie ein Scherwind ist, der eine Verbindung zwischen mir und der Pflanze herstellt. Ein Parfüm steigert noch die Intensität, indem es das Aroma unzähliger Blüten in einem einzigen Tropfen verdichtet. Dann baden wir nicht nur im Pflanzenduft, sondern tauchen tief in ihn ein.

Vielleicht ist es kein reiner Zufall, dass in urbanisierten und industrialisierten Kulturen Parfüm besonders beliebt ist. Weltweit verwenden Menschen duftende Pflanzen, um sich zu parfümieren, aber in den Städten blüht der Parfümverkauf erst so richtig auf. Während uns der alltägliche Umgang mit den Pflanzen verloren geht, dürstet es uns danach, eine neue Verbindung zu ihnen zu schaffen. Wer nur einmal in die Parfümabteilung eines Warenhauses geht, ist sogleich vom Duft Hunderter Pflanzen umgeben. Insofern ist Parfüm vielleicht ein Gegengift zu unserer ökologischen Einsamkeit. Wir tupfen und spritzen uns Erinnerungen an Wald und Wiese auf unseren Körper und hüllen uns in die Umarmung unserer grünen Verwandten. Auch in dieser Hinsicht schaffen Parfüms eine Illusion, den Duft gesunder Blüten und Pflanzen an einem Ort, an dem es nahezu keine mehr gibt. Oder um es vielleicht etwas optimistischer zu formulieren: Parfüms erinnern uns daran, dass wir trotz all unserer technischen Raffinessen nach wie vor eine Art sind, die erst in der Gemeinschaft mit den Pflanzen erblüht.

Eine süß riechende Rose ist auch eine wehrhafte Rose. Pflanzenvolatile locken nicht nur Bestäuber an, sondern stoßen auch nektarstehlende Ameisen ab, bremsen krankheitserregende Pilze und schwächen Angriffe durch Bakterien ab. Auch für uns Menschen können diese flüchtigen Pflanzenstoffe heilsam sein. Oder sie verzögern, wenn jemand gestorben ist, den Zerfall durch antimikrobielle Effekte und überdecken den Verwesungsgeruch. Die Insekten und Bakterien abstoßenden Eigenschaften der Blumendüfte waren ein Grund dafür, warum wir sie in unser Leben und manchmal auch ins Jenseits holten.

Vor etwa 13.000 Jahren legten in einer Höhle eines Berges in Israel, der heute Karmel genannt wird, die Trauernden Blumen und Blätter in die Gräber, die sie in den Kalkstein gehauen und dann mit feuchtem Lehm verputzt hatten. Tausende Jahre später fanden Wissenschaftler die Grabstätte. Sie identifizierten die Pflanzen anhand der Eindrücke im Lehm und in den Phytolithen, mikroskopisch kleinen Silikatstücken in den Blättern. Besonders häufig fanden sie Pflanzen aus der Familie der Minze und der Braunwurz, Arten mit aromatischen Blüten und Blättern und farbenfrohen Blumensträußen. Im Leben verbinden die Blumen den Himmel mit der Unterwelt. Ihre Blüten greifen hinauf in die Lüfte, ihre Wurzeln graben sich in den Boden. Kann man den Übergang zum Tod und das Begräbnis am Ende eines Lebens würdiger darstellen als mit diesen Vermittlerinnen zwischen den Welten?

Besonders deutliche Spuren in den Gräbern hinterließ der Salbei, vor allem der jüdische und der griechische: kantige Stängel und puzzleartige Phytolithen. Der griechische Salbei wird sowohl in der Küche als auch in der Medizin verwendet. Den jüdischen Salbei kannte ich dagegen bislang noch nicht, weshalb ich einige Samen kaufte und in dem Beet aussäte, das Katie und ich im Gemeinschaftsgarten in der Nähe unseres Hauses in Atlanta bewirtschaften. In der ersten Vegetationsperiode kamen nur grüne Stiele. Im nächsten Jahr bildeten die Pflanzen leicht flaumige Blätter und Stängel aus, auf denen nickende Büschel violetter Blüten saßen. Die Pflanzen wuchsen üppig und wurden hüfthoch. Ich kann mir gut vorstellen, wie sich die antiken Völker vorstellten, darauf ihre Toten zu betten. Wenn man die Pflanze in Bündeln auf dem Boden auslegt, ist sie federnd weich, zudem hat sie ein sehr viel milderes Aroma als der Salbei, den wir zum Kochen verwenden.

Die Salbeipflanzen in den Gräbern im Karmel sind der erste Beleg für die Verwendung farbenfroher, wohlriechender Blumen als »Grabbett«, die mit dem Toten zusammen beerdigt wurden. Diese Gräber gehörten auch zu den ersten, die eine Art Friedhof bildeten, eine speziell zu diesem Zweck ausgewählte Stelle, an der über mehrere Jahrhunderte die Toten begraben wurden. Offenbar sind Blumen und andere aromatische Pflanzen – zumindest im Nahen Osten – Teil der Bestattungsrechte, seitdem Menschen ihre Toten an langfristig dazu angelegten Stätten beerdigen.

Auf die Idee, Gräber mit duftenden Blumen auszukleiden, kamen die ersten Menschen möglicherweise, weil sie selbst auf Pflanzenmatten schliefen. Am Felsüberhang von Sibudu in Südafrika fand man die Überreste von 77.000 Jahre alten Grasmatratzen, die mit den Blättern des *Cryptocarya woodii* bedeckt waren, eines strauchartigen Baums, dessen Geruch Insekten abstößt. Aber nicht nur Menschen verwenden geruchverströmende Pflanzen, um Insekten von ihren Betten fernzuhalten. Auch Schimpansen und andere Affen machen Gebrauch von aromatischen Pflanzen, wenn sie sich ihre nächtlichen Schlafstätten errichten. Vögel stecken sich stark riechende Kräuter in ihre Nester, heute übrigens auch gern mit Tabakresten bewehrte Zigarettenstummel.

Das Einhüllen der Toten und der Schutz schlafender Menschen sind heilkundliche Verfahren. Oft verdankt sich die Wirkung einer pflanzlichen Arznei unmittelbar den flüchtigen Verbindungen in ihrem Gewebe. Die Chemikalien töten Krankheitserreger und fördern die Heilung. Nicht-menschliche Tiere behandeln sich selbst mit beißend riechenden Blättern, und in ausnahmslos allen menschlichen Kulturen findet sich Wissen darüber, wie man Krankheiten mithilfe von Pflanzen heilen kann. 49.000 Jahre alte chemische Rückstände auf den Zähnen von Neandertalern zeigen, dass sie Schafgarbe und Kamille kauten, vermutlich wegen der heilenden Wirkung. Bevor die moderne Medizin aufkam, stöberten unsere Vorfahren Arzneien mit der Nase auf und beurteilten sie, indem sie daran schnüffelten. Dasselbe machen wir heute, wenn wir an unserem Tee riechen. Der Tee mit dem schönsten Aroma besitzt die vorteilhaftesten Moleküle. Unser Geruchssinn leitet uns und viele nicht-menschliche Tiere, die sich selbst behandeln, zur richtigen Pflanze und Dosierung. Auf dieser biologischen Grundlage nutzten viele Kulturen rund um die Welt duftende Pflanzen als Medizin und bei Begräbnisritualen. Und diese kulturellen Praktiken waren auch die Grundlage der heutigen Parfümherstellung.

Im alten Ägypten wurden Duftpflanzen zunächst zum Räuchern benutzt und um wohlriechende Öle, Teer, Fette und Wachs zum Einbalsamieren herzustellen. Zumeist wurde dazu Baumharz verwendet. Später wurden die Verfahren, die sich die Menschen bei der Zubereitung von Aromen für Begräbnisse angeeignet hatten, zur Gewinnung von Blütendüften für Salben, Öle und wässrige Extrakte angewandt. Die Entwicklung von Parfüms in China und Südasien verlief ganz ähnlich: Zunächst wurden stark riechende Pflanzen als Arzneien und in religiösen Zusammenhängen verwendet, später dann wurden aromatische Öle und Wässer für säkulare Zwecke entwickelt, für die auch Blütendüfte verwendet wurden.

Auf einem in Stein gemeißelten Relief aus dem 1. Jahrtausend v. u. Z. sind Ägypter dargestellt, die Lilien pressen, um daraus Parfüm herzustellen. Assyrische Tontafeln aus etwa derselben Zeit zeigen die medizinische Verwendung von Rosenwasser und die Arbeit in den königlichen Parfümerien, in denen professionelle Parfümeure, oftmals Frauen, tätig waren. Um 330 v. u. Z. hatte Dareios III., der König von Persien, 14 Parfümeure und 46 Kunsthandwerker, die für ihn Blumengirlanden herstellten. Die alten Griechen und Römer parfümierten nicht nur ihren Körper, sondern auch Wein, Kleidung, Tempel und Wohnhäuser. Für sie war das Parfümieren keine reine Privatangelegenheit, sondern ein freudvolles gemeinsames Erlebnis. Xenophanes schrieb im 5. Jahrhundert v. u. Z. über ein griechisches Festmahl: »Auf seiner Stirn trägt jeder Gast / Eine geblümte Krone; und aus schlanker Vase / Schenkt ein Jüngling einem jeden / Ein süßes, kostspieliges Parfüm … / Mit Duft von Blumen und von frisch gemachtem Honig«. It's Party Time? Dann her mit den Blütendüften!

Wenn wir uns parfümieren, denken wir für gewöhnlich nicht an Medizin oder Todesriten, sondern streben im Gegenteil nach Gesundheit und Lebenskraft. Beides sind allerdings zwei Seiten einer Medaille. Parfüms überdecken nicht nur unangenehme Körpergerüche, sie reinigen buchstäblich die Haut. Rosen- und Jasminöl töten Kolibakterien, unter anderem auch Stämme, die antibiotikaresistent sind. Seit alten Zeiten gehen medizinische Behandlung und Geruchsverbesserungen Hand in Hand. Das medizinische Lehrbuch *De materia medica* des Römers Dioskurides aus dem 1. Jahrhundert u. Z. beginnt mit einer ausführlichen Anleitung, wie man aus Dutzenden Pflanzen Duftöle herstellen kann, etwa aus den Blüten von Jasmin, Rose, Lilie, Narzisse oder Henna. Als in London im 17. Jahrhundert die Pest ausbrach, schossen die Preise für Blumen, Blumengirlanden und Kräuter in die Höhe, da man glaubte, ihre Aromen könnten die Menschen vor der Krankheit schützen. Das Wort *Parfüm* trägt noch die Erinnerung an die medizinische Wirkung von Aromen in seiner Etymologie, es kommt vom Lateinischen *per fumar*, »durch den Rauch kommen«. Erst im 16. Jahrhundert verlor das Wort seine rauchigen Wurzeln, um ein durch Blüten und andere Aromastoffe wohlriechendes Kosmetikprodukt zu bezeichnen.

Wir parfümieren unsere Haut, aber die Wirkung der Pflanzenaromen reicht sehr viel tiefer. Sie werden nämlich buchstäblich ein Teil von uns. Aromatische Moleküle binden nicht nur an Rezeptoren in unserer Nase, die wiederum Signale an unser Gehirn senden, sondern lösen sich auch in unserem Blut auf. Dadurch können einige von ihnen die Blut-Hirn-Schranke überwinden und in das zentrale Nervensystem eindringen. Kein Wunder, dass unser Blutdruck sinkt, unsere Pupillen sich weiten, unser Körper sich entspannt, die Wahrnehmung auflebt und die Erinnerungen klarer werden, wenn wir an einer Blume riechen.

Wie die Parfümeursbienen verwenden wir Pflanzenaromen, um die chemische Sprache unserer eigenen Art zu verändern. Der menschliche Körper stellt über tausend verschiedene volatile Aromamoleküle her. Der Geruch unserer Haut sagt etwas über unseren gesundheitlichen und emotionalen Zustand, unser Geschlecht und unsere Persönlichkeit aus. Meist sind wir uns dessen nicht bewusst, aber diese Duftstoffe haben Einfluss darauf, wie wir uns fühlen und handeln. Wenn wir den Körpergeruch einer Person wahrnehmen, die gerade Angst hat, spannen wir uns an und treffen riskantere Entscheidungen. Anziehend wirkt auf uns der Geruch anderer Familienmitglieder sowie, wenn wir nach Sexualpartnern Ausschau halten, der Geruch von Fremden, die genetisch gut zu uns passen. Allein am Körpergeruch können wir ziemlich genau erkennen, wie neurotisch, attraktiv oder sozial dominant eine Person ist – zumindest lassen einige wissenschaftliche Experimente zum menschlichen Körpergeruch diesen Schluss zu. Das Parfüm, unser Blender und Enthüller.

Auf der einfachsten Ebene können Parfüme die Duftsignale unseres Körpers übertünchen. Wenn ich den Geruch meiner Haut mit Rosenöl oder einem anderen Parfüm überdecke, mich gleichsam damit einkleide, verwehre ich anderen Menschen den direkten, sinnlich-nasalen Zugang zu meinem Körper. Wissenschaftliche Experimente haben gezeigt, dass Parfüm die Wahrnehmung des Gegenübers hinsichtlich Geschlecht, Durchsetzungskraft und Neurotizismus trübt.

Andere Studien wiederum legen nahe, dass wir uns oft ein Parfüm aussuchen, das unseren individuellen Körpergeruch nicht überdeckt, sondern ihn im Gegenteil ergänzt und verstärkt. Diese Individualität liegt unter anderem daran, dass das Immunsystem eines jeden Menschen einzigartig ist. Wir können also buchstäblich die Immunsystemgene der anderen riechen. Insofern gleicht ein mit Bedacht gewähltes Parfüm eher einem schönen Kleid als einem Schleier. Das falsche Parfüm wiederum ist ein schlecht sitzendes Pantomimenkostüm. Vertrauen Sie Ihrer Nase, nicht der Werbung.

Ein letzter möglicher Grund für unsere Leidenschaft für Blumendüfte – unbewiesen, aber spannend – ist Mimikry. Denn einige Aromen, die die menschliche Haut herstellt, sind identisch mit Molekülen mancher Blumen. Nur ist die Übereinstimmung leider ungenügend. Denn wir riechen ja nicht nach Rosen. Trotzdem haben wir eben einige Volatile mit den Blumen gemeinsam, und dank dieses lustigen Zufalls – weder haben die Blumen uns noch wir sie irgendwann einmal nachgeahmt – prickelt es in einigen Rezeptoren in meiner Nase nach Menschengeruch, wenn ich an einer Blume schnuppere. Allerdings konnte die Wissenschaft bislang nicht ergründen, welche geheimen Botschaften hinter dieser sinnlichen Illusion stecken könnten.

Die beim Menschen für die Geruchsrezeptoren zuständigen Gene wurden erst vor 30 Jahren gefunden, eine bahnbrechende Entdeckung, für die Richard Axel und Linda Buck 2004 mit dem Nobelpreis für Physiologie oder Medizin ausgezeichnet wurden. Allerdings wissen wir bis heute nicht genau, welche Aromamoleküle welche Rezeptoren stimulieren. Auch sind wir weit davon entfernt, zu verstehen, auf welche Weise die Aromamoleküle interagieren, um das Gehirn zu stimulieren und unsere Gedanken, Gefühle und Verhaltensweisen zu verändern. Doch was die Wissenschaft noch nicht weiß, untersuchen die Parfümeure schon seit Jahrhunderten. Wenn ein Connoisseur sagt, ein Parfüm sei lasziv, beruhigend oder selbstbewusst, erklärt er uns gleichsam durch die Blume, wie Blütendüfte menschliche Duftsignale imitieren. Natürlich ist dieser biologische Effekt stark vom kulturellen Kontext abhängig, aber dessen ungeachtet könnte man sagen, dass die Blumen und die menschliche Haut eine gemeinsame chemische Sprache sprechen.

*****

Ein aus Blüten hergestelltes Parfüm weckt in unserem Gegenüber ein Gefühl des Begehrens und der Schönheit, das von einer Illusion gespeist wird. Genau dasselbe machen Blütendüfte in der freien Natur mit ihren Bestäubern. Insofern tragen Parfüme Blüten nicht nur in rein physischer Form in unsere Menschenwelt, sondern auch mit ihrem gesamten Dasein. Es gibt kein Parfüm, das ausschließlich aus einem menschlichen Duft besteht und unserer Nase sagt: *Das bin ich.* Immer erzählen wir unserem Gegenüber eine komplexere Geschichte, die unser Wesen mit dem Wesen der Blumen und anderer mehr-als-menschlicher Aromen verschmilzt: *Das sind* wir.

Das Parfüm ruft in die Welt hinaus, dass wir aus Beziehungen hervorgehen und bestehen, dass wir lebende Gemeinschaften sind. Wir transzendieren damit das »Selbst«, und zwar nicht als Metapher oder mystisches Erlebnis, sondern als körperliche Realität. In gewisser Weise ist das paradox: Um unser Menschsein zu unterstreichen, greifen wir nach Pflanzen. Um »ich« zu sein, ein Mensch, brauche ich »dich«, die Pflanze. Die Fähigkeit, ein Intersein zu erschaffen, ist den Blütenpflanzen originär, eine geniale Gabe und einer der Gründe für ihren unbändigen Erfolg in den letzten 100 Millionen Jahren. Indem die Blumen uns Schönheit erleben lassen, weben sie aus Wesen, die zuvor kaum oder gar nicht miteinander verbunden waren, intime, kreative Beziehungen. Wenn wir eine duftende Blume verschenken, Blüten auf ein Grab legen oder uns Parfüm auf die Haut tupfen, führen wir kein zufälliges, symbolisches Ritual aus, sondern beschwören unsere Beziehung zu den Blütenpflanzen, aus denen die Ökologie unseres Planeten besteht und die das menschliche Leben erst ermöglicht haben und erhalten. Kein Wunder, dass wir jede große Veränderung in unserem Leben mit Blumen schmücken. Mit einem Strauß oder einer Parfümflasche gedenken wir unserer Schöpfer.

Einen Blumenduft zu genießen ist aber nur eine Möglichkeit, um uns mit den Blumen und ihrer schöpferischen Kraft zu verbinden. Eine andere ist die wissenschaftliche Beschäftigung. Um mehr darüber zu erfahren und einen Blick in die Schönheit und Schrecken dieser Arbeit zu werfen, müssen wir den sonnigen Garten in Südfrankreich verlassen und in einen Kellerbunker unter den Straßen von London absteigen. Dort liegen Blumen, die vor Hunderten von Jahren gelebt haben, aufbewahrt zwischen Papierblättern. Diese Blüten haben bis heute Einfluss auf die Gestalt unserer Welt.

Tee

Wenn Blumen verborgene Geschichten enthüllen

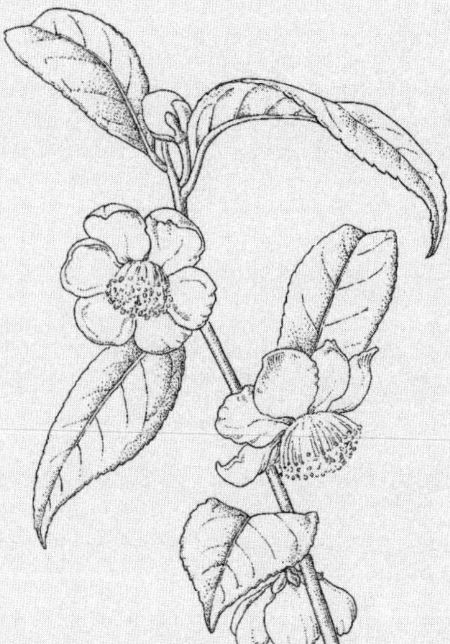

DR. ISABELLE CHARMANTIER, die Leiterin der Sammlung der Linnean Society of London, schließt eine verstärkte Tür auf und wir betreten ein bombensicheres Gewölbe unter Piccadilly, der geschäftigen Straße, die durch das Londoner Stadtzentrum führt. In den holzig-warmen Geruch mischt sich eine bittere Note wie von alten Kräutern. Die Bücherregale an den Wänden sind voll von Bänden mit Leinen- oder Ledereinband und thronen auf alten Holzschränken. Wir befinden uns hier im Archiv des schwedischen Naturforschers Carl von Linné, das einen Großteil seines persönlichen Buchbestands und seiner Sammlung getrockneter Pflanzen enthält. In den Schränken liegen unzählige gepresste Blüten und Blätter der Pflanzen, die Linné zu seinen Lebzeiten gepflückt, archiviert und untersucht hat. Nach dem Tod Linnés und seines Sohnes verkaufte seine verarmte Familie die Sammlung 1784 an einen jungen Engländer, James Edward Smith, den Sohn eines wohlhabenden Wollhändlers. Seitdem wohnen die meisten Bücher und Pflanzen – bis auf die kurze Zeit, die sie aus Schutzmaßnahmen während des Blitzkriegs auf dem Land verbrachten – in London und stellen den Hauptkorpus der Sammlung der Linnean Society dar, der weltweit ältesten Organisation, die naturkundliche Forschung betreibt.

Die getrockneten Blumen und die Bücher, in denen sie beschrieben werden, haben das wissenschaftliche Verständnis der lebenden Welt verändert. Fast die gesamte heutige Biologie ist von den sich ihnen verdankenden Erkenntnissen geprägt, so auch einige der obszönen Auswüchse des Kolonialismus. Und das alles begann mit den Blumen und ihrem Sexleben.

»Das hier ist eine der ersten Publikationen, in denen das Sexualsystem angewandt wurde.« Dr. Charmantier zieht ein dünnes Bändchen aus dem Regal und legt es auf einen lederbezogenen Tisch in der Mitte des Raumes. »Linné hat das Buch 1735 in Leiden veröffentlicht, als er für einige Jahre in Holland lebte. Zu der Zeit war er gerade mal 28 Jahre alt, also noch sehr jung.« Für ein fast 300 Jahre altes Buch hat es sich extrem gut gehalten, die Seiten sind nur leicht vergilbt. Dr. Charmantier erklärt mir, dass es sich bei dem Band mit nur einem Dutzend Druckseiten um die erste Ausgabe der *Systema Naturae* handelt, ein Grundlagenwerk der heutigen Taxonomie. Linné hat darin eine Pflanzensystematik ausgearbeitet, die er erstmals fünf Jahre zuvor in einem Blättchen zusammengefasst hatte, das er seinem Hausherrn zu Neujahr überreichte. Auch Mineralien und Tiere werden darin kategorisiert. Bis heute fasst die Biologie die überbordende Vielfalt der Natur in Linnés Kategorien, in die Arten, Ordnungen, Klassen und Gruppen, die er in diesem Buch vorstellt. Von den Einzelheiten seines Systems hat nur wenig die Zeiten überdauert, etwa welche Pflanzen in welche Klasse gehören, aber die übergeordnete hierarchische Struktur ist nahezu unverändert geblieben. In den folgenden 30 Jahren erweiterte Linné seine Arbeit in insgesamt zehn Auflagen des Buches sowie Hunderten weiterer Publikationen.

»Ja, hier! 1737. Ich leg's mal daneben.« Dr. Charmantier stemmt ein Buch von der Größe eines überdimensionalen Wirtschaftsbuchs auf den Tisch. Als sie es aufschlägt, sehen wir endlose Listen mit lateinischen Pflanzennamen in einer klaren, eleganten Schrift. Während Dr. Charmantier durch die Seiten blättert, redet sie weiter: »Das ist *Hortus Cliffortianus*, ein Katalog der Pflanzen aus der Sammlung von George Clifford in Hartecamp. Auch in diesem Buch hat Linné sein Sexualsystem angewandt.« In *Systema Naturae* hatte Linné die Prinzipien dargelegt und seine Pflanzensystematik auf nur drei Seiten skizziert. In *Hortus Cliffortianus* wandte er diese Systematik dann auf eine Sammlung lebender Pflanzen an und breitete die botanischen Erwerbungen seines wohlhabenden Gönners auf 500 Seiten aus.

Das sogenannte Sexualsystem ist Linnés Methode zur Klassifikation der Pflanzen. Er fasste Arten mit ähnlichen männlichen Fortpflanzungsorganen – pollentragende Staubbeutel und Staubfäden – in Gruppen zusammen und teilte dementsprechend die gesamte Pflanzenwelt in 24 Klassen ein. Zu jeder Klasse gehörten bis zu elf Ordnungen, wozu er die Anordnung der weiblichen Pflanzenteile heranzog – pollenaufnehmende Narben, Griffel und Fruchtknoten. Bei einigen Klassen fügte er noch Ordnungen hinzu, für die er weitere Merkmale des männlichen Pflanzenteils oder der Früchte bedachte oder auch die Frage, ob die Pflanze eingeschlechtlich ist.

Mit seiner floralen Buchführung veränderte Linné die Biologie grundlegend, wenngleich nicht so, wie er es selbst beabsichtigt hatte. Trickbetrügern gleich offenbarten ihm die Blumen eine bestimmte Wahrheit, um späteren Generationen andere, tiefere Geheimnisse zu enthüllen, die ihr zuwiderliefen.

Dass Linnés Sexualsystem das Licht der Welt erblickte, während er in Holland lebte, führt uns zu einem weiteren Aspekt, auf welche Weise die Blumen unsere heutige Welt geprägt haben. Linnés Arbeitgeber George Clifford war Banker und einer der Leiter der Niederländischen Ostindien-Kompanie, einer Gesellschaft, die zu den reichsten, mächtigsten und zerstörerischsten Kräften des Kolonialismus im 18. Jahrhundert zählte. Heute bauen die Milliardäre dieser Welt Raumschiffe und kaufen Medienunternehmen. Zu Linnés Zeit schufen sie Pflanzensammlungen und bezahlten Naturforscher, um ihre Sammlungen zu pflegen, zu untersuchen und zu klassifizieren. Diese botanische Freigebigkeit rührte aber nicht allein aus Neugierde. Eine wichtige Grundlage kolonialer Macht war nämlich die Kenntnis und Kontrolle der Blütenpflanzen. Als die Kolonialisten Land einnahmen und Menschen versklavten, erhielten sie damit auch Zugriff auf die Pflanzen, Ländereien und Arbeitskräfte, die sie zum gewinnbringenden Anbau von Blütenpflanzen benötigten: Baumwolle, Zuckerrohr, Tee, Opium, Indigo, Kaffee, Chininbaum und viele mehr. »Flower-Power« in kolonialer Hand, das war die Grundlage eines Schreckensregimes. Ausgerechnet die Blumen, die das Angesicht der Erde vor allem durch die Zusammenarbeit mit anderen Lebewesen verändert hatten, wurden nun im ausbeuterischsten System eingesetzt, das bis dahin je ein Mensch ersonnen hatte und in dem das Gegenseitigkeitsgefüge zugunsten des Gewinns einiger weniger aufgelöst worden war.

George Clifford war einer der reichsten Geschäftsleute Europas, und sein Interesse an der Sammlung und Ausstellung von Pflanzen fiel mit der Quelle seines Reichtums und des kolonialen Wohlstands seines Landes zusammen. Der junge Linné war nur ein Söldner in diesem System, zuständig für die Pflege der Pflanzen in Cliffords Gärten. Da Clifford im globalen Handel tätig war und zudem reich genug, um vier teure Gewächshäuser zu kaufen und zu beheizen, konnte er sich tropische Arten aus Afrika und Asien sowie Pflanzen aus Südeuropa halten. Linné, von früh auf ein obsessiver Botaniker, schrieb über seine erste Begegnung mit diesen Pflanzen bei einem Besuch auf Cliffords Anwesen, sie hätten ihn »bezaubert«, »erstaunt«, »hingerissen«. Über andere betuchte Herren, die Linné Clifford vorgestellt hatten, lernte er den reichen Pflanzensammler kennen, den er offenbar nicht nur mit seiner Leidenschaft und seinem Wissen über Pflanzen beeindruckte, sondern auch mit seinem neuen Klassifikationssystem. Denn Linné konnte jeder Pflanze, indem er nur in ihre Blüten sah und ihre Fortpflanzungsorgane begutachtete, einen Platz in einer seiner wohlgeordneten Kategorien zuweisen. Dank dieser Klassifikation ließen sich die Pflanzen leicht identifizieren und ähnlichen Pflanzen zuordnen. Heute würden wir sagen, Linné war ein Meister des Datenbankmanagements. Für Clifford, dessen Sammlung beständig neue Pflanzenlieferungen aus den kolonisierten Ländern erhielt, war dieser leidenschaftliche junge Mann auf Arbeitssuche eine wunderbare Ergänzung seines Mitarbeiterkreises. Linné würde die botanische Sammlung pflegen und ordnen und ihn als »Arzt« dazu beraten, wie sich die Pflanzen medizinisch nutzen ließen.

Unten im Gewölbe zeigt Dr. Charmantier auf den ersten Eintrag im aufgeschlagenen *Hortus Cliffortianus*, dem dicken Katalog zu Cliffords Sammlung, in dem die Arten im Sexualsystem eingeordnet und mit Querverweisen zu den Werken früherer Autoren versehen sind. »Die erste hier verzeichnete Pflanze ist *Canna*, weil sie ein Staubblatt [männlicher Teil] und einen Stempel hat [weiblicher Teil]. Und hier sehen Sie ein Exemplar.« Sie schnürt ein Band auf, mit dem ein Päckchen in der Größe eines Notizbuchs zugebunden ist, dann entfaltet sie das Einpackpapier, und zum Vorschein kommt eine auf ein dickes Blatt Papier gepresste Pflanze. Wenngleich ihre Farbe zu Teeblattbraun verblasst ist, erkennt man sofort, dass es sich um ein Blumenrohr handelt (das übrigens mit dem Ingwer verwandt ist). Auf der rechten Seite liegt ein großes, paddelförmiges Blatt, und von der Mitte bis hinüber zur linken Seite zieht sich ein Stängel. An einem Zweig des Stängels hängen auf halber Höhe geplättete schwarze Kugeln mit einer stachligen Hülle, die vertrockneten Überreste einer Frucht. Der andere Teil des Stängels fächert in einen Strauß aus etwa fünf Blüten aus, deren Blütenblätter haselnussbraun sind. Dieses Blumenrohr war eine der Pflanzen, die Linné seinerzeit abschnitt, um sie zu untersuchen und zu klassifizieren.

Im Gegensatz zu den Typusexemplaren in den heutigen wissenschaftlichen Herbarien liegt Linnés *Canna* traurig und allein auf dem Papier, ohne jede Information zum Fundort und zum Zeitpunkt der Konservierung. Hat er sie in Cliffords Garten oder anderswo gepflückt? Wir wissen es nicht. Die Geschichte dieser Blume ist für uns verloren. In Linnés Händen war sie noch ein Individuum mit einer eigenen Geschichte, bis sie zu einem Platzhalter in einem abstrakten System wurde. Die einzige Anmerkung ist das »1.1«, das oben rechts mit Tinte eingetragen wurde, als Hinweis auf Linnés Klassifikation, vermutlich von einem Konservator im 19. Jahrhundert hinzugefügt. Heute würde kein Botaniker und keine Botanikerin auf diese Weise mit einer Pflanze umgehen. Die Informationen und Notizen, die jedes Typusexemplar begleiten, werden heute hoch geschätzt. Schon viele Konservatoren haben zu mir gesagt, eine Pflanzenprobe (oder ein Fossil oder ein Tierpräparat), zu der es keine genauen Informationen zum Datum und Ort des Fundes gebe, sei für die Wissenschaft wertlos. Ich denke, wenn wir diese Informationen weglassen, geht uns zumindest ein wenig der Respekt vor diesem Lebewesen verloren, das wir dem Kreislauf von Leben und Tod entnommen haben, um es in unserer Sammlung zu konservieren. Unmarkierte Gräber schlucken Identitäten und Geschichten.

In der Sammlung der Linnean Society of London gibt es 14.000 konservierte Pflanzen, die sich allesamt in Linnés System aus Klassen und Ordnungen einsortieren lassen. Da er bei *Canna* jeweils ein Staubblatt und einen Stempel zählte, steckte er die Art in die Klasse Monandria, Ordnung Monogynia – auch wenn wir heute wissen, dass die Blume komplexer ist, da es sich bei ihren »Blütenblättern« um sterile männliche Fortpflanzungsorgane handelt. Blumen mit zwei Staubblättern wie Olive oder Ehrenpreis klassifizierte er als Diandria, dann kamen die Triandria, die Blumen mit drei Staubblättern wie Krokus oder Iris, und so weiter – jeweils mit Untergruppierungen für die Anzahl und Anordnung der weiblichen Fortpflanzungsorgane. Bei Pflanzen mit komplexeren Blüten zählte er nicht mehr die Fortpflanzungsorgane, sondern untersuchte sie auf Blattansatz, Gruppierungen und Verwachsungen. Die Orchideen steckte er zum Beispiel in die Klasse Gynandria, da ihre männlichen und weiblichen Teile in einem gemeinsamen Gebilde vereint sind.

Neben den technischen Beschreibungen fügte Linné auch Anmerkungen hinzu, in denen er ein hämisches Vergnügen am Anspielungsreichtum seines Systems zu haben schien, was Anzüglichkeiten und Liebesdinge betraf, und beherzt Parallelen zur menschlichen Sexualität zog. Bei den Orchideen etwa beobachtete er, »dass die Gatten von ihren Frauen krankhaft besessen sind«, womit die physische Verschmelzung der männlichen und weiblichen Teile in der Blüte gemeint ist. Bei den Monandria beschreibt er die Blüte so: »ein einzelner verheirateter Ehemann«, während die Zuschreibung »zwei Ehemänner in derselben Ehe« den Diandria einen gewissen erotischen Schauder verleiht. Ganz ausgefallen wird es dann bei den Polyandria, wo

»zwanzig oder mehr Ehemänner mit einer einzigen Frau in einem Raum sind«.

Dr. Charmantier packt ein zweites Päckchen aus der Pflanzensammlung aus, und wir betrachten die Blüten von der Farbe eines klaren Berghimmels. Das Blau des Rittersporns sieht so frisch aus, als wäre die Blume erst gestern geschnitten worden. Linné hat hier wie auch sonst oft große Sorgfalt darauf verwandt, die Stängel, Blätter und Blüten so natürlich wie möglich anzuordnen. Dieser Rittersporn scheint geradewegs von der Wiese in das Buch geflogen zu sein. Gut zu sehen sind die polyamourösen Geschlechtsteile, ein Büschel aus männlichen Staubbeuteln, die eine Handvoll weiblicher Stempel umgeben. Heute wissen wir, dass diese Blüten nicht das »Ehebett« sind, das Linné darin sah. Die Stempel trachten nach dem Pollen, den die Insekten ihnen von anderen Blüten bringen, und die Staubblätter lassen ihrerseits ihren Pollen von ihnen davontragen. Wenn sich die Blume nicht gerade selbst befruchtet – was eigentlich nur passiert, wenn sie nicht von Insekten angeflogen wird –, sind die Blüten kein Ehebett, sondern eher eine Fremdenpension, von der aus die Singles auf Beutezug gehen.

Angesichts der unverhohlen sexuelle Merkmale nutzenden Methode, gepaart mit Linnés lüsternen Anmerkungen, runzelten viele seiner Kollegen die Stirn. Ein Dutzend Männer, die mit einer einzigen Frau im Bett liegen? Die Studenten würden »durch das unmoralische Verhalten, das hier bei den Lilien und Zwiebeln ausgebrochen ist, verdorben«, schrieb der bekannte Botaniker Johann Georg Siegesbeck 1738 und nannte das System eine »abscheuliche Hurerei«. In Frankreich verfasste der Philosoph Julien Offray de La Mettrie 1748 die Satire *L'homme-Plante* (»Der Mensch als Pflanze«), worin er sich mit verhalten pornografischen »botanischen« Beschreibungen des Fortpflanzungsapparats und der Ejakulation beim Menschen über Linnés Analogie des botanischen Ehebetts lustig machte.

Das Entsetzen sollte noch Jahrzehnte fortdauern. 1773 schrieb William Smellie, der schottische Herausgeber der ersten Auflage der

Encyclopedia Britannica: »Unzüchtiges Verhalten ist die Grundlage des Linné'schen Systems.« Ähnlich wie andere Kritiker verschleierte Smellie womöglich mit seiner moralischen Empörung fachlichen Neid. Er selbst hatte nämlich 1765 eine Arbeit über die Geschlechter der Pflanzen veröffentlicht, die gänzlich unbeachtet geblieben war. Sicher ärgerte es ihn, dass Linnés Ideen bei vielen seiner Kollegen in Europa allmählich Anklang fanden und diskutiert wurden.

Zu der Zeit, als Linné sein System entwarf, war er ein mittelloser junger Mann aus einem kleinen schwedischen Kaff, dem sowohl das Geld als auch die gesellschaftlichen Beziehungen fehlten, die vielen seiner Zeitgenossen zum Vorteil gereichten. Als unermüdlicher Selbstdarsteller war ihm dabei wohl auch aufgegangen, dass anzügliche Andeutungen Aufmerksamkeit erzeugten. Doch allein mit Frotzeleien gewann man natürlich auch keinen Blumentopf. Was Linnés System bleibenden Wert verlieh, war dessen Anwendbarkeit. Denn im Gegensatz zu den umständlichen Klassifikationen seiner Vorgänger bot Linné eine praktische, leicht anwendbare Methode. 24 Klassen kann man sich leicht merken, jedenfalls sehr viel leichter als die Hunderte von Klassen früherer Botaniker. Indem er sich auf die Betrachtung der Blüten beschränkte, konnte er die Einordnung deutlich vereinfachen und mit relativ leicht erkennbaren Merkmalen arbeiten, die sich an allen Arten untersuchen ließen. Und er hatte sogar eine Kategorie für blütenlose Pflanzen ersonnen, deren Fortpflanzungsorgane »verborgen« lagen: die Cryptogamia.

Vor Linné hatten die Botaniker Pflanzen anhand Hunderter verschiedener Merkmale klassifiziert, die aber nicht einheitlich auf alle Pflanzen angewandt wurden. Mit diesen Darstellungen konnten nur Menschen etwas anfangen, die bereits ein breites Wissen über die Anatomie der Pflanzen besaßen. Linnés System konnte sich ein beflissener Student an einem Nachmittag aneignen. Kein Wunder, dass das Sexualsystem wenige Jahrzehnte nach der Veröffentlichung in ganz Europa angewandt wurde, auch wenn sich ein paar halsstarrige Botaniker weiterhin dagegen sperrten. Selbst der Jardin du Roi in Paris, in dem die Botaniker des Königs Pflanzen kultivierten und auf ihren gewerblichen und medizinischen Nutzen hin untersuchten, versuchte eine Zeit lang, seine Pflanzen anhand des Linné'schen Sexualsystems zu ordnen, obwohl viele konkurrierende Systematiken aus Frankreich kamen.

Linnés zweite Neuerung, jede Art mit einem zweiteiligen Namen zu bezeichnen – zum Beispiel *Quercus alba* für die Amerikanische Weiß-Eiche oder *Quercus rubra* für die Roteiche –, hatte ebenfalls den Vorteil, dass sie einfach und einheitlich war. Auch andere Kollegen hatten derartige Doppelnamen bereits verwendet, jedoch nicht mit derselben allumfassenden Konsequenz und ohne sie in ein größeres System mit Klassen und Ordnungen einzubinden. Vor Linné konnten offizielle Namen ganze Sätze umfassen, wobei der Benennung nur wenige Regeln zugrunde lagen. Bei Linné beginnt der Name stets mit der allgemeineren Gruppe, *Quercus* für alle Eichen, dann folgt die eindeutige Zuordnung zu einer einzigen Spezies, *alba* oder *rubra*. Damit schuf er eine auf einfachen, einheitlichen Prinzipien basierende Datenbank, die im Gegensatz zu vorigen Systemen – die er selbst als »ungenau, heikel oder vielfältig anwendbar« bezeichnete – nützlich und leistungsstark war. Womöglich hatte Linné mit seinen zweiteiligen Namen auch einen Nerv getroffen, da Doppelnamen der menschlichen Psyche zuspielen. Es gibt zwar Kulturen, die Mononyme oder drei- oder mehrgliedrige Namen verwenden, die zweigliedrige Benennungsregel ist also nicht universell, aber oft verwenden wir eben doch zwei Worte, um Dinge zu benennen und zu klassifizieren: Menschen haben einen Vor- und Nachnamen, Fahrzeuge eine Marke und ein Modell, und auch bei den Lebewesen bestehen nicht nur die wissenschaftlichen Namen, sondern auch die allgemein bekannten Bezeichnungen gern aus zwei Teilen: Bienen-Ragwurz, Buntspecht, Austernpilz.

Linné wandte sein System tagtäglich bei der Arbeit an, um die Pflanzensammlungen zu sortieren. Jede Blume mit ihren Blättern, die er zwischen zwei Blatt Papier presste und trocknete, diente ihm als

Typusexemplar für eine Art, mit der er die anderen vergleichen konnte. Vor Linné sammelten die Botaniker ihre Typusexemplare in riesigen gebundenen Büchern. War eine Art einmal darin eingesetzt, hatte sie ihren festen Platz, und es konnten keine weiteren Seiten mehr vor oder nach ihr eingefügt werden. Linné dagegen ließ sich von einem Tischler Holzschränke mit jeweils 24 Schubladen anfertigen. Die Blätter, auf denen er seine getrockneten Typusexemplare ablegte, waren kleiner als bei den meisten anderen Botanikern und ließen sich leicht in die Schubladen legen. Gab es nun zu einer Blume neue Erkenntnisse, konnte er die Art ganz einfach neu einsortieren. Und neue Arten, die angesichts seines wachsenden Renommees bald aus aller Welt auf seinem Schreibtisch landeten, legte er einfach an den ihnen entsprechenden Platz. Linnés Konzept mit der räumlichen Umsetzung, der Einordnung in Schubladen in Schränken, war flexibel genug, um Änderungen und Neuentdeckungen problemlos integrieren zu können.

Aber Linnés System war nicht nur ein nützliches Werkzeug zum Datenmanagement, er konnte damit auch Anspruch darauf erheben, dass seine Form der Benennung als die allgemein- und letztgültige anerkannt wurde. Er reklamierte für sich und gegenüber allen, die seine Arbeit nach seinem Tod weiterführen sollten, die alleinige Befugnis, allen Arten ihren offiziellen wissenschaftlichen Namen zu verleihen. Dabei benutzte er vorzugsweise lateinische und griechische Wörter und untersagte Benennungen durch diejenigen Personen, die die Pflanzen eigentlich am besten kannten, die Bewohner der Orte, an denen sie heimisch waren. Sie konnten zwar gern ihre volkssprachliche Bezeichnung verwenden, aber »alle ausgebildeten Botaniker sollten sich mit den lateinischen Namen verständigen, damit nicht das Barbarentum bei uns Einzug hält«. Bis heute dient in der Wissenschaft Linnés *Species Plantarum* von 1753 – eine Erweiterung der *Systema Naturae* mit Namenslisten einzelner Pflanzenarten – als Grundlage für die wissenschaftliche Benennung der Pflanzen. Indem wir Linnés System verwenden, stellen wir die Konsistenz der Datenbank über das Wissen der einfachen Bevölkerung. Wir pressen lebende Wesen in abstrakte Kategorien. Im Buch Genesis war die erste Aufgabe, die Gott Adam auftrug, die Arten zu benennen. Demnach ist das »älteste Gewerbe der Welt« nicht die Sexarbeit, wie Rudyard Kipling und andere behaupteten, sondern die Benennung der Arten. Linné nahm diese Aufgabe mit der ausdrücklichen Absicht auf sich, eine zentrale Instanz zu schaffen. Wie wir noch sehen werden, passte das gut zu seinem zweiten Vorhaben: Schweden sollte wirtschaftliche Kontrolle über Pflanzen aus aller Herren Länder erlangen.

Übrigens steckt in Linnés System auch eine kreationistische Vorstellung vom Leben. Ihm zufolge wurden alle Arten »am Anfang von jenem Unendlichen Wesen erschaffen«. Er meinte, die Arten, die er benenne, besäßen eine unwandelbare, ewig gleiche Form. Die Vorstellung, diese fein säuberlich geordneten Arten könnten sich in Unterarten aufspalten, ihre Gestalt ändern oder sich anderweitig weiterentwickeln, war ihm ein Gräuel. Aber so widersinnig es klingen mag, in Linnés Systematik sind bereits unmittelbare Hinweise auf die Evolution eingeschrieben. Eine unerwartete Wahrheit springt uns aus seiner Darstellung an – was ihm selbst allerdings entgangen ist.

Auf der sechsten Seite der ersten Auflage der *Systema Naturae* findet sich ein ganzseitiges Baumdiagramm. Seine Wurzeln hat der Baum auf der linken Seite, auf dem Stamm stehen die Worte »Nuptiae Plantarum«, »Die Vermählungen der Pflanzen«. Während der Stamm auf der Seite aufsteigt, verzweigt er sich mehrere Male. Jeder Zweig ist durch ein Merkmal charakterisiert, zum Beispiel »Gatte und Gattin vergnügen sich im selben Zimmer« oder »Gatte und Gattin vergnügen sich in verschiedenen Zimmern«, womit umschrieben wird, ob die Blume ein- oder zweigeschlechtig ist. Als der Baum auf die zweite Seite hinüberwächst, hat er sich bereits in 24 Äste aufgespalten, die jeweils für eine Linné'sche Pflanzenklasse stehen. Dieser Baum war von Linné als übersichtliche Zusammenfassung gedacht. Aber tatsächlich sehen wir hier eine – wenngleich unvollkommene – Darstellung der Verzweigungsmuster der Genealogie.

Blumen sehen einander nicht zufällig ähnlich. Die Ähnlichkeit ihrer Fortpflanzungsorgane ist oftmals ein Spiegel ihrer Herkunft. Die männlichen und weiblichen Teile sind bei allen Orchideen nicht deshalb verwachsen, weil sie dieses Merkmal unabhängig voneinander ausgebildet hätten, sondern weil sie ihre Anatomie von einem gemeinsamen Vorfahren geerbt haben. Manchmal rührt die Ähnlichkeit aber auch aus Erfindungen, die sich nur entfernt miteinander verwandte Arten ausgedacht haben. Iris, Glockenblume, Chicorée, Indigo und einige Akeleien haben nicht deshalb blaue Blüten, weil sie eng verwandt wären, sondern weil sie jede für sich herausgefunden haben, dass sie mit der Farbe gut Bestäuber anlocken können. Aber wenn wir uns eine ausreichende Zahl von Merkmalen ansehen, ist die Verwandtschaft doch sehr viel häufiger der Grund für Ähnlichkeiten als eine zufällig konvergent verlaufende Evolution. Damit wird Linnés Diagramm seiner Klassifikation zum Schaubild der Abstammung.

Linné hatte also, ohne es zu wissen, einen näherungsweisen Stammbaum gezeichnet. Die Blumen gewährten ihm damit Einblick in ihre Verwandtschaftsverhältnisse, während er in seiner Systematik nicht mehr als ein nützliches Werkzeug sah. Wie falsch er doch damit lag! Dank seiner Pflanzensystematik wurde für andere offenkundig, woran er selbst nicht geglaubt hatte: dass es eine Evolution gibt und sich das Leben stetig weiterentwickelt.

Auf diese Evidenz stützte sich die Darwin'sche Revolution. In dem Resümee, das er am Schluss seines Hauptwerks *Der Ursprung der Arten* zog, war er von der Evolutionstheorie überzeugt: Selbst wenn »andere Tatsachen oder Argumente sie nicht weiter stützten«, würden ihn die durch die Klassifikation aufgezeigten Muster »ohne Zögern« zu der Schlussfolgerung führen, »dass die zahllosen Arten, Gattungen und Familien, die unsere Welt besiedeln, allesamt und jedes innerhalb seiner Klasse oder Gruppe von gemeinsamen Vorfahren abstammen«. Klassifikationen zeigten nicht einfach nur »Ähnlichkeiten« auf, sondern offenbarten »mehr«, sie erzählten von Verwandtschaft und Herkunft. Darwin nannte Linné und den französischen Zoologen Georges Cuvier, der dessen Systematik weiterführte, seine »zwei Götter«.

Nachdem Darwin und andere auf diesen Aspekt hingewiesen hatten, schaute die Biologie fortan mit anderen Augen auf die Klassifikation von Lebewesen. Jede Systematik war eine Art Zeitmaschine, mit der man in die Vergangenheit zurückblicken und baumartige Verzweigungen zwischen den Arten erkennen konnte. Heute nutzen wir die Erkenntnisse aus diesen Stammbäumen regelmäßig, um Aussagen über die Welt zu treffen. Wir entwickeln Grippeimpfstoffe danach, welcher Zweig des Virusbaums uns als der gefährlichste erscheint. Wir versuchen anhand von Stammbäumen die Frage zu beantworten, wann der Mensch entstanden ist. Und wir ziehen die Verzweigungsmuster der Bäume zurate, um Fragen zu stellen wie: »Sind Pilze näher mit Pflanzen oder mit Tieren verwandt?«, »Welche wilden Gräser haben uns den Weizen geschenkt?« oder »Gehören diese beiden Pflanzen zu derselben Art?« Durch die Linné'sche Systematik gehörten Blumen zu den ersten Lebewesen, die uns diese Vorgehensweise lehrten.

Linnés Systematik der Blumen basierte auf sehr wenigen Merkmalen, die sich allein auf die Anordnung einiger Geschlechtsteile in der Blüte bezogen. Durch den beschränkten Datenumfang führte sein Stammbaum hinsichtlich der Abstammung der Pflanzen nicht selten in die Irre, weshalb sein Entwurf nach seinem Tod von anderen Konzepten überschrieben wurde. Heute ziehen wir in der Biologie nicht nur die Blüten zur Klassifikation heran, sondern alle Merkmale eines Lebewesens, darunter auch Tausende nützlicher Merkmale aus DNA-Sequenzen, um die Verzweigungsmuster des Lebens aus der Vergangenheit zu rekonstruieren. Besonders problematisch war bei Linné der Vorrang, den er der Anordnung der männlichen Teile der Blüte einräumte. Denn sie sind nur ein Merkmal von vielen, was in Linnés Systematik einige merkwürdige Bettgefährten hervorbrachte, zum Beispiel Blumenrohr und Zinnkraut, eine Pflanze mit fedrigen Blättern, von der wir inzwischen wissen, dass sie in keiner Weise mit dem ingwerartigen Blumenrohr verwandt ist. Doch trotz der Ungenauigkeiten seiner Systematik waren es die Blumen, die uns gezeigt haben, dass gemeinsame Eigenschaften verschiedener Arten auf Verwandtschaftsmuster hindeuten können. Aber warum die Blumen? Was ist an ihnen so besonders, dass ausgerechnet sie uns diese Erkenntnisse über die Geschichte des Lebens und den Prozess der Evolution preisgaben?

Die Blumen waren unter anderem deshalb gute Lehrmeister, weil sie im Laufe ihrer Entwicklung lernten, mit den Tieren zu sprechen. Ihre Farben, Düfte und Größe entstanden gleichsam zur Eigenwerbung. Die DNA kann uns ausführlich Auskunft über die Genealogie eines Lebewesens geben, aber ohne ausgefeilte Technologien bleiben wir dafür blind. Die lange evolutionäre Geschichte der Blumen und ihrer Bemühungen, auf sich aufmerksam zu machen, hatte die unerwartete Nebenwirkung, dass sie einer besonders gescheiten Affenart – dem Menschen – enthüllte, dass es die Evolution gibt. Nektar schafft Wissen. Das war eine ziemlich spontane Wendung.

Darüber hinaus waren die Blüten aber auch wegen ihres Sexualverhaltens die idealen Aufdecker von Verwandtschaftsbeziehungen. Wenn sich zwei Pflanzenarten voneinander abspalten und sich damit ein Ast des Stammbaums verzweigt, spielen die Blüten bei der Trennung oft die Vermittlerin. Eine Veränderung in Aroma, Farbe oder Form der Blüte genügt, um eine Spezies aufzuspalten, wie wir etwa bei den Orchideen gesehen haben. Als sich Linné die Blumen für seine Systematik aussuchte, wählte er unabsichtlich diejenigen Pflanzenteile aus, die uns am ehesten etwas über die Verzweigungsmuster der Geschichte verraten konnten.

Dass die Blüten als Vermittlerin fungieren, heißt auch, dass sie sich nur in mäßigem Tempo verändern. Damit sind sie ein gutes Erkennungsmerkmal einzelner Spezies. Wenn aus einem Vorläufer zwei neue Arten hervorgehen, entwickeln die Blüten für gewöhnlich spezielle Merkmale, ohne sich indes neu zu erfinden. Zwei neue Orchideen sehen immer noch wie Orchideen aus, haben aber nun ihre je eigenen Macken. Ein neuer Bocksbart sieht immer noch wie ein spitzzüngiger Löwenzahn aus, aber die Blüten der neuen Art haben ihr ganz eigenes Farbmuster und eine ihr eigene Blütenblattlänge. Die Blüten halten also genau das richtige Gleichgewicht zwischen Konservatismus und Innovationsgeist, weshalb sie sich besonders gut für die Klassifikation auf der Ebene der Arten eignen. Hätte sich Linné für andere Merkmale entschieden, die sich weniger schnell verändern, etwa die Form der Blätter oder das Vorhandensein holziger Stängel, dann wäre seine Systematik zu grob gewesen, um nutzbringend zu sein. Hätte er wiederum besonders variable Merkmale herangezogen, wie etwa die Anzahl der Blätter an einer Pflanze, hätte er die einzelnen Arten nicht zuverlässig klassifizieren können. Die Blüten sind der Goldlöckchen-Typ: Sie verändern sich in genau der richtigen Geschwindigkeit, um einzelne Arten zu identifizieren und ihren Stammbaum aufzudecken.

Ich vermute aber, dass Linnés System auch deshalb so erfolgreich war, weil es zu unserer alltäglichen Erfahrung von Blumen passt. Wir Menschen sind Gesichtsleser, und eine Blüte ist im Grunde nichts anderes als ein kleines Gesicht. So, wie wir Tiere – einschließlich anderer Menschen – ansehen, betrachten wir auch Blüten, um uns über die Identität und Persönlichkeit einer Pflanze klar zu werden. Niemand benötigt eine Unterweisung in Botanik, um zu erkennen, dass die schüsselförmige Blüte des Apfels einer kleinen Rose gleicht oder dass Lilien aussehen wie Tulpen, die leicht die Köpfe hängen lassen, oder dass die meisten Orchideenblüten etwas Manieristisches an sich haben. Das alles sind Eindrücke, bei denen wir Verwandtschaften erkennen. Das Vergnügen, das wir beim Betrachten einer Blüte haben, macht diese Erkenntnisse für uns lebendig und einprägsam.

Die Blüten sprachen durch Linnés Werk zu uns und enthüllten uns Geschichten und Vorgänge, die anderen bis dahin entgangen waren. Nun war Linné ein denkbar merkwürdiger Mittelsmann für die Verbreitung der Pflanzenweisheiten. Er war knauserig und eingebildet, von beruflichen Eifersüchteleien verzehrt und gegenüber seinen Mitmenschen oft grausam. Aber durch die Wolke seiner Widerwärtigkeiten gelang es ihm wohl irgendwie, eine fruchtbare Verbindung zu den Blumen herzustellen. Vielleicht waren sein Geist und seine Gefühle so sehr von den Pflanzen eingenommen, dass ihm die gesellschaftlichen Normen im Umgang mit anderen Menschen darüber verloren gingen. Er wäre beileibe nicht der erste »Pflanzenmensch«, der am Rande der menschlichen Gesellschaft lebte und in deren Umgangsformen derart ungelenk war, wie man es bisweilen Schamanen mit grünem Daumen, Pflanzenheilern, »Hexen« und im Wald lebenden Mystikern zuschreibt.

Außerdem gelangte Linné, gerade weil er aus bescheidenen Verhältnissen kam und sich das meiste selbst beibringen musste, zu Erkenntnissen, die anderen verwehrt blieben. Hätte er eine »ordentliche« Ausbildung genossen, wäre er sogleich von den allzu komplizierten Systematiken der damaligen Botaniker in Beschlag genommen worden. Nun lernte er stattdessen direkt von den Pflanzen. Als junger Mann, in schlecht sitzender, zerschlissener Kleidung, die Schuhe so zerlumpt, dass er sie mit Papierfetzen ausbessern musste, lief er stundenlang durch die Gärten und Felder, brütete in den Bibliotheken über botanischen Handbüchern, machte sich Skizzen und Notizen und suchte in den Blüten nach Mustern. Trotz all seiner Schwächen hat uns Linné mit seiner manischen Leidenschaft für die Blumen etwas Wichtiges gelehrt: dass die Überfülle der Arten auf der Erde kein unentwirrbares Chaos darstellt, sondern dass hinter dieser Vielfalt eine wundersame Ordnung mit weitverzweigten Verwandtschaftsmustern steht. Letzten Endes hat uns Linnés Systematik gelehrt, dass wir alle Mitglieder einer großen Familie sind.

*****

»Das Interessante an Linné ist, dass wir ihn aus heutiger Sicht als einen Wissenschaftler ansehen, der seine Arbeit aus reiner Neugier und aus Liebe zur Natur gemacht hat.« Isabelle Charmantier nimmt noch einen Stapel Blätter und legt ihn im Gewölbe auf den Tisch. »Aber das ist falsch. Er hat vieles schlicht und einfach des Geldes wegen gemacht.« Als sie die alten Blätter aufschlägt, kommen einige Kamelien zum Vorschein, die durch das Trocknen die Farbe und Konsistenz von verkrustetem altem Seegras bekommen haben. Auf dem Zweig jeder Blume steckt eine braune Blüte. »Linné meinte, Schweden würde viel zu viel Geld für Luxusgüter ausgeben, wozu damals übrigens auch Tee gehörte.« Die getrockneten Exemplare seiner Sammlung sind die wenigen greifbaren Überreste seiner lebenslangen Bemühungen, lebende Teepflanzen – Tee wird aus einer bestimmten Kamelienart gemacht – aus China nach Schweden zu schmuggeln. Er wollte schwedische Teeplantagen aufbauen, um die Einfuhr aus China zu drosseln. Der oberste Beweggrund für seine Arbeit war seine Besessenheit vom Geld sowie die Sorge um finanzielle Verluste durch internationalen Handel.

Linné meinte, der Wert eines einzelnen Menschen und einer Nation ließe sich in »Goldbarren« messen. Als er später selbst reich geworden war, holte er gern seine Goldmünzen aus der Schublade, um ihr Gewicht und ihre Beschaffenheit zu spüren und sie seinen mittellosen Studenten zu zeigen, ein Silas Marner, wie er im Buche steht. Die Vorliebe für Gold durchzog Linnés gesamte Arbeit. Wenn er Pflanzen und Tiere benannte und beschrieb, sah er sich stets genau an, welches ökonomische Potenzial sie besaßen. Als ihn der schwedische König 1761 in den Adelsstand erhob und ihm den Namen Carl von Linné gab, galt die Auszeichnung nicht seiner Systematik, sondern der Anwendung chinesischer Methoden der Perlenzucht an schwedischen Süßwassermuscheln. Sein Perlenzuchtexperiment verlief zwar im Sande, versprach aber anfangs, die versiegten Perlenvorräte und damit auch Schwedens Kassen wiederaufzufüllen. Linné gedachte seiner Erhebung in den Adelsstand mit einem Wappen, das von einer Blume gekrönt ist, dem Moosglöckchen, einem kriechenden Geißblattgewächs, das in den subarktischen Habitaten der gesamten Nordhalbkugel vorkommt. Das Moosglöckchen war seine Lieblingsblume, er bewarb die Blätter als »Lapp-Tee«, der als Alternative zum importierten Tee dienen sollte, wenngleich sein eigener Sohn das Gebräu »ziemlich widerwärtig« fand.

Linnés Gescharre nach Gold mag uns unfein erscheinen, aber seine Besessenheit von Geld und Besitz rührte von dem extremen Mangel, den er selbst in frühen Jahren gelitten hatte. Als junger Mann hatte er oft nicht genug zu essen und konnte sich keine ordentliche Kleidung leisten, was gerade im schwedischen Winter übel war. Sicher hatten ihm seine Eltern auch von den Hungersnöten der 1690er-Jahre erzählt, die zur Zeit seiner Geburt erst ein paar Jahre zurücklagen. In dem kleinen Universitätsstädtchen Uppsala sah er von den 1740er- bis in die 1770er-Jahre regelmäßig abgemagerte Bettler. Auch erlebte er kleinere Hungersnöte, bei denen die arme Bevölkerung, wie er es formulierte, »verkümmert und, was noch viel grauenhafter ist, das Wimmern, Leiden und den Todeskampf ihrer kleinen Kinder miterleben muss«. Ihm war besonders deutlich bewusst, was es hieß, wenn gedeihende, fruchtbringende Pflanzen nicht den Bedürfnissen der Menschen entsprachen. Es schmerzte ihn, wenn er sah, wie Kisten voller Silber – die damalige Währung beim Handel mit anderen Ländern – in See stachen, um damit in China Tee und andere Waren zu kaufen. All diese Erlebnisse entfachten in ihm das Begehren, in den schwedischen Pflanzen neue Nutzungsmöglichkeiten zu entdecken. Und er wollte Pflanzen aus aller Welt nach Schweden bringen, um sie nicht nur in seine Systematik einzuordnen, sondern auch an den kalten schwedischen Winter zu gewöhnen und anzubauen. Damit würde er der Abwanderung teurer Metalle Einhalt gebieten und das Land in eine selbst geschaffene Blütezeit führen.

Linnés Empfehlungen für Hilfsnahrung bei Hungersnöten lagen dabei auf einer Skala zwischen »plausible Idee« und »unnütz bis zur Lachhaftigkeit«. Wilde Lauche und Baumharz mochten manchen vielleicht vor dem Verhungern retten. Aber in Butter und Pfeffer gebratene Tulpenzwiebeln oder schwarze Johannisbeeren mit Puderzucker legen schon nahe, dass er von den wahren Entbehrungen einer Hungersnot wenig wusste. Mit einer Selbstgewissheit, die an Herzlosigkeit grenzte, bekundete er: »Wer seine Pflanzen kennt, wird niemals hungers sterben müssen, wenn die Ernte ausfällt«, womit er sich auch anmaßte, zu behaupten, dass seine schwedischen Mitbürger, selbst diejenigen, die das ganze Jahr über auf dem Feld schufteten, so wenig von Pflanzen verstanden, dass sie trotz der sie umgebenden Überfülle starben. Doch keiner seiner Pläne für Nahrungsalternativen hielt, was er versprach. Erst dank einer beständigeren Ernte an Roggen, Rüben und anderen Nutzpflanzen konnte sich das Land der nächsten Hungersnöte erwehren.

Linné stellte Schwedens Autarkie über alles und hegte eine tiefe Abneigung gegenüber dem Handel. Wenn man sich nur aus der Abhängigkeit von anderen Ländern befreien könnte, würden sich die Goldbarren gewiss nur so türmen. Dieser Isolationismus stand im krassen Gegensatz zum Konzept der Marktwirtschaft, das damals Adam Smith und andere entwarfen. Für sie stellte der Außenhandel den Gipfel in der Entwicklung einer Nation dar. Nicht das Horten von Schätzen, sondern wirtschaftlicher Austausch führte zu Reichtum und Wohlstand, da jede Nation mit den Gütern handelte, die sie am effizientesten herstellen konnte, und dafür andere Waren importierte. Hier lässt sich eine leichte Parallele zum Aufstieg der Blütenpflanzen erkennen. Sie verdanken ihren Erfolg ihren Partnerschaften und dem Austausch mit anderen Arten und nicht etwa der Abschottung und Eigenbrötlerei. Blumen und Menschen gedeihen in Beziehung zu anderen und verwelken, wenn sie allein leben. Trotz aller Achtung vor den Blumen hat Linné diese Lektion offenbar nicht von ihnen gelernt.

Der Kontakt zu anderen Menschen und Ländern interessierte Linné vor allem, weil er dadurch neues Material für seine Systematik und seine Ideen der nationalen Autarkie bekam. Das war kein Handel, sondern Aneignung. Als Linné an Ansehen gewann, kamen auch immer mehr Studierende zu ihm, die er »Apostel« oder »Schüler« nannte und in die Welt schickte, um für ihn nach Pflanzen zu suchen, bestenfalls solche, die potenziell ökonomischen Wert besaßen, zum Beispiel Maulbeeren, aus denen man Seide machen, oder Tee, den man im eigenen Land anbauen konnte. Seine Forschungsreisenden waren schlecht vorbereitet und auch finanziell schlecht ausgestattet, viele starben auf der Reise. Wer wieder zurückkam, erhielt kaum Anerkennung oder Entlohnung, auch wenn einige von ihnen, die später unter eigenem Namen Arbeiten veröffentlichten oder mit anderen Forschern wie dem englischen Botaniker Joseph Banks zusammenarbeiteten, Erfolge feierten.

Linnés Versuch, Pflanzen aus allen Teilen der Welt nach Schweden zu bringen und dort zu kultivieren, hatte auch mit einem frühen floralen Triumph in seinem Leben zu tun. Als junger Mann hatte er in Holland zusammen mit Cliffords Gärtner Dietrich Nietzel eine Bananenpflanze zum Blühen überredet, was bis dahin in ganz Holland noch niemandem geglückt war. Die Bananenpflanze aus einem unbestimmten amerikanischen Land gedieh in Cliffords beheiztem Gewächshaus. Wie Linné selbst sagte, »zeigte sie fünf lange Jahre keine einzige Blüte, aber dann!, gleich zu Beginn dieses Jahres 1736 kamen die ersten lang ersehnten Blüten«, von denen einige sogar zu Früchten heranreiften. In Massen strömten die Menschen herbei, um das Wunder zu bestaunen. Linné beging seine Errungenschaft, indem er eine Banane seinen Rivalen in Paris schickte, wo bislang noch keine einzige Pflanze Blüten getragen hatte. Und er zog die Veröffentlichung seines 50-seitigen bebilderten Buches *Musa Cliffortiana* (»Cliffords Banane«) vor, worin er der Blume und ihren Früchten huldigte, Anatomie, Sexualität und Nutzung von Bananen erörterte und sein Sexualsystem der Klassifizierung propagierte.

Im Gewölbe der Linnean Society of London zeigt mir Dr. Charmantier einen Ordner, auf dem mit Tinte in einer alt wirkenden Handschrift *Musa* steht, der wissenschaftliche Name der Banane. In dem Ordner liegen mehrere Blätter Papier, zwischen denen sich getrocknete Bananenblüten befinden, stummelige dröge Hülsen, aus denen kaum die Staubblätter hervorlugen. Ob sie von Cliffords Pflanze stammen, ist nicht bekannt. Jedenfalls stellen sie einen Wendepunkt in Linnés Denken dar. Denn wenn in Holland Bananen blühen und Früchte tragen konnten, könnte man dann nicht vielleicht auch noch andere Pflanzen fern ihrer Heimat dazu bringen? Die Bananen hatten dank der Wärme im Gewächshaus Blüten ausgetrieben, aber Linné war der Überzeugung, dass man Pflanzen auch abhärten konnte, sodass sie sich an kältere Gefilde gewöhnten. Damit hatte er die physiologische Anpassungsfähigkeit der Pflanzen allerdings arg überschätzt. Trotz jahrzehntelanger Versuche überlebte kein einziger seiner tropischen oder subtropischen Importe länger als ein paar Jahre.

Bananen waren damals noch eine Neuheit und Rarität. Tee dagegen war eine Hauptsäule des internationalen Handels und eine besondere Obsession Linnés. Ohne irgendeinen Beweis behauptete er 1741 vor der Schwedischen Akademie der Wissenschaften, es gebe »keinen Zweifel mehr«, dass sich in Südschweden Tee anbauen ließe. »Die armen Chinesen«, ätzte er, »werden dadurch über 100 Goldbarren verlieren.« In der damals beliebtesten Publikation von ganz Skandinavien, dem Bauernkalender, sah er schon die schwedischen Teeplantagen vor sich, durch die China seine »blühende Glückseligkeit verlieren und Schweden einen nicht geringen Teil seines Reichtums und Glücks überlassen« müsse. Nur sollten seine Pläne gleich mehrmals scheitern. Fünf seiner Apostel misslang der Versuch. Über die Schwedische Ostindien-Kompanie kamen zwei »Teepflanzen« an, die sich als eine andere Kamelienart herausstellten als die, aus der Tee hergestellt wird. Die Samen, die sich Linné von Londoner Botanikern erschmeichelte, wollten nicht keimen. Lebende Pflanzen verkümmerten schon auf See oder wurden auf dem Schiff von den Ratten gefressen. Linné war »untröstlich«. 1763 schließlich landeten zwei lebende Pflanzen in Uppsala an, die Linné dazu veranlassten, dem Kapitän des Schiffes zu schreiben: »Ich sage Ihnen, wenn das wirklich Tee ist, werde ich Ihren Namen, Herr Kapitän, unsterblicher machen als den von Alexander dem Großen.«

1765 wuchsen die lang ersehnten Teepflanzen tatsächlich im Freien, und als sich ihre Knospen öffneten, offenbarten sie duftende Kelche aus weißen Blütenblättern und eine Schar gelber Staubbeutel. Endlich gab es auch in Schweden eine Teeblüte. Die Freude währte indes nur kurz. Nach der Herbstblüte machte der schwedische Winter den Pflanzen den Garaus.

Linnés Selbstüberschätzung bei der Ansiedlung fremder Pflanzen in Schweden verhinderte letzten Endes alle Versuche, Plantagen mit nutzbringenden Pflanzen anzulegen. Aber in der Art und Weise, wie er die Erforschung von Blumen und das Streben nach wirtschaftlichem Gewinn miteinander verband, war Linné beileibe nicht der einzige Botaniker in Europa. Das Zeitalter des weltweiten Handels wurde unter anderem durch die Erforschung von Blumen und Blütenpflanzen eingeleitet.

Sehen wir uns nur einmal eine andere koffeinhaltige Pflanze an, die die Europäer bereits im 18. Jahrhundert heiß und innig liebten: den Kaffee. 1714 erwarben französische Händler lebende Kaffeepflanzen für den Jardin du Roi, das botanische Forschungszentrum des Königs in Paris. Zu der Zeit wurden schon seit Jahrzehnten verarbeitete Kaffeebohnen nach Frankreich importiert, die lebenden Pflanzen hatte jedoch noch niemand genauer untersucht oder angepflanzt. Im Jardin du Roi führte der Botanikprofessor Antoine de Jussieu eine ausführliche anatomische Studie der lebenden Pflanzen einschließlich der Blüten und Früchte durch, nachdem es ihm gelungen war, die Pflanzen in einem beheizten Gewächshaus zum Blühen zu bringen. Und er säte Kaffeebohnen zum Keimen aus. Seine Abhandlung über die Pflanzen von 1715 liest sich wie eine trockene botanische Beschreibung, aber dieses scheinbar unbedeutende akademische Traktat säte den Samen des französischen Kolonialismus. Anders als Linné versuchte Jussieu nicht, in Europa gewerbsmäßig Kaffee anzubauen. Er schickte die jungen Schösslinge der von ihm kultivierten Pflanzen in die französischen Kolonien. Und so wurden die französischen Plantagen in den Ländern am Indischen Ozean und West-Atlantik zu einträglichen Umschlagplätzen der Kaffeeproduktion.

Auch in London und Holland dienten die botanischen Gärten als Forschungszentren und Knotenpunkte in den Handelsnetzwerken der Pflanzen, die letztlich in kolonisierten Ländern angebaut wurden, in Plantagen, auf denen hauptsächlich Sklaven oder Knechte arbeiteten. Linné ließ sich zwar viele Pflanzen für seine Forschung und seine missglückten Plantagen nach Schweden schicken, beteiligte sich aber nicht an der Verschiffung von Pflanzen von ihrem Herkunftsort in die Kolonien. Was er hingegen tat: Er lieferte die theoretische Begründung für rassistische Produktionsmethoden und nicht zuletzt für die Sklaverei.

In *Systema Naturae*, dem Buch, in dem er sein Sexualsystem zur Einordnung der Blumen darlegte, schrieb er ebenfalls über verschiedene Tiere, darunter auch den Menschen. Damit veröffentlichte er als erster westlicher Naturkundler eine Klassifikation, in der die Menschen in eine Kategorie mit anderen Tieren eingeordnet wurden, und zwar in eine Untergruppe mit den Affen und Menschenaffen. Auch wenn andere Naturforscher Widerspruch erhoben, bestand Linné darauf, dass Menschen Tiere seien und dass alle Menschen ein und derselben Art angehörten. Zugleich unterteilte er die Menschen in Varietäten: »Europäer weiß, Amerikaner rot, Asiaten gelb, Afrikaner schwarz.« Für die zehnte Auflage der *Systema Naturae* von 1758 erweiterte Linné seine Systematik der Menschen durch Beschreibungen von Verhalten und Sitten und erklärte ohne jeglichen Beleg, Weiße seien »sanguinisch, vernünftig«, Schwarze dagegen »phlegmatisch, schlaff«. Wenngleich er den Begriff »Rasse« nicht verwendete, schrieb er damit rassistische Überzeugungen in diese Auflage der *Systema Naturae* ein, die fast die gesamte westliche Wissenschaft als Taxonomie-Handbuch nutzte. Da Linné zu dieser Zeit die bekannteste und einflussreichste wissenschaftliche Instanz zur Klassifikation von Lebewesen war, hatte seine Behauptung von der Überlegenheit der Weißen sowie seine Überzeugung, Menschen ließen sich anhand von

Verhaltensmerkmalen in verschiedene Kategorien einteilen, ein enormes Gewicht.

Linné selbst war weder Sklavenhalter, noch besaß er eine Kolonialplantage, aber seine rassistischen Ansichten boten anderen die »wissenschaftliche« Rechtfertigung für Sklaverei und andere Formen rassistisch begründeter Ausbeutung. Was als System zur Klassifikation von Blumen begann, wurde durch Linnés eigene Erweiterung seiner Taxonomie auf das Reich der Menschen zu einem Grundpfeiler im theoretischen Fundament all der Monstrositäten, die das Schwedische Reich mit der Sklaverei beging. Linné säte Samen in vielerlei Sinn.

Kurz nach Linnés Tod kaufte König Gustav III. von Schweden den Franzosen die Karibikinsel Saint-Barthélemy ab und nutzte die vorteilhaften Steuergesetze, um aus ihr einen regionalen Umschlagplatz für den Sklavenhandel zu machen. Dass die führende wissenschaftliche Instanz Schwedens – und der gesamten westlichen Welt – zur Klassifikation von Lebewesen in ihrem Werk die Überlegenheit der Weißen propagierte, half gewiss den Weg dazu zu ebnen.

In den Blüten liegen verborgene Geschichten. Einige dieser Geschichten handeln von Verwandtschaft und Evolution. In den Aufbau der Blüten ist ihre Genealogie eingeschrieben, sodass wir mit ihnen weit in die Vergangenheit blicken können, wenn wir sie uns genau ansehen. Aber ein solcher Blick ist niemals objektiv, ebenso wenig wie die daraus gezogenen Schlussfolgerungen. Linné hat nicht die wahre Geschichte der Natur aufgeschrieben, sondern nur einige Fakten erkannt und sich den Rest aus Mutmaßungen und Vorurteilen zusammengesponnen. Er hat den Rassismus in das Fundament der modernen Biologie gegossen. Und andere folgten ihm darin. Charles Darwin war zwar ein glühender Gegner der Sklaverei, glaubte aber dennoch an die Überlegenheit der Weißen gegenüber den »elenden, erniedrigten Wilden« und schrieb 1871 in *Die Abstammung des Menschen*, dass »die zivilisierten Menschenrassen mit annähernder Sicherheit die wilden Rassen überall auf der Erde ausmerzen und ersetzen« würden. Anfang des 20. Jahrhunderts waren viele Biologen, darunter auch führende Evolutionsbiologen, Eugeniker, und ihr Glaube an »geplante Züchtung« und »Rassenverbesserung« ebnete nicht nur den Weg zu erzwungenen Massensterilisationen, sondern war auch die Grundlage für den Genozid der Nationalsozialisten.

Wenn wir von Linnés Blumen und der von ihnen ausgehenden Klassifikation eines lernen können, dann, dass die Wissenschaft immer in den kulturellen Kontext ihrer Zeit und in die Vorurteile der jeweiligen Wissenschaftler eingebunden ist. Linné zwängte seine vorgefassten Ideen zur menschlichen Diversität in ein System, das nur so schien, als wäre es objektiv. Heute ist wieder ein auf falsche und verzerrte »wissenschaftliche Erkenntnisse« gestützter Rassismus auf dem Vormarsch, und es werden »wissenschaftliche Erkenntnisse« hergenommen, um in rückschrittlichen politischen Bewegungen ein dualistisches Gendermodell und rassistische Theorien zu verfechten. Linnés Erbe erinnert uns daran, dass derlei Vorurteile besonders großen Schaden anrichten, wenn sie von einer wissenschaftlichen Instanz vertreten werden, hinter der sich falsche Behauptungen verstecken können – eine tödliche Illusion. Besonders groß ist das Risiko des Missbrauchs, wenn diese wissenschaftliche Instanz nur aus einer kleinen, homogenen Gruppe besteht, wie es etwa bei den Eugenikern des frühen 20. Jahrhunderts der Fall war, oder gar aus nur einer Person wie Carl von Linné, dem »Fürsten der Botaniker«.

*****

Nicht nur in einem Gewölbe mit jahrhundertealten getrockneten Blumen oder im Fundament der Biologie finden sich blühende Fantasien. Auch die Blüten, die wir in unserem Alltag im Garten, im Blumenladen oder auf den öffentlichen Grünflächen sehen, bergen ebenfalls schädliche Geheimnisse, wenngleich anderer Art.

Wenn sich Menschen und Pflanzen etwa durch Gartenbau oder Blumenhandel eine Lebenswelt teilen, entsteht eine erstaunliche Verbindung, die von wechselseitiger Erfindungsgabe geprägt ist. Doch wenn wir die Blumen nach unserer Vorstellung formen, schüren wir manchmal auch unerwartete Wunden, die sich hinter der oberflächlich schönen Maske verbergen. Das sind die verborgenen Geschichten der Blumen unserer Zeit. Geschichten, die wir selbst wieder geradebiegen können. Um sie aufzuspüren, wollen wir uns einmal einige preisgekrönte Gärten ansehen.

Stiefmütterchen

Schönheit und Brüchigkeit im Garten

»Sieh aus wie die unschuldige Blume,
aber sei die Schlange darunter.« – Lady Macbeth

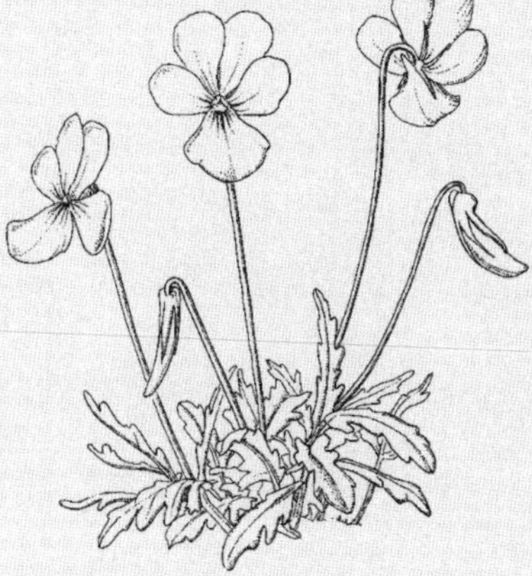

»1950 – ERSTER PREIS STIEFMÜTTERCHEN UND VEILCHEN.« »1952 – Erster Preis Stiefmütterchen.« Mein Urgroßvater hat beim Stiefmütterchen-Wettbewerb der Christchurch Horticultural Society, eines Gartenbauvereins an der englischen Südküste, ordentlich abgeräumt. Sein Rhabarber und Markkürbis erhielten ebenfalls Preise, aber für die Zucht perfekter Stiefmütterchen hatte er offenbar besonderes Talent. Die Siegerschildchen lagen in einem Karton im Haus meiner Schwester in Schottland, sie steckten zwischen Schulterabzeichen aus dem Ersten Weltkrieg, alten zerfledderten Familienfotos und einigen Aquarellen. Ein schmales Band zur dritten Generation vor uns. In den 1920er- und 1930er-Jahren, der Blütezeit der US-amerikanischen Drag-Performances (»Pansy Craze«), wurden Stiefmütterchen gern mit Männern assoziiert, die wie Schwule nicht den gängigen Geschlechterrollen entsprachen. Das wirkte in den 1950er-Jahren noch fort, aber aus den Hinterlassenschaften meines Urgroßvaters geht nicht hervor, ob ihm die Symbolik etwas bedeutete. Stiefmütterchen waren jedenfalls sein Steckenpferd, und er zauberte in seinem Garten perfekte Blüten.

Als wir die Fotos aus dem Karton nahmen und genauer betrachteten, traf mich fast der Blitz. Bei meiner Geburt war mein Urgroßvater schon zehn Jahre tot, aber abgesehen von den Preisen, hätten die Fotos genauso von mir stammen können. Auf einem steht Reg Cantelo in seinem schmalen Garten, man sieht ausufernde Gemüsebeete und hüfthohe Blumen. Auf einem anderen hält er eine wunderbar flauschige Katze auf dem Arm. Mensch und Tier blinzeln skeptisch in die

Kamera. Die Generationen lösen sich ab, aber ein Widerhall bleibt. Wenn ich am Schreibtisch sitze, verfolgt eine faszinierte Katze mit wackelndem Kopf mein Tastenspiel, und durchs Fenster blicke ich auf einen Garten mit Blumen und Gemüse. Auch ich fühle mich vor der Kamera unwohl. Und heute Nachmittag beackere ich unser Beet im Gemeinschaftsgarten. Mit meinen selbst gezüchteten Stiefmütterchen ist allerdings kein Blumentopf zu gewinnen. Unter Atlantas Sonne sind sie schon vor Wochen verdorrt.

Zwischen den Erinnerungsstücken steckte auch eine Lebensmittelkarte aus dem Zweiten Weltkrieg. Gemüse war damals zwar nicht rationiert, aber durch die fehlenden Importe knapp. Gartenarbeit war für Regs Generation ein »Spatenstich für den Sieg«, eine patriotische Pflicht, sofern man einen Garten besaß. Allein zwischen 1939 und 1942 verdoppelte sich die Zahl privater Gemüsegärten in Großbritannien auf fast fünf Millionen, die Zahl der Schrebergärten nahm von 960.000 auf 1,7 Millionen zu. Doch obwohl der Garten hinter Regs Doppelhaushälfte klein war, hatten Blumen ihren Platz. Von meiner verstorbenen Großmutter, seiner Tochter, weiß ich, wie stolz Reg war, dass er seine Familie ernähren und sogar noch herrliche Blumen pflanzen konnte. Im Ersten Weltkrieg hatte er als Soldat gedient, und im Zweiten mit seiner Frau Dorrie, meiner Urgroßmutter, unter den Bombardierungen der Südküste gelitten. In der Nachkriegszeit hungerten beide vermutlich genauso wie nach Nahrung nach Schönem, das die Stimmung hob. Auch wenn wir glücklicherweise in keinem Kriegsgebiet leben, können wir nachempfinden, dass Gartenblumen, Balkonkästen und Blumensträuße in einer krisengeschüttelten, brüchigen Welt ein Tor der Sinne aufstoßen. Beim Anblick der lebendigen Blumen spüren wir, wie schön das Leben doch sein kann.

Für welche Stiefmütterchen-Sorten Reg die Preise einheimste, geht aus den Siegerschildchen nicht hervor, er hatte jedenfalls große Auswahl. In den 1950er-Jahren konnte man Samen Hunderter Kultursorten günstig erwerben. Ihre Namen sprechen Bände: Deep Blue, Bronze, Fancy Red, Purple Mantle, Marbled Dark, Large Spotted

White, Yellow Blue Edge, Riesen-Trimardeau in elf Farbtönen. Welch ein Reichtum: tiefblau, raffiniertes Rot, ein Purpurmantel …! Als Freizeitmaler bevorzugte Reg vermutlich Sorten mit ungewöhnlichen, auffälligen Farben. Und mit Hinblick auf die Gartenbau-Ausstellung dürften ihm auch die Riesen-Stiefmütterchen zugesagt haben.

Die Farb- und Formenfülle, aus der Reg wählen konnte, war allerdings relativ neu. Während in Asien und Europa Rosen und Pfingstrosen schon seit Jahrtausenden durch Auslese gezüchtet und gekreuzt wurden, kultivierte man das Wilde Stiefmütterchen (*Viola tricolor*) aus der Gattung der Veilchen erst Anfang des 19. Jahrhunderts. In einem wahren Kreuzungsrausch entstanden Hunderte neuer Sorten. Der Wandel lässt sich gut an den Saatgutkatalogen ablesen. Im Jahr 1774 listete der Londoner Catalogue of Plants and Seeds von Kennedy und Lee nur elf europäische und nordamerikanische violette Wilde Stiefmütterchen auf, aber keine einzige Kultursorte, nicht einmal ein Gartenstiefmütterchen. Und auch der Londoner Pflanzenkatalog von Goring & Wright von 1798 bot lediglich ein »zweifach blaues Wildes Stiefmütterchen«. Ganz anders sah es 1835 aus: In ihrem Heftchen, so die Botaniker J. Sinclair und J. Freeman, fänden sich »fast tausend Stiefmütterchen-Sorten«, gezüchtet von »vornehmen, modebewussten Damen«, die die Art so ihrem ehemaligen Status als »furchtbares Unkraut« enthoben. Und Dicksons' Samenkatalog aus Chester von 1899 versprach: »Bei den Stiefmütterchen kam es in den letzten Jahren zu großen Verbesserungen. Ihre Blüten sind nun größer, raffinierter und gefüllter, die Farbpalette ist breiter.« Zudem überquerten die Samen den Atlantik. Allein 1888 verkaufte Burpee Seeds aus Philadelphia über 100.000 Tütchen der, so die Werbung, »beliebtesten aller Samenpflanzen«.

Die neuen Stiefmütterchen-Sorten präsentierten sich nicht nur in neuen Pastell- und Rottönen und gekräuselt, ihre schwarzen Zeichnungen erinnerten auch an Gesichter. Die meisten waren nun zwei- bis dreimal so groß wie ihre wilden Vorfahren, obwohl es auch Miniaturblüten gab. Charles Darwin bewunderte 1868 den großen Unterschied zwischen »den kleinen, dumpfen, länglichen, unregelmäßigen Blüten des Wilden Stiefmütterchens und den neuen Gartensorten mit ihren schönen, flachen, symmetrisch-runden, samtähnlichen Blüten, die im Durchmesser bis zu fünf Zentimeter groß sind und so zauberhaft und vielfältig gefärbt«.

Nichts für ungut, Meister Darwin, aber für mich sind wilde Stiefmütterchen alles andere als »dumpf«. Ihre Schönheit wurde in Westeuropa jahrhundertelang bewundert. Sie blicken uns mit ihren heiteren Blüten und ihrem flachen »Gesicht« freundlich an und besprenkeln europäische Feld- und Waldränder ganz von Natur aus mit violetten, weißen und gelben Farbtupfern. Kräuterkundige verwenden ihre Blüten, Blätter und Wurzelausläufer zur Reinigung der Lunge und Linderung von Schmerzen. Der Volksmund hat der heiteren Blume unzählige Namen gegeben, und viele haben mit Liebe zu tun: Mädchenaugen, Schöngesicht, Muttergottesschuh, Liebesgesichtli, Ackerveilchen, Christusauge. Der Name Stiefmütterchen rührt von dem breiten unteren Blütenblatt, der »Stiefmutter«, die bequem auf zwei Kelchblättern thront, während ihre seitlichen »Töchter« auf jeweils einem Kelchblatt sitzen und die beiden oberen Blütenblätter, die armen »Stieftöchter«, sich ein Kelchblatt teilen müssen. Und der seltenere Name »Pensee« kommt vom französischen »Pensée«, den träumerischen Gedanken Liebender oder den Gedanken von Gelehrten. Der französische König Ludwig XV. hat den Chirurgen und Ökonom François Quesnay mit einem Wappen geehrt, das drei Stiefmütterchen zeigt. Shakespeare erwähnt das Liebesgesichtli als Liebestrank und Pensee für die Gedanken, und die junge Elisabeth I. bestickte ein Gebetsbuch ihrer Stiefmutter, genau, mit einem Stiefmütterchen. All diese Ehren galten dem unkultivierten Wilden Stiefmütterchen.

Doch die wilde Schönheit genügte den englischen Gartenbauern des 19. Jahrhunderts nicht. Sie nutzten ihre natürliche Vielfalt und verliehen ihr mittels experimentierfreudiger Kreuzungen neue Formen. Als besonders einflussreich sollten sich Mary Elizabeth Bennet und ihr Gärtner William Richard erweisen. Bennet kam aus einer adeligen Familie, die ihren Reichtum und Müßiggang unter anderem der Zwangsarbeit versklavter Menschen verdankte, die weniger in Gärten, sondern unter brutalen Bedingungen auf nordamerikanischen Plantagen schufteten. Wie bei Linné und Jussieu gingen Pflanzenstudien und Züchtung auch hier mit Ungerechtigkeit und Ausbeutung Hand in Hand. In ihren englischen Gärten sammelten und kreuzten Bennet und Richard alle Stiefmütterchen-Farben und -Formen, derer sie habhaft werden konnten. Es dauerte nicht lange, da interessierte sich der Saatguthändler James Lee, der mit verschiedenen adligen Pflanzenliebhabern zusammenarbeitete, für ihre ausgefallenen Stiefmütterchen, um sie mit importierten Arten zu kreuzen und Farb- und Formvielfalt weiter zu mehren. In nur zehn Jahren kreuzte man die Bennet-Richard-Pflanzen mit vielen anderen wilden Stiefmütterchen aus den europäischen Bergen und Osteuropa. Schon seit Mitte des 19. Jahrhunderts sind die meisten Gartenstiefmütterchen Hybride, also Kreuzungen verschiedener Arten.

Mit ihrer Arbeit setzten die Züchter des 19. Jahrhunderts gewissermaßen einen natürlichen Prozess fort. Weltweit existieren über hundert wilde Stiefmütterchen mit verschieden gefärbten und geformten Blüten. Viele entstanden durch natürliche Kreuzung einst getrennter Arten. Wie genetische Untersuchungen von fast 600 Arten der Gattung Veilchen (*Viola*) zeigen, zu der alle Veilchen und Stiefmütterchen gehören, gehen über zwei Drittel der Arten auf solche Kreuzungen zurück. In der Familie der Veilchen und Stiefmütterchen wurden viele Fäden verwebt und verzahnt. Menschliche Hände haben das Spitzenmuster nur weiter verfeinert.

Aus Sicht der Insektenbestäuber waren die neuen Stiefmütterchen-Sorten allerdings Versager und ein knallharter Bruch mit der Vergangenheit. Sie hielten nicht, was sie versprachen, und spendeten nicht mehr reichlich Nektar und Pollen. Sie gefielen den Menschen, aber waren für die Insekten meist nutzlos. Welche Sorte Reg auch gewählt hatte, verglichen mit dem Stiefmütterchen-»Unkraut« verarmte sein Garten.

Als Mary Elizabeth Bennet und ihre Mitarbeitenden die Stiefmütterchen aufpeppten, durchtrennten sie ungewollt ihre enge Verbindung zu den Bestäubern. Quasi über Nacht wurden die Bestäuber abgehängt. Offeriert man Insekten in einem Test verschiedene Stiefmütterchen gleichzeitig, schneiden Wildarten im Allgemeinen besser ab als die großen, gekräuselten Kultursorten. Und selbst wenn manche Kultursorten längere Nektarsporne besitzen, bleibt den meisten Insekten die Belohnung versagt. Bienen mit kurzer Zunge können nur davon träumen, und Hummeln mit längerer Zunge suchen auf den Riesenblüten oft vergeblich Halt.

Die wilden Stiefmütterchen haben sich evolutionär an die ästhetischen Vorlieben der Insekten angepasst. Form, Farbe und Größe ihrer Blütenblätter, Verlockungen und Düfte sind perfekt auf Insekten und ihre Sinne abgestimmt. Unsere Schönheitsideale bevorzugen hingegen ganz andere Merkmale. Verglichen mit den Insekten sind wir riesig. Ein menschliches Auge ist 20 Mal größer als das einer Biene. Statt zarter Farben und Formen gefallen uns meist Riesenblüten mit großen Farbtupfern. Rüschen, üppige Blütenblätter und anderer Firlefanz ziehen uns in den Bann. Doch damit untergraben wir die Beziehung der Blüten zu den Bestäubern, die sich gemeinsam mit ihnen entwickelt haben. Saatzuchtbetriebe bestäuben Blüten heute oft manuell mithilfe von Nadeln und Bürstchen, um die Verwandtschaftslinien ihrer Hybridsamen zu gewährleisten. Oder bei manchen Sorten erledigt das gleich die Selbstbestäubung.

Allerdings sind die Stiefmütterchen nicht die einzigen »Mängelexemplare«. Wie man beim Besuch eines Gartencenters leicht feststellen kann, gibt es dort Blütenpflanzen in Hülle und Fülle, aber kaum welche, die Insekten etwas bieten. Viele besitzen gefüllte Blüten, deren Blütenblätter durch vererbte Mutationen vermehrt wurden. So sind die Mairosen im französischen Grasse die Nachkommen gefüllter Rosen, die Plinius der Ältere, schon vor 2000 Jahren in seinen Schriften erwähnte. Gefüllte Pfingstrosen wurden in China schon 750 v. u. Z. gezüchtet. Heutige Gänseblümchen können so puschelig sein wie Pompons, Akeleien und Rittersporn tragen gern elisabethanische Halskrausen, und auch Petunien, Seifenkraut und Gemeiner Hornklee sind gefüllt erhältlich. Doch durch das Blütenwirrwarr wird den Bestäubern häufig der Zugang zum Nektar verwehrt, manche Sorten besitzen auch gar keine nektarproduzierenden Teile mehr. Menschliche Schönheitsideale und Insektenbedürfnisse stehen auch hier in Konflikt. Die vermehrten Blütenblätter gehen oft aus den pollenerzeugenden Staubblättern hervor, hungrige Insekten bleiben pollentechnisch auf dem Trockenen sitzen. Aber nicht immer müssen Insekten bei gefüllten Blüten alle Hoffnung fahren lassen. Wie ich in Grasse beobachten konnte, finden sie in den gefüllten Rosen und auch in gefüllten Ringelblumen und einigen anderen Pflanzen manchmal noch Pollen. Doch die meisten gefüllten Blüten bieten Insekten nichts als Illusionen. Nahrung: Fehlanzeige oder Mangelware. »Komm her und schlemme«, schreit es ihnen aus den Schaufenstern entgegen, aber drinnen in den Regalen herrscht gähnende Leere.

Die Kluft zwischen dem idealen Stiefmütterchen der Menschen und den Bedürfnissen der Bestäuber ist so riesig, dass Kultursorten aus Insektensicht Aliens aus anderen Welten sind. Aliens vom fernen Planeten »Menschliche Schönheit«. Viele Blumen in unseren Gärten kommen auch buchstäblich aus anderen Welten. Wenn sich Akelei, Männertreu und Salbei, die in Amerika von Kolibris bestäubt werden, plötzlich im kolibrilosen Europa wiederfinden, gefallen sie den Menschen sehr, bieten aber heimischen Tieren wenig Nahrung. Und die Fortpflanzung leidet auch. Wer auf andere Kontinente verpflanzt wird, muss sich selbst befruchten, wird gar nicht befruchtet oder muss mit den unbeholfenen Aufmerksamkeiten heimischer Bestäuber zurechtkommen. Der einzige Weg zur Befruchtung ist für die meisten Expats eine Vermehrung durch den Menschen. Folglich wachsen die ungeliebten Expats häufig in Ziergärten. In nordamerikanischen Gärten steht gern Dufttabak, dessen weiße, röhrenförmige Blüten so lang sind wie mein Zeigefinger. In seiner Heimat, den Anden, wird er von Nachtfaltern bestäubt, die einen unglaublich langen Rüssel entrollen.

Doch wenn der Dufttabak die Abendluft von Atlanta mit Moschusduft erfüllt, bleibt sein Nektar für heimische Insekten unerreichbar.

Aber nicht alle Weltenbummler sind so arm dran. Überall auf der Welt finden Insekten den Weg in Kelche, kurze Röhren und breite Trichter. Käfer fressen die Pollen von Magnolien, Schmetterlinge nippen am Nektar von Zinnien, und Honigbienen laben sich an Löwenzahn und Klee, auch wenn die Pflanzen fernab ihrer ursprünglichen Heimat gedeihen. Doch die Gastfreundschaft der Expats hat ihre Grenzen. Nektar und Pollen gibt es nur für flexible Bestäuber, die für verschiedene Geschmacksrichtungen offen sind. Spezialisten wie Kolibris oder Hummeln, deren Schnäbel und Rüssel an heimische Blüten angepasst sind, bleiben außen vor, und auch Solitärbienen sind auf bestimmte Pollen festgelegt.

Die verpflanzten Exemplare bieten auch Raupen und anderen jungen Insekten wenig Nahrung. Für das Insektenleben eine Katastrophe. Und genauso für nistende Singvögel, die auf Raupenfutter angewiesen sind. Viele Insekten haben Hunderttausende Jahre gebraucht, um zu lernen, Laubblätter heimischer Pflanzen zu entgiften und zu verdauen. Mit den Abwehrmethoden exotischer Blätter kommen daher nur wenige heimische Insekten klar. Dass importierte Pflanzen kaum unter Bisslöchern, Minierraupen-Narben und anderen Insektenzeichen leiden, gefällt dem Menschen auf seiner Suche nach optischer Perfektion. Aber für Insekten sind die Pflanzen eine Wüste. Sie hatten nicht genug Zeit, um sich an die Neuankömmlinge evolutionär anzupassen.

Wie eine Studie in den Mittelatlantikstaaten der USA zeigt, verarmt die Insektenwelt, wenn Hecken nicht überwiegend aus heimischen Blütenpflanzen wie Späte Traubenkirsche, Weißeiche, Viburnum oder Amberbaum, sondern aus fremden Arten wie Ölweide, Bittersüßer Nachtschatten, Heckenkirsche oder Büschelrose bestehen. In Hecken nicht heimischer Arten leben 68 Prozent weniger Raupenarten und 91 Prozent weniger Raupenexemplare. Kein Wunder also, dass die Insektenpopulationen unserer Welt dramatisch schrumpfen und nistende Vögel ums Überleben kämpfen. Ihre Nahrungskette ist zusammengebrochen.

Die neuen pflanzlichen Ökosysteme wirken üppig und blütenreich, aber gaukeln ökologische Vitalität nur vor. Sie haben Insekten, die sich nicht in Zehntausenden Jahren Koevolution an ihre Blüten und Blattchemie angepasst haben, nichts zu bieten. Ausnahmen bestätigen die Regel. So finden Vögel in Pflanzen, die wie die Heckenkirsche Früchte tragen, wenigstens ein paar Monate im Jahr Nahrung. Heimische Insekten können sich von importierten Pflanzen leichter ernähren, wenn sie derselben Gattung wie heimische Pflanzen angehören und daher chemisch ähnlich zusammengesetzt sind. Aber auch importierte Pflanzen mit heimischer Verwandtschaft ziehen oft zwei Drittel weniger Insekten an als heimische Pflanzen.

Manchmal erschüttern die attraktiven Pflanzen, die wir so begeistert importieren, nicht nur die Ökosysteme unserer Gärten. So sind mindestens 60 Prozent der zighundert invasiven Pflanzen, die heute heimische Ökosysteme ersticken oder auf andere Weise stören, durch den globalen Pflanzenhandel eingewandert, etwa Knöterich, Wolliger Schneeball, Chinesische Birne und Liguster. Und es hört nicht auf. Tag für Tag durchforsten Pflanzenzuchtbetriebe die Welt nach wilden Arten, die sie kultivieren und an die Ziergartenindustrie verkaufen können. Angesichts der Tatsache, dass importierte Pflanzen heimische Ökosysteme vernichten und die Landwirtschaft Milliarden kosten können, ist die anhaltende globale Suche nach neuen Importpflanzen, gelinde gesagt, blauäugig.

Doch wir müssen aufpassen, dass wir keine fremdenfeindlichen Mauern in unseren Gärten errichten: heimische Pflanzen sind gut, eingewanderte schlecht. Vielmehr sollten wir auf Gemeinschaftsebene denken: Fördern Gärten und Landschaften die Diversität und Produktivität heimischer Arten und entsprechen sie zugleich menschlichen Bedürfnissen? Ein paar hübsche Blumen, die uns gefallen, die für die heimische Ökologie aber wenig tun, sehe ich eher als heiteren, harmlosen Ausdruck unserer Sehnsucht nach Schönheit. Wer sich für die Formen, Farben und Düfte der weltweiten Pflanzenwelt begeistert, bringt ihr Wohlwollen und Neugier entgegen. Und nicht-heimische Pflanzen haben für viele eine persönliche Bedeutung. So erinnert mich die Japanische Sumpfschwertlilie in meinem Garten an einen guten Freund, der sie bei unserem Umzug nach Atlanta ausgegraben und mir einen Ableger gegeben hat. Da ich selbst Einwanderer bin, gefallen mir manche europäischen Pflanzen gut, etwa die Frühblüher meiner Kindheit. Und an den Rosen und Gänseblümchen in unserem Garten haben meine Partnerin Katie und ich eine helle Freude, weil wir sie von anderen geschenkt bekamen. Die meisten Gartenpflanzen hüpfen nicht gleich über den Zaun, um die Gegend zu erobern. Schöne nicht-heimische Exemplare, die vor allem in höheren Breitengraden die relativ wenigen heimischen Arten ergänzen, können unsere Stimmung heben. Doch wenn sich die eingewanderten Pflanzen breitmachen und die heimischen Arten verdrängen, verarmen unsere Gärten. Genauso wie unser ästhetisches Empfindungsvermögen. Dann suchen wir nur noch nach neuen fremden Reizen und wissen gar nicht mehr, welche Gartenschönheiten unsere Heimat bereithält.

Gärten mit überwiegend heimischen Arten befriedigen unser menschliches Bedürfnis, dem brummenden Leben nah zu sein. Wenn ich trübselig oder niedergeschlagen bin, heitern mich die Bienen und Schwebfliegen, die um heimische Sonnenblumen, Astern und Goldruten schwirren, und die Vögel, die nach Raupen für ihre schreienden Jungen picken, augenblicklich auf. Wieso, weiß ich nicht genau. Vielleicht sehe ich wieder Hoffnung. Aber es fühlt sich weniger an wie eine mentale Neuausrichtung, eher als ob sich mein Körper wieder mit der sinnlichen und produktiven Fülle des Lebens verbindet.

Wenn wir uns bemühen, in unseren Gärten heimische Ökosysteme neu zu verweben, tragen wir auf lange Sicht zu allgemein gesünderen Ökosystemen bei. In vielen Städten, Industriegebieten und landwirtschaftlich geprägten Räumen sind Gärten heute die beinah einzigen Flächen, die nicht versiegelt oder mit Monokulturen bepflanzt sind. In London nehmen die 3,8 Millionen Privatgärten ein Viertel der Stadtfläche ein. In den USA betätigen sich 55 Prozent der Menschen gärtnerisch, und in Europa erstreckt sich auf 1,9 Prozent der Landfläche Rasen, dreimal so viel wie bewässerte Getreidefelder. Wenn wir unsere Welt renaturieren wollen, müssen wir uns paradoxerweise der häuslichsten aller Tätigkeiten widmen und unsere Blumenkästen, Gärten und Straßenränder voller Begeisterung für heimische Ökosysteme hegen und pflegen. Die freie Natur existiert nicht nur in abgelegenen sakrosankten Naturschutzgebieten, die Menschen am besten nicht betreten, sondern genauso dort, wo wir leben und arbeiten. Wenn wir einen vor Leben sprühenden Garten anlegen, holen wir ein Stück sakrosankte Natur zu uns nach Hause.

Der Unterschied ist sofort spürbar. Ein Garten mit heimischen Pflanzen brummt vor Insekten. Vögel hüpfen herum und sausen durch die Luft, beleben Büsche und Himmel, und sogar die Erde riecht satter. Probieren Sie es aus. Ich habe an unserem Haus in Atlanta einmal testweise Kultur-Ringelblumen und -Chrysanthemen neben heimische Goldruten und Astern gepflanzt. Zwei gelbe und zwei violette Arten. Doch welch ein Unterschied! An den heimischen Pflanzen saßen an warmen Tagen von morgens bis abends Hummeln, Schmetterlinge, Wespen und kleine Bienen. Viele der Insekten übernachteten in den Blüten. Bei den Kulturblumen hingegen gespenstische Leere. Obwohl sie nur wenige Zentimeter vom blühenden Insektenleben entfernt standen, näherte sich höchstens versehentlich mal eine Hummel, krabbelte kurz herum und flog schnell weiter. An den Goldruten und Astern war die alte Beziehung zwischen Form und Funktion lebendig und intakt. Ringelblumen und Chrysanthemen waren höchstens ein »Stillleben« fürs menschliche Auge, ein schauriger Einblick in eine Welt, in der Insekten keine Rolle mehr spielen. Bei ihren wilden Vorfahren, den Ringelblumen in Mittelamerika und Chrysanthemen in China, hatten Insekten noch Nahrung gefunden. Doch die nektarlosen Kultursorten und deplatzierten Importe in Atlanta hätten genauso gut aus Plastik sein können.

Plastikblumen wären in Gärten wahrscheinlich sogar besser als kommerziell gezüchtete Zierpflanzen, die nach massenhaften Pestiziden verlangen. Nirgendwo tritt die zerstörerische Schattenseite des kommerziellen Gartenbaus deutlicher zutage als in unserem beunruhigenden Umgang mit schädlichen Chemikalien. Ich habe Regs Gartenschuppen nie gesehen, aber erinnere mich gut an den meiner Großeltern, die genauso begeistert Blumen und Gemüse pflanzten. In ihrem klapprigen Schuppen schlug einem als Erstes der Gestank nach teergeölten Regalbrettern und Gartenchemikalien entgegen. In einem Regal standen in Reih und Glied, über den Gläsern mit alten Schrauben, die Dosen und Flaschen mit Gift. Auf den Etiketten Bilder und Namen der angepeilten Opfer. Schnecken mit und ohne Häuschen. Raupen. Pilze. Mehltau. Käfer. Unkraut. Mit dem Waffenarsenal wollte mein Großvater, auch wenn er es als großer Vogel- und Tierliebhaber zurückhaltend einsetzte, unerwünschte Tiere, Pflanzen und Pilze bekämpfen.

Mitunter kommen in Gärten und Zierlandschaften schwindelerregende Giftmengen zum Einsatz. Häufig werden die Zierpflanzen und -bäume mit wasserlöslichen Chemikalien bewässert, wobei die Wurzeln die Chemikalien an die übrige Pflanze weiterleiten. In unserer Sehnsucht nach Schönheit vergiften wir die ganze Pflanze. In Gartencentern werden Topfpflanzen oft mit 250 Mal größeren Pestizidmengen behandelt als Getreide, das auf unsere Äcker gepflanzt wird. Zierbäume können sogar 1000 Mal so viel abbekommen. Die genannten Zahlen beruhen auf den Anwendungshinweisen der Hersteller. In Privatgärten werden Böden und Pflanzen oft noch stärker mit Pestiziden, Herbiziden und Fungiziden geflutet.

In Gartencentern stehen die Chancen nicht schlecht, dass die Pflanzen giftige Chemikalien enthalten. Bei einer Studie zu britischen Gartencentern 2017 fand man nicht nur in den Blättern fast aller Pflanzen Insektizide und Fungizide, sondern auch im Pollen, der Hauptnahrung junger Bienen. Einige waren mit zehn unterschiedlichen Chemikalien getränkt. Alle untersuchten Arten zogen Bienen und Raupen an. Die Folgen des, so die Studie, »Pestizid-Cocktails« für die Insekten sind nicht genau erforscht, aber viele der Chemikalien beeinträchtigen Verhalten, Verdauung und Fortpflanzung der Insekten, und bei mehreren wurden zweifelsfrei schädliche Konzentrationen nachgewiesen.

Auch Seidenpflanzen, von denen sich Monarchfalter ausschließlich ernähren, sind in US-amerikanischen Gärtnereien oft mit Giften verseucht. Wie eine Studie von 2022 zeigte, wiesen 235 Exemplare aus 33 Gärtnereien 61 verschiedene Pestizide auf. Im Durchschnitt wurden 12 verschiedene Pestizidrückstände festgestellt. Bei den wenigen näher erforschten Chemikalien war in mindestens 38 Prozent der Fälle die Konzentration in den Blättern so hoch, dass Verhalten und Wachstum der Monarchfalterraupen dadurch gestört werden konnten. Und bei Pflanzen, die als »insektenfreundlich« beworben wurden, war es erschreckenderweise doppelt so wahrscheinlich, dass sie mindestens ein Pestizid in schädlicher Konzentration enthielten. Auch bei einer Untersuchung »bienenfreundlicher« Pflanzen in schwedischen Gartencentern und Supermärkten aus dem Jahr 2024 fand man neben einem Dutzend Chemikalien mit noch unerforschter Wirkung 21 für Bienen schädliche Substanzen in »beunruhigender Konzentration«. Lavendelpflanzen aus Gartencentern sind mitunter mit krebserregenden Fungiziden durchzogen, andere enthalten Substanzen, die nachgewiesen krebserregend, mutagen oder für die menschliche Fortpflanzung schädlich sind. Nicht gerade das Blumengeschenk, das wir uns und anderen wünschen. Bei manchen Giften, so Studien an Kultursträuchern und -bäumen, können die Rückstände ein Jahr und länger nachgewiesen werden. Lange genug also, um Insekten, die an den Blättern knabbern oder Pollen und Nektar verspeisen, zu schädigen oder umzubringen.

Genauso schlimm sieht es auch bei Schnittblumen aus, die häufig auf einem Kontinent wachsen und zum Verkauf auf den nächsten geflogen werden. In einer Studie zu Rosen, Gerbera und Chrysanthemen in belgischen Blumenläden und Supermärkten wurden sage und schreibe 107 verschiedene Giftstoffe nachgewiesen. Mit 14 Chemikalien pro Blüte sah es bei den Rosen am schlimmsten aus. Eine globale Metastudie zum Schnittblumenhandel zählte über 200 gefundene Pestizide und Fungizide. Es gibt in den Importländern zwar Vorschriften für den Chemieeinsatz bei Essbarem wie Gemüse, Obst und Kräutern, aber keine Höchstgrenzen für den Gartenbau.

»In schönsten Knospen garst'ge Würmer nagen.« Shakespeares 35. Sonett liest sich heute wie eine Prophezeiung. Blumensträuße sind Illusion pur, schön fürs Auge, aber ein vergiftetes Geschenk. Obwohl sie im Gartenhandel häufig wunderbar aussehen und manchmal sogar angenehm duften, beruht ihre scheinbar strahlende Gesundheit auf einem Chemiegebräu, das Leben zerstört. Können solche Blumen wirklich schön sein?

Im Garten schädigen und töten die Chemikalien Insekten und andere Tiere, die sich von Blüten und Blättern ernähren. Wachsen die Zierpflanzen und Schnittblumen in Treibhäusern und auf Feldern, leiden manchmal auch Menschen und die Gemeinden und Habitate der Umgebung. Bei Menschen können die Chemikalien zu neurologischen, reproduktiven und Lungenproblemen führen. Zwar tragen die Arbeitskräfte häufig Schutzkleidung, doch die Umsetzung von Sicherheitsstandards ist manchmal lax. Auch Erde und Wasser rund um die Treibhäuser und Felder werden von Rückständen in Staub und Abflüssen verseucht. Die Folgen spüren Mensch und Natur. So zeigt eine Studie, dass Kinder in Ecuador umso schwerere »verhaltensneurologische«-Symptome wie mangelnde Aufmerksamkeit, sprachliche Armut, Gedächtnis- und Lernschwierigkeiten aufweisen, je näher sie an Blumenzuchtbetrieben wohnen. »Die Schönheit dieser Blumen würde, wenn überhaupt, anderswo, für andere Menschen, auf einem anderen Kontinent sichtbar werden«, schreibt Rebecca Solnit in *Orwells Rosen* nach einem Besuch kolumbianischer Treibhäuser. Die Rosen, die per Flugzeug von Süd- nach Nordamerika katapultiert werden, sind der Inbegriff der ästhetischen und damit auch moralischen Dissoziation, die mit den globalen Lieferketten einhergeht. Wenn wir die

Folgen unseres Handelns nicht mehr sinnlich erfassen können, ist unsere Ethik entwurzelt.

Am Zielort der Schnittblumen hören die Probleme aber nicht auf. Niemand arbeitet in Blumengeschäften in Schutzkleidung, obwohl die Konzentration giftiger Chemikalien bei den verkauften Blumen manchmal 1000 Mal höher ist als bei Nahrungspflanzen zulässig. Auch Käuferinnen und Käufer sind den Giften potenziell ausgesetzt. In einer Studie in Deutschland und Österreich wurden bei 40 Prozent der Topfblumen und 72 Prozent der Schnittblumen gesundheitsschädliche Pestizide nachgewiesen. Einige der Chemikalien waren nicht einmal in Europa zugelassen. Falls ihr Einsatz nicht illegal erfolgte oder von laxeren Vorschriften der Herkunftsländer herrührte, mussten die Rückstände seit Jahren im Boden sein.

Nicht alle Gartenbaubetriebe verwenden Giftstoffe allerdings so großzügig. Einige haben sie sogar ganz verbannt. Andere setzen sie nur noch bei akuten Problemen ein und nicht, wie in der Branche üblich, vorsorglich. Doch wenn wir Pflanzen kaufen wollen, die möglichst wenig oder gar nicht mit Chemikalien behandelt wurden, liegt der Schwarze Peter bei uns. Wir müssen ganz allein herausfinden, ob »insektenfreundliche« Pflanzen halten, was sie versprechen. Chemische Testlabors gibt es kaum, und als ich 2024 nach einem suchte, sollte jede Blattprobe 100 Dollar kosten. Am besten stehen die Chancen wohl bei kleinen Gärtnereien mit biologischem Ansatz.

Die staatliche Regulierung geht nur schleppend voran, und selbst dann sind die Vorschriften noch zu großzügig. So wurde der Einsatz von Neonikotinoiden, einer besonders bienenschädlichen Pestizidgruppe, in der Europäischen Union 2018 zwar verboten, aber nur auf Feldern und nicht in Treibhäusern und bei Importen. Viele Gartenbaubetriebe wichen einfach auf andere Pestizide aus, um Schädlingen kostengünstig vorbeugen zu können. In den USA werden Neonikotinoide wie andere Pestizide in Landwirtschaft und Gartenbau routinemäßig eingesetzt. Es gibt Anwendungsrichtlinien, die aber nur Bienenstöcke und keine wild lebenden Bestäuber schützen. Die Kennzeichnungspflichten für Produkte sind zudem minimal. Bislang haben staatliche Behörden also wenig getan, um chemiefreie Gärten zu fördern oder durch verbindliche Produktkennzeichnungen zumindest eine schnelle Antwort auf die Frage zu ermöglichen, ob »bienenfreundlich« auch bienenfreundlich ist.

Doch trotz aller berechtigten Sorgen dürfen wir den moralischen Zeigefinger nicht einfach auf die Pflanzenbranche richten. Die Gründe für die nektarlosen, ökologisch deplatzierten und vergifteten Blumen in unseren Gärten, Supermärkten und Blumengeschäften sind komplex und bilden ein dicht geknüpftes Netz gegenseitiger Abhängigkeiten. Kein Netzknoten trägt die alleinige Verantwortung, und die Justierung einzelner Fäden verändert nicht das ganze Netz. Wir züchten schon seit Jahrtausenden Blütenpflanzen, die den Bedürfnissen der Menschen und nicht der Bestäuber entsprechen. Wir wollen makellos schöne Blüten. Der Zoll durchkämmt importierte Pflanzen nach potenziell invasiven Insekten. Mit Insektiziden kommen Blumen also leichter durch den Zoll. Bei der Regulierung spielen Pestizidhersteller und Regierungen Katz und Maus. In jedem Land gibt es daher andere Vorschriften, wobei die Chemieunternehmen Riesenbudgets einsetzen, um Vorschriften abzuwenden oder zu minimieren. In Regionen, wo der Gartenbau eine der wichtigsten Branchen ist, geht es um Hunderttausende Jobs. Auf Märkten mit geringen Anwendungsvorschriften und Kennzeichnungspflichten werden Gartenbaubetriebe bei kleinen Gewinnmargen und hohem Kostendruck zum intensiven Chemieeinsatz verleitet. In Treibhäusern und auf Feldern mit Zehntausenden oft genetisch gleichförmiger Pflanzen haben Blattläuse, Mottenläuse, Milben, Blasenfüße, Schildläuse, Miniermotten, Raupen, Mücken und Pilzkrankheiten leichtes Spiel. Die Pflanzen, die wir heute kaufen, sind vor dem Hintergrund dieses eng geknüpften Netzes gegenseitiger Abhängigkeiten entstanden.

Mein Stiefmütterchen züchtender Urgroßvater Reg Cantelo war wie viele unwissentlich in einem Netz gefangen, in dem schöne Blüten oft nur scheinbar gesund waren. Seine gezüchteten Stiefmütterchen ernährten erheblich weniger Insekten als die hinreißenden heimischen Wild-Stiefmütterchen, und auch mit den Chemikalien, die er vermutlich einsetzte, beschädigte er die Lebendigkeit seines Gartens. Mit unserem Wunsch nach Schönheit und Ergiebigkeit schaden wir oft ungewollt ausgerechnet dem Leben, das wir in unseren Gärten hegen und pflegen. Heute ist die Illusion sogar noch widernatürlicher und unsichtbarer als zu Regs Zeiten. Wenn die Blumen der Gartencenter kaum noch der heimischen Ökologie verbunden und mit Giftstoffen verseucht sind, leben wir in einer Welt des schrecklich schönen Scheins. Für unsere Vorfahren zeugten Blumen noch eindeutig von einem guten Habitat, wir können ihrer Schönheit aber meist nicht mehr trauen.

Tragischerweise leitet uns die Illusion der Blumen in die Irre. Wir können im Garten sinnlich erfahren, was es bedeutet, mit blühenden Pflanzen in einer fruchtbaren Beziehung zu leben. Wir sind Teil des alten Bunds, den die Blütenpflanzen vor 100 Millionen Jahren mit Tieren begründet haben. Wer im Garten arbeitet, weiß das zutiefst. Bei der Gartenarbeit zapfen wir eine schwer greifbare Quelle der Erneuerung und Sinnhaftigkeit an, die ebenso kraftvoll wie lebensspendend ist. Reg hat das sicher gespürt. Ich jedenfalls spüre es. Selbst wenn ich wegen manch unvermeidbarem Misserfolg im Garten enttäuscht bin, fühle ich mich geerdet. Aber der moderne Gartenbau bringt einfach zu viele ökologische Schäden und sterile Sackgassen hervor.

Ich fühle mich gewissermaßen in der Falle. Ich bewundere die Vielfalt der strahlend schönen Blüten in Gartencentern und Blumenläden. Die Blumenecke ist im Supermarkt oft das Beste. Was könnte einen mehr aufheitern als ein Spaziergang durch einen üppig blühenden Park? Selbst manierierte Stiefmütterchen sind die reinste Freude. Doch in ihnen versteckt sich ein bitterer Kern. Das muss nicht sein.

Blütenpflanzen sollen Leben schenken, nicht zerstören. So absurd einfach ist das. Doch dafür müssen wir unsere Beziehung zu den Blütenpflanzen neu überdenken. Wir betrachten Blumen gern als flüchtige, kraftlose Zierde, über die wir nach Belieben verfügen können.

Wir sollten sie als das sehen, was sie sind: sehr alte Lebensspender, die durch Schönheit Kooperationsnetzwerke schaffen. Ihre Schönheit liegt nicht nur im äußerlichen Erscheinungsbild, sondern auch in den Prozessen, die sie initiieren und fördern. Das klingt jetzt vielleicht sehr abstrakt und idealistisch, aber erste Anfänge eines kulturellen Wandels sind bereits erkennbar. Es ist eine leise Revolution im Gange, die unsere Vorstellungen verändern und durchaus praktische Folgen für Blumenzucht und -pflege haben wird.

*****

Die Chelsea Flower Show in London ähnelt in manchem der Oscarverleihung. Reichlich Tamtam und viele Preise. Selbst wer sich nicht dafür interessiert, kommt nicht drum rum. Nachrichten zur besten Sendezeit, Adel und andere Celebritys, die unbedingt gesehen werden wollen. Gewinnergärten in allen Zeitschriften und Online-Magazinen. Die Chelsea Flower Show ist das britische Aushängeschild aller schicken, glatt geschliffenen Gartenwelten, der Inbegriff zeitgenössischer Gartenkultur und neuester Trends. Aber die Show dient auch bescheideneren Gärtnereiversuchen als Folie. »Na ja, bei der Chelsea Flower Show würde sie wohl keinen Preis gewinnen …«, heißt es sarkastisch nicht nur in meiner Familie beim Anblick halbgarer Blüten.

Veranstalter der Show ist die Royal Horticultural Society (RHS), ein Verein mit über 600.000 Mitgliedern, mehr als Labour und Tories zusammen. Die Show finanziert als Flagship und Fundraiser die übrigen Aktivitäten des Vereins: Er unterhält öffentliche Gärten, bietet formelle und informelle Weiterbildungen an, forscht im Bereich Gartenkultur, setzt sich für wohnortnahe Gärten ein, berät die Regierung und veröffentlicht Handbücher, Fibeln, Sonderhefte und digitales Wissen für Anfänger und professionelle Gartenbauer. Kaum eine andere Organisation genießt in Großbritannien mehr Vertrauen als die 1804 gegründete RHS. Mit ihren wunderbaren Gärten und kompetenten Ratschlägen vermittelt sie nicht nur wertvolles Wissen, sondern auch die Liebe zur Gärtnerei.

Als ich 2023 einen Tag auf der Show verbrachte, war ich hin- und hergerissen zwischen Bewunderung und Befremdung, am Ende verließ ich sie mit verhaltenem Optimismus. Die Show ist gigantisch, ein Gartenstil jagt den nächsten. Hunderte Gartendesigner und Verkäufer präsentieren ihre Ideen und Waren, grenzenlose Ödnis von Gartenhütten, einzigartige Blumen, aber auch Gärten für geistige Gesundheit, Naturschutz und andere gute Zwecke. Über allem liegt eine Schickimicki-Atmosphäre. Neben Champagner-Ständen und Zelten mit »exquisiter Küche« stehen Verkaufsstände mit teuren Gartengeräten und Luxusgartenschuppen.

Wer auf der Chelsea Flower Show nach Blumenwundern sucht, wird schnell fündig. Der große zentrale Pavillon zeigte perfekte Blumen, die sich zweifellos am platonischen Ideal orientierten. Akkurate Chrysanthemen-Kuppeln wirkten mit ihren vollkommen symmetrischen, makellosen Blüten und einzigartigen, raffinierten Farben wie gemalt. Chrysanthemen mag ich sonst weniger, aber dieser Altar der Perfektion ließ mich sprachlos zurück. Rankende Clematis und Edelwicken schienen mit ihren riesigen, bunten Blüten wie von tropischen Schmetterlingen umschwärmt. Fuchsien hingen dicht an dicht von einem großen Metallkarussell. Ich hatte keine Ahnung, dass sie so üppig und subtil rot und pink wachsen können. Gladiolen hatten Blütenstände so dick und lang wie ein menschliches Bein. Mannshoher Rittersporn ahmte mit seinen Farben sämtliche Schattierungen des Himmels nach. Orchideen, die alle gerade in voller Blüte standen, waren klug zusammengestellt und verwiesen mit unterschiedlichen Bestäubungsstrategien als Einzige auf Blütenpflanzen in der Natur. Rosenstöcke voller gefüllter Blüten waren wie ein französischer Garten arrangiert. Und in einem anderen Teil des Pavillons präsentierten sich Schnittblumen in einer Pracht, als würden Götter heiraten. Mit bis zu drei Meter hohen Sträußen. Gartenbögen aus Holz waren von Blüten entflammt.

Auf einer Statue mitten im Pavillon sang ein europäisches Rotkehlchen und blickte auf das Geschehen herab. Obwohl hier heimisch, wirkte es fehl am Platz. Ehe die Rasenflächen und Spazierwege nahe der Themse, die seit dem 17. Jahrhundert zum Veteranenheim Royal Hospital Chelsea gehören, vorübergehend von Baldachinen überdeckt wurden, hatte es dort sicher sein Revier. Das Rotkehlchen sang fast den ganzen Tag. Sein wunderschön rollendes Zwitschern hatte etwas Beunruhigendes. Es erinnerte daran, dass zwischen unseren Schöpfungen wie der flüchtigen Ansammlung schöner Blumen reale Tiere ein Zuhause suchen.

Und die Wunder hören jenseits des Pavillons nicht auf. Zu zwei seiner Seiten erstrecken sich insgesamt 36 Schaugärten, an den anderen Seiten kleinere Anlagen. Auf der Chelsea Flower Show versuchen sich die besten Gartenarchitektinnen und -architekten der Welt gegenseitig zu überbieten. Eine Medaille gilt als große Ehre, man zeigt sein ganzes Können und manchmal auch wohltätige Anliegen. Die größten Schaugärten sind mit zehn mal zwanzig Metern ungefähr so groß wie ein Tennisplatz, die kleinsten entsprechen mit acht mal sechs Metern einem britischen Durchschnittsgarten.

Die Schaugärten wirken, als gäbe es sie dort schon immer, aber das ist eine Illusion. In den ersten beiden Maiwochen wird buchstäblich alles, Pflanzen, Steine, Gartenbauten, angekarrt, eingepflanzt, eingewurzelt und errichtet. Die Gärten sind nur knapp eine Woche für das Publikum geöffnet, Ende Mai werden sie schon wieder abgebaut und die Pflanzen rausgerissen. Wie bei einem Theaterbesuch muss man alle Zweifel für einen Moment beiseiteschieben. Die Schaugärten bleiben ungefähr so lange, wie ein Blumenstrauß in der Vase überlebt. Doch die Gartenarchitektinnen und Gartenbauer erwecken geschickt den Anschein, als wären alle Pflanzen alt und fest verwurzelt. Die Bäume scheinen schon seit Jahrzehnten dort zu stehen. Mohn und Gräser blühen wie auf Naturwiesen neben Steinen. Teiche und Bäche mit bemoosten Ufern fügen sich natürlich in die Landschaft ein. Aber auf dem kurzen Weg zum nächsten Schaugarten werden wir von einer Theaterkulisse zur nächsten gezerrt. In nur zehn Minuten schlenderte ich durch Bergwälder, mediterrane Villengärten, britische Wiesen, Industriebrachen und anonyme französische Gärten.

Von Schaugarten zu Schaugarten zu wandeln, ist emotional und geistig herausfordernd. Jeder hat seine eigene Ästhetik und ein Narrativ, das eine komplexere Geschichte als der farb- und formenprächtige Blumenpavillon erzählt. Wie beim Lesen eines Buchs muss man sich erst auf den Ton einstimmen und braucht eine Weile, um alles zu verstehen. Als am Morgen nur wenig Publikum da war, machte das Lesen Spaß. Doch nachmittags musste ich mich bei den meisten Gärten durch ein Gedränge wie beim Rockfestival wühlen. Nur dass ich nicht auf Batikhemden und abgeschnittene Jeans, sondern Blumenkleider und feines Leinen blickte. Ich war froh, die Ruhe am Morgen genutzt zu haben.

Die Pracht mancher Schaugärten war geradezu überwältigend. Inmitten von Landschaften aus ausgewachsenen Bäumen, gepflegten und spiegelglatten Teichen, Zehntausenden Pflanzen und angedeuteten Gebäuden flossen Bergbäche in einem Bett, das man mithilfe von Back- und Pflastersteinen und manchmal Hunderten Tonnen Gestein angelegt hatte. Mit ihrer perfekten Gestaltung strahlten die Gärten Macht und Wohlstand aus und ähnelten in ihrer aristokratischen Anmutung der nachgebildeten »Natur«, in der Königinnen und Könige in England und Frankreich früher gern lustwandelten. Verglichen mit dem menschlichen Ehrgeiz und seinem Ergebnis wirkten die Blumen und Pflanzen geradezu wie Zwerge. Dennoch konnte ich mir gut vorstellen, dass solche Anlagen Rasenflächen Schönheit und ökologische Integrität zurückgeben könnten. Man musste sie nur dauerhaft anlegen und über die Jahrzehnte pflegen. Der Kontext macht's. Auf der Chelsea Flower Show werden Möglichkeiten erkundet und aufgezeigt, aber auf Dauer nicht zur Realität. Die beeindruckende Gartenkunst für unsagbar Reiche bietet durchschnittlichen Gärtnerinnen und Gartenarchitekten eigentlich kaum realitätstaugliche Anregungen.

Mehr Freude und Hoffnung für die Zukunft schenkten mir die vielen Schaugärten, die heimische Pflanzen in den Fokus rückten und sich an das Prinzip der »Nachhaltigkeit« hielten. »The Balance« war von den Gartenarchitekten Jon Davies und Steve Williams vom Wild City Studio gemeinsam mit dem Centre for Mental Health entwickelt worden. Menschliche und nicht-menschliche Akteure sollten sich in der urbanen postindustriellen Szenerie wohlfühlen, die außerdem Wert auf Erschwinglichkeit legte. Pflasterung, Sitzgelegenheiten und Erdreich bestanden teils aus recyceltem Bauschutt. Mitten zwischen Blumen und Büschen öffnete sich eine rostige Grotte: aus einem aufbereiteten stählernen Schiffscontainer wuchsen essbare Pilze. Zahlreiche krautige Pflanzen wie Storchenschnabel, Bärlauch und Brombeeren wuchsen neben Arten wie Leimkraut, die karge Böden tolerieren. Viele der Pflanzen waren in Großbritannien heimisch oder essbar wie die nordamerikanische Blaubeere, die Menschen mundet, und das südeuropäische Purpur-Leimkraut, nach dem Insekten hungern. Abgerundet wurde der Garten von essbaren Kräutern und früchtetragenden Büschen.

Selbst im nachmittäglichen Gewusel herrschte in »The Balance« eine angenehm ruhige Atmosphäre. Es war erhebend, zu sehen, wie viele Pflanzen auf zerhacktem Beton und rauem Kies gut gediehen. Ich habe weniger eine »Balance« als vielmehr das explodierende Leben gespürt. Blütenpflanzen können Orte neu beleben, die wir zerbrochen haben. Aber Renaturierung heißt nicht Rettung. Die Wunden, die wir der Welt und einander zufügen, können die Blütenpflanzen nicht heilen. Vital und anpassungsfähig, wie sie sind, setzen sie der Brüchigkeit nur trotzig etwas entgegen. Kann es sein, dass ich in die Blumen, die so kunstvoll auf simulierten Brachen arrangiert waren, zu viel hineinlese? Vielleicht. Aber die Blütenpflanzen haben unsere Welt erschaffen. Sie können sie also auch wieder neu erschaffen. Sogar auf inszenierten Blumenschauen können sich unsere Sinne mit dem Potenzial der Blütenpflanzen verbinden.

Andere Schaugärten legten ebenfalls Wert auf heimische Pflanzen und Ökosysteme. Die Royal Entomological Society zeigte mit ihrem Garten, der von Tom Massey gestaltet wurde, wie wir im Alltag Insekten erleben und lernen können, ihnen mit Staunen, Neugier und Respekt zu begegnen. Wir leben heute meist in Häusern und Landschaften, in denen es keine Insekten mehr gibt oder sie nur nerven. Doch in Masseys Garten konnte man sehen und hören, wie Bienen, Schwebfliegen, Ameisen, Raupen und andere Insekten ihrem Alltag nachgingen. Dass wir dafür extra Gärten anlegen müssen, zeigt, wie stark wir uns mittlerweile von der Gemeinschaft des Lebens entfremdet haben. Wo sonst als in Gärten und Parks, falls wir nicht glücklicherweise an einem Naturschutzgebiet oder an Feldern ohne Monokultur wohnen, können wir die Beziehung zwischen Insekten und Pflanzen noch erleben, auf denen heutige Ökosysteme beruhen? In Tom Masseys Garten wuchsen Mohn, Natternkopf, Hasel und Löwenzahn, um den Insektenreichtum und unsere Beziehung zu ihnen zu fördern. Und zwischen Bäumen spannte sich das »Insektenauge« auf, eine große begehbare Kuppel aus Sechsecken. Im Innenraum regten Mikroskope und Informationstafeln Neugier und Wissbegierde an. Holzscheiben und Äste stapelten sich zu halbhohen Wänden, ein idealer Nistplatz für Insekten. Gestampfte Lehmwege und Totholz boten weitere Nistplätze.

Nach Ende der Blumenschau zog der Garten, wie andere, um. »The Balance« wechselte in den Londoner Nordosten, in den Gemeinschaftsgarten des Markfield Parks von Tottenham. Der Garten der Royal Entomological Society in den Londoner Osten, in ein Mischgebiet nahe des Queen Elizabeth Olympic Park. Die Umzüge gehören heute zur Nachhaltigkeitsstrategie der Chelsea Flower Show und der involvierten Gartenarchitektinnen. Früher waren alle Gärten nur kostspielige Wegwerfgegenstände. Nach einer Woche entsorgte man sie und fuhr tonnenweise Beton, Kunststoff und Pflanzen ab. Die für die Öffentlichkeit meist unsichtbare Kipplaster-Parade war die Schattenseite der Blumenschönheit. Jahr für Jahr wurden massenhaft Strom, Baumaterialien und Pflanzen verschwendet und die Wunder der Show mit hohen Mauern und Eintrittspreisen eingehegt. Heute haben zumindest manche Gärten ein Nachleben und wirken in die Gesellschaft hinein.

Bestäuber und heimische Pflanzen waren in vielen Schaugärten und auch an den Ständen von Wohltätigkeitsvereinen und Bürgergruppen die Stars. Auch die Vorzüge torffreier Gärten waren ein wiederkehrendes Thema. Torf, der in alten Sümpfen gestochen wird, ist seit Mitte des 20. Jahrhunderts eine sehr beliebte Pflanzerde. Er ist frei von bodenbürtigen Krankheitserregern, hält Wasser gut fest, ist immun gegen Staunässe und billig. Doch beim Torfabbau werden nicht nur Kohlenstofflager, die langfristig CO_2 speichern, sondern auch Feuchtgebiete rasant vernichtet. Die Chelsea Flower Show und alle RHS-Gärten haben sich daher, auch wenn sich Fristen immer wieder verschieben, die Torffreiheit auf die Fahnen geschrieben. Auf der Show waren jedenfalls zahlreiche Torfalternativen zu sehen.

Der Einsatz von Pestiziden schien mir allerdings, sieht man von einigen Gärten mit bewusst biologischen Anbaumethoden ab, kein Thema zu sein. Genauso wenig spielten die ungewollten, aber mitunter fatalen Folgen der Pflanzenzucht eine Rolle. Dabei beruht die Schönheit der ausgestellten Blumen auf dem Einsatz von Pestiziden und Auslesezucht.

Dass man auf der Chelsea Flower Show kein einziges Wort über die schädlichen chemischen und genetischen Grundlagen der modernen Gartenkultur verlor, fand ich im ersten Moment erschreckend. Wie konnte man angesichts des rasanten Rückgangs der Artenvielfalt im letzten Jahrhundert und der besonders in Großbritannien dramatisch schrumpfenden Populationen von Blütenpflanzen, Insekten und Vögeln einfach schweigen? Wenn wir auf der Show etwas über Torf und bienenfreundliche Blumen hörten, dachte ich, warum dann nicht über Bodenberegnung, Besprühung, Stäube und Pellets, ohne die die Branche kaum auskommt? Und die mitunter unglücklichen Folgen der Pflanzenzucht würden bei dem blumenliebenden Publikum doch auf offene Ohren stoßen und vielleicht ein Umdenken in Gang setzen.

Vielleicht denkt die Royal Horticultural Society aber einfach strategischer als ich mit meiner reflexhaften Skepsis und Enttäuschung. Wut und voreilige Kritik gibt es an jeder Ecke. Doch um komplexe Probleme in der Kultur, Ökonomie und Ökologie von Gartenbau und Pflanzenzucht zu lösen, braucht es Fingerspitzengefühl. Umso mehr, weil die renommierte RHS als Verein zwar Argumente vorbringen und Dinge anstoßen, aber nicht durchsetzen kann. Dass auf der Chelsea Flower Show überhaupt heimische Blumen zu sehen sind, ist ein positives Zeichen, ein »Ja« zu Pflanzen und Insektenpartnern. Und torffreie Pflanzerde hält auch immer stärker Einzug in unsere Gärten und ist, auch wenn viele Gartenbaubetriebe noch zögern, nicht länger umstritten. Doch ein Verbot oder eine starke Einschränkung der garstigen Chemikalien wären ein ziemlich hartes »Nein«, ein Angriff auf die tägliche Gartenbaupraxis. Und das gilt wohl ebenso für die Zweifel an der Pflanzenzucht. Die Blumen auf der Show sollen uns gefallen und nicht Bestäubern oder anderen davon abhängigen Arten. Im Grunde ehrt die Chelsea Flower Show weniger die Blumen als das, was Menschen daraus machen. Wir können die Show nur genießen, wenn wir unsere Zweifel am Theater beiseiteschieben, aber dafür muss das Machtgefälle, also die Alleinherrschaft menschlicher Akteure, hinter den Kulissen verschwinden.

Ein erneuerter Gartenbau könnte mit seinem großen Geschick, die Blumenwelt zu gestalten, die Bedürfnisse anderer Arten bewusst berücksichtigen. Stärker ökologisch ausgerichtete Schaugärten machen es heute schon vor. Wenn wir dank unserer Macht und unserem Wissen üppig blühende Waldlandschaften und mediterrane Villengärten für eine einwöchige Londoner Blumenschau nachbilden können, sollten wir genauso Gärten anlegen können, die die heimische Biodiversität befeuern. Wenn wir gekräuselte Riesenstiefmütterchen und Chrysanthemen so bauschig wie Pompons züchten können, können wir doch genauso gut wunderschöne Blumen pflanzen, die Habitate nicht auslaugen und vergiften, sondern beleben.

Die Chelsea Flower Show ist ein rauschendes Fest. Vielleicht ist sie einfach nicht der richtige Ort, um unsere Gärten und Gärtnereien auf den Prüfstein zu stellen? Andererseits wäre es ideal, sich gerade dort mit den Schattenseiten und verborgenen Bruchstellen unserer Blumensehnsucht auseinanderzusetzen. Blumenliebhaberinnen und -liebhaber müssen nicht mit Ablenkungsmanövern beschützt werden. Wir sind nicht so naiv, zu glauben, der Garten sei ein Zufluchtsort, wo jede Mühsal endet. Im Gegenteil. Die Gartenarbeit bringt uns in direkten Kontakt mit den bodenständigen Problemen der lebendigen Pflanzenwelt. Wir kennen gescheiterte Pflanzversuche, unkooperatives Wetter, schwierige Böden oder das fragile Gleichgewicht aus Kontrolle und Akzeptanz, das »Schädlinge« und »Unkräuter« uns immer wieder abverlangen. All das ist untrennbar mit dem Lohn unserer Gartenarbeit verknüpft: Schönheit, Fruchtbarkeit und Freude. Es gibt keinen Garten ohne ein Wechselbad zwischen Herzschmerz und Freudentaumel. Und wenn Pflanzenzucht und Chemikalien der Story noch ein paar Wendungen mehr geben, schadet es kaum.

Können wir die Blumenschönheit bewundern und es trotzdem besser machen? In ihren Ratgebern und Lehrmaterialien beantwortet die RHS die Frage mit Ja. Mit der Chelsea Flower Show finanziert der Verein, der in Großbritannien die Autorität für Gartenwissen ist, sein öffentliches Engagement und seine Publikationen. Heute geben dabei zwei eng miteinander verknüpfte Botschaften den Ton an: Gärten sind gut für uns Menschen. Gärten müssen für die nicht-menschliche Welt gut sein. Die allgemeinen Botschaften finden ihren Niederschlag in detaillierten Projekten und bodenständigen Broschüren. Welche Hecke kann verschmutzte Luft aufhalten? Wie lassen sich heimische Arten in kleinen Gärten fördern? Wie können Pflanzen dazu beitragen, dass Regenwasser im Garten langsamer versickert? Welche Pflanzen erschaffen die schönsten Klanglandschaften? Wie kann man Blumen ohne Giftspray vor Insekten schützen? Die RHS fördert zudem neue Gemeinschaftsgärten und verbreitet flächendeckend Ratgeber, damit »überall jede und jeder gärtnern kann.« In Großbritannien hat heute eine von acht Personen keinen Zugang zu einem eigenen oder Gemeinschaftsgarten, unter Minderheiten und Personen mit geringem Einkommen sind es noch weniger. Wenn Gärten das Wohlbefinden steigern, ist ein ungleicher Zugang dazu ungerecht. Die RHS widmet sich auch dem Problem.

Schöne Blumen sind es wert, um ihrer selbst willen bewundert zu werden. Doch wenn wir die Blumenschönheit umfassender betrachten, sehen wir, was auf unserer Welt verbesserungswürdig ist. Auch wenn die Chelsea Flower Show jedes Reizthema geschickt umgeht, hat das Fest einen beunruhigenden Unterton. Als ich es verließ, war ich in Hochstimmung, weil ich in eine perfekt schöne Blumenwelt eintauchen durfte. Ich hatte außerdem Ausstellungen erlebt, in denen heimische Pflanzen, Pilze und Tiere aufblühten, und ermutigende Gärten an Standorten, die Planer, Gartenarchitektinnen und Gärtner normalerweise meiden. Wenn Gärten mit Löwenzahn und Bauschutt sogar auf der Chelsea Flower Show einen Platz haben, ist zweifellos ein kultureller Wandel im Gange.

*****

In den Monaten, die auf meinen Besuch der Chelsea Flower Show folgten, beschimpften mehrere TV- und Socia-Media-Berühmtheiten der britischen Gartenszene heimische Pflanzen als Irrweg, der ehrenwerte Gartentraditionen beschädigen würde. Der Preis für den Best Show Garden des Vorjahres war an »A Rewilding Britain Landscape« (Eine renaturierte britische Landschaft) von Lulu Urquhart und Adam Hunt gegangen. In dem Garten floss ein künstlicher Bach am Waldrand entlang und ergoss sich schließlich in einen »renaturierten« Biberteich und eine Feuchtwiese. Man konnte fast 90 Pflanzenarten sehen, darunter viele, die für Feuchtwiesen typisch und in Gärten selten sind. Eigentlich eine unschuldige Bewunderung britischer Landschaften, sollte man meinen. Aber es hieß, der Siegergarten sei zu nachlässig und greife »nicht stark genug in die Natur ein«. Man warf »renaturierten« Gärten einen puren Pflanzen-Puritanismus vor, der zum katastrophalen Verlust importierter Arten und Kultursorten führe.

Vermutlich kommt es auf die richtige Mischung an. Natürlich haben Pflanzen anderer Regionen ihren Platz in unseren Gärten. Aber nur als Ornament, nicht Fundament. Das gilt besonders für Städte und andere Landschaftsräume, in denen heimische Arten nur in Gärten überhaupt noch überleben können. Die Fürsprecher wunderbarer heimischer Blütenpflanzen als fehlgeleitete Puritaner zu verunglimpfen, ist da überflüssig und wenig hilfreich.

Es ist mir ein Rätsel, warum führende Persönlichkeiten aus Gartenbaukreisen sich so vehement gegen Gärten in Stellung bringen, die heimische Arten prominent besetzen oder allgemein bevorzugen. Angesichts der derzeitigen ökologischen Krise und einer rapide schrumpfenden Artenvielfalt sollten wir heimische Ökosysteme in Gärten bewundern und nicht verachten. In Großbritannien verzeichnet die Hälfte aller Schmetterlingsarten seit zehn Jahren einen Rückgang, genauso wie zwei Drittel aller Nachtfalter seit 35 Jahren. Ein Viertel aller Hummelarten ist in Europa vom Aussterben bedroht. Die Zahl der Schmetterlinge in den USA schrumpfte von 2000 bis 2020 um 22 Prozent, und Arten mit schrumpfenden Populationen sind 13 Mal häufiger als Arten, die zunehmen. Warum ist jemand dagegen, ihnen in unseren Gärten eine zweite Chance zu geben?

Vielleicht kommt man des Rätsels Lösung näher, wenn man bedenkt, wie radikal neu die Schönheitsideale und Ziele der »wilderen« Gartenkultur sind. Gärten, die nicht nur den Sinnen und Bedürfnissen der Menschen, sondern vieler Arten gerecht werden wollen, verfolgen völlig neue Zielsetzungen. Plötzlich sind Blütenpflanzen wieder, was sie seit Jahrmillionen waren: vitale Knotenpunkte in einem fruchtbaren, artenübergreifenden Beziehungsnetz. Und Gärten für ein fortpflanzungsfähiges, dezentralisiertes Netzwerk können völlig anders aussehen als Gärten, die, auch wenn sie die heimische Natur zu schätzen wissen, menschlichen Schönheitsmaßstäben gehorchen. Manchmal verstehen die Kritiker auch einfach nicht, was die neue

Zielsetzung Gartenarchitektinnen und Gärtnern abverlangt. Sie geben das Gärtnern nicht auf, werfen jahrhundertealtes Wissen weg oder lassen die Natur einfach gewähren. Im Gegenteil. Ihre Kenntnisse müssen eher umfassender und ihre Arbeitsschritte durchdachter sein, weil nun auch heimische Blütenpflanzen, Vögel und Insekten ein Wort mitzureden haben. Oft erfordert die »Renaturierung« auch erhebliche Anstrengungen, um invasive Arten in Schach zu halten, damit heimische Arten überhaupt gedeihen können. Die heimische Ökologie wieder zum Blühen bringen, ist eine grundlegend andere Zielsetzung als die Suche nach einer weiteren Stiefmütterchen-Sorte oder einer augenfälligen Art irgendwo auf dieser Welt.

Würden die britischen Skeptiker den Atlantik überqueren, könnten sie in Brooklyn, New York, einem unvermuteten Hotspot der Gartenbauinnovation begegnen. Und würden vielleicht sehen, wie schön die neuen Gartenformen sein können und dass sie mindestens genauso viel Einsatz und gärtnerische Erfahrung verlangen wie herkömmliche Gärten. Brooklyn ist nach Manhattan das am dichtesten bevölkerte Stadtviertel der USA. Vor allem in Bereichen, wo ärmere Menschen und People of Color wohnen, hat kaum jemand Zugang zu Gärten und Parks. Um Dichtestress und Ungleichheit zu mindern, wurden in letzter Zeit öffentliche Gärten vermehrt gefördert und Gartenbauarchitekten zu neuen Wegen ermutigt, die menschlichen und nicht-menschlichen Bedürfnissen gerecht werden.

Der Eastern Parkway ist eine der belebtesten und stark befahrensten Straßen in Brooklyn. Am einen Ende, der Grand Army Plaza, treffen sechs Hauptstraßen und sechs U-Bahn-Linien sowie überaus geschäftige Wohnviertel aufeinander. Nicht weit davon, vor dem gläsernen Eingangsfoyer des Brooklyn Museums am Parkway, erstrecken sich halbrunde Wildblumen-Beete. 600.000 Museumsbesucher gehen jedes Jahr daran vorbei. Und noch mehr Menschen sehen sie, wenn sie zu Fuß über den Eastern Parkway gehen. Bis 2023 wuchsen hier nur Rasenstreifen, die die geschwungene Form des Foyers nachahmten. Als Katie und ich 2017 sechs Monate in der Nähe wohnten, kamen wir jede Woche mehrmals an den toten Flecken vorbei. Nur an den wenigen heißen Sommertagen saßen manchmal Leute dort, die meiste Zeit blieb der Rasen ungenutzt, ein kalter minimalistischer Akzent der Museumsfassade.

Mit der Neugestaltung und Neubepflanzung durch den Gartenarchitekten Brook Klausing und die ökologische Gartenbauerin Rebecca McMackin haben sich drei der fünf halbrunden Rasenstreifen in einen Blumentraum verwandelt, der während der gesamten Wachstumsperiode blüht. Gräser und Trockenblumen setzen in den Wintermonaten Farbakzente. Die anderen beiden Rasenstreifen sind nun Kieswege, die dazu einladen, an den Beeten entlangzuschlendern oder auf den niedrigen Steineinfassungen zu verweilen.

»Ich will vor allem etwas für die Gemeinschaft tun«, sagte Rebecca am Telefon. »In der Stadt gilt mein Augenmerk besonders den Menschen. Aber natürlich schaue ich auch auf die Pflanzen, Pilze und Tiere.« Das sieht man sofort. Der Museumsvorplatz wirkt belebt und einladend, nicht mehr wie das Entrée einer Bank. Er spricht unsere Sinne an und verführt uns, zwischen den Pflanzen umherzuwandern. Alle haben ihre eigene Aufgabe im Ökosystem, bieten Raupen Nahrung und Unterschlupf, Insekten Nektar und Pollen oder Vögeln Insekten und Samen. Und fast alle waren hier heimisch, ehe sie von der Stadt vereinnahmt wurden. Nur ein paar stammen von woanders im nordamerikanischen Osten.

»Gartenarchitektur sollte auch Landschaftspflege sein. Was könnte es Schöneres geben, als dafür einen Garten anzulegen? Ich gestalte Orte, die die Menschen mit ihrer Schönheit, Atmosphäre und Pflanzendynamik in den Bann ziehen.«

Mission geglückt. Der Garten sieht fantastisch aus. Im Sommer nehmen die gelben Mädchenaugen den Ton von Deborah Kass' ikonischer OY/YO-Skulptur auf, die mit ihren Riesenbuchstaben am Rand der Beete steht. Im Herbst blühen mindestens fünf amerikanische Asternarten in verschiedenen Farbschattierungen von Weiß bis Violett. Im Winter wiegen sich dichte Grasbüschel sanft im Wind und fangen das Licht der niedrig stehenden Sonne ein. Wenn man durch die Beete schlendert, entdeckt man zu jeder Jahreszeit Neues. Wie in einem botanischen Spiegel des brummenden, lebhaften, diversen Brooklyn.

»Schönheit, Kunst und schmackhaftes Essen sind ein Menschenrecht«, fuhr Rebecca am Telefon fort. »Genauso wie das Recht auf Leben und Würde. Kennst du den alten sozialistischen Schlachtruf ›Brot und Rosen‹? Jeder Mensch sollte die Möglichkeit haben, Vögel und Schmetterlinge zu erleben. Manche halten Gärten für überflüssigen Quatsch. Dabei können Parks und Grünflächen für die Lösung unserer aktuellen Probleme eine zentrale Rolle spielen. Ob menschliches Wohlbefinden, Bedürfnisse nicht-menschlicher Gemeinschaften, Einsamkeit … Gärten sind für alles gut. Gärten anzulegen ist eine Aufgabe, die sich wirklich lohnt.«

Ich habe Rebecca auch gefragt, wieso Pflanzen uns animieren, mit menschlichen und nicht-menschlichen Akteuren zu kommunizieren. »Weil sie schön und sexy und voller Drama stecken. In einem Garten sieht das jeder. Gärten sind wirklich besonders. Ich finde, sie öffnen Türen wie kaum etwas anderes.«

Am liebsten gehe ich in Brooklyn Ende Mai durch diese Tür, wenn die Roten Akeleien blühen. Ihre fünfzackigen Blütensterne sind innen von einem warmen Gelb und außen rot. Aus den Sternen ragen lange Nektarsporne. Verschnörkelte Blüten, die für den Rubinkolibri optimal sind. Die Sporne passen gut in seinen Schnabel, Staubbeutel und Narbe bepinseln seinen Kopf und das Rot lockt ihn schon von Ferne. Außerdem blühen die Akeleien genau dann, wenn er aus seinem Winterquartier in Mittelamerika zurückkehrt.

Mit ihrer Schönheit lenkt die Rote Akelei unsere Aufmerksamkeit auf alte Geschichten über Migration und Zugehörigkeit. Schon vor mehr als vier Millionen Jahren haben Akeleien den Weg von Asien nach Amerika gefunden. In ihrer ursprünglichen Heimat werden sie von Bienen bestäubt, und dortige Blüten sind daran angepasst: blau, mit kurzen, gerundeten Nektarspornen und Blütenblättern, auf denen man bequem landen kann. Doch als die Akeleien in Nordamerika ankamen, boten sich neue Partner an: Kolibris. Die Evolution tat schon bald ihr Werk, malte die Blüten rot, richtete und verlängerte die Nektarsporne und passte die Blütezeit an das Zugverhalten der Kolibris an.

Wir sitzen im Museumsgarten neben den Blüten und erleben die alte wechselseitige Beziehung mitten in der Stadt hautnah mit. Lebendige Geschichte in Aktion. Einem Museum steht das gut zu Gesicht. Als die Akeleien Amerika für sich entdeckten, hatte der Mensch die Weltbühne noch nicht betreten. Unsere Vorfahren streiften als scheue Primaten mit kleinem Gehirn durch afrikanische Wälder. Die üppigen Blüten der Roten Akeleien katapultieren uns zurück in eine Zeit, in der es uns noch nicht gab. Im Getöse von Brooklyn gehört der Garten zu den wenigen Plätzen, wo wir in freier Natur Kolibris und Schmetterlinge erleben.

»Blumen laden uns ein, die Natur zu erkunden«, sagte Rebecca, als wir später durch eine Grünanlage in Atlanta spazierten. »Sie wollen Aufmerksamkeit. Sie wollen verführen. Und wir lassen uns locken – genau so soll es doch sein. Blumen schenken uns Schönheit und das Gefühl von Verbundenheit und Anerkennung, weil sie die zerrissenen Bande neu knüpfen.«

Rebecca spielte auch bei der Anlage anderer lebhafter Gärten eine führende Rolle, etwa im Brooklyn Bridge Park, der vier Kilometer vom Museum entfernt am nordwestlichen Rand von Brooklyn liegt. Der East River mündet dort in die salzige New Yorker Upper Bay, und das zwei Kilometer lange Ufer zog jahrhundertelang Handel und Schifffahrt an. Doch Mitte des 20. Jahrhunderts verlor es an Bedeutung. Bürgerinitiativen verhinderten erfolgreich, dass Piers und Uferanlagen an Projektentwickler verscherbelt wurden. Seit Anfang des 21. Jahrhunderts erobern sich Bürgerinnen und Bürger das Gelände zunehmend zurück.

Wenn ich in den letzten 15 Jahren beruflich oder privat in New York war, habe ich den Park gern besucht. Und war jedes Mal verblüfft, wie Blumen und Menschen hier aufblühten. Aus einem unwirtlichen Betonufer mit verlassenen Speicherhäusern wurde ein bunter Flickenteppich aus heimischen Pflanzen, öffentlichen Sportanlagen, Picknick-Flächen und Plätzen zum Schlendern und Verweilen. Die großen Piers ragen weit in den Fluss, mit jeweils eigenem Thema: Wiesenhügel, Büsche, Sportplätze, Spielplätze, ein Jachthafen. Wege und Gärten am Ufer verbinden die Piers, und den Lärm der stets überfüllten Schnellstraße hält eine Grenzböschung fern.

Rebecca McMackin hat den Gartenbau im Park anfänglich geleitet, heute obliegt er Rashid Poulson, wobei Michael Van Valkenburgh Associates die Gestaltung übernehmen. Die Umwidmung wurde fast 20 Jahre lang von gemeinnützigen Vereinen realisiert. Nicht die Abkehr von gärtnerischem Wissen, das man leichtfertig hinter sich ließ, sondern eine gut überlegte Gartenarchitektur mit Versuch und Irrtum ließ eine Fülle heimischer Pflanzen gedeihen und stellte heimische Nahrungsketten wieder her. Der Park muss sich finanziell selbst tragen, und daher umfasst er auch Eigentumswohnungen, Restaurants und Geschäfte. Und anders als der Museumsgarten ist er groß. 90 Prozent seiner 35 Hektar können kostenlos genutzt werden, und fünf Millionen Menschen machen davon jährlich Gebrauch. Auf 16 Hektar erstrecken sich neue, gepflegte Gärten mit hauptsächlich heimischen Pflanzen.

»Mit der Gartenarchitektur fängt alles an«, sagt Rashid über Zoom. »Auf der Karte, die man hinter mir sieht, erkennt man den Rhythmus aus passiv, aktiv, passiv, aktiv, der sich durch alle Piers zieht. Und sich in den angrenzenden Uplands, dem Ufergelände, fortsetzt.« Er dreht sich um, weist auf die Piers und breiten Wege, dann auf Wiesen und bepflanztes Gelände. »Die Architektur leitet die Menschen quasi zu den unterschiedlichen Nutzungsbereichen. Hier liegt etwa eine Wiesenfläche und dort ein Volleyballfeld, und auf dem Weg dorthin kommt man bei jedem Schritt an sorgfältig angelegten Waldrändern und Beeten mit verschiedenen heimischen Pflanzen vorbei. Das wollen wir noch weiter ausbauen.« Als er sich mir wieder zuwendet, lächelt er breit und erzählt mit ausholenden Gesten von den Anpflanzungen, die immer mehr werden.

In dem großen Park gibt es Bereiche mit unterschiedlichen Anmutungen, zwischen denen oft nur wenige Gehminuten liegen. Auf Pier 1, nahe der Brooklyn Bridge, erstrecken sich Picknick- und Liegewiesen inmitten von Büschen und Bäumen. Die Bäume geben immer wieder den Blick auf die Skyline von Manhattan am anderen Ufer frei. Am hiesigen Ufer reihen sich fünf Feuchtgebiete aneinander, auf denen 160 Feuchtwiesenarten wie heimische Gräser, Seggen, Astern, Sumpf-Seidenpflanzen oder Büsche wachsen. Sie filtern das Regenwasser, ehe es unterirdisch gespeichert und in Trockenzeiten zur Bewässerung genutzt wird. Woanders am Ufer gedeihen Salzwiesen neben Holzpfählen aus ehemaligen Industriezeiten, bieten Fischen Brutplätze, Enten und Schalentieren Lebensraum und zudem Schutz vor Überflutung.

Auf einem anderen Pier säumen Flurhecken aus heimischen Arten die Wege: Unter Sumach, Johannisbrot und Eichen gedeihen Wildblumen und Blaubeeren. Die Hecken schirmen große Lichtungen ab, die insgesamt zwei Hektar Wiesen mit fast 50 Blütenpflanzen wie Astern, Sonnenblumen, Goldruten, Purpurdost, Helmkraut, Hundsgift, Männertreu, Iris und Salbei umfassen. Ihre Blüten ziehen Schmetterlinge, Nachtfalter, Bienen, nistende Vögel und Singvögelschwärme auf Wanderschaft an.

Anders als das sterile Ufer des East River vielerorts in New York, wirkt der Park üppig und lebendig. Selbst im Winter herrscht in der Vegetation reges Leben: mit Sümpfen und Singen, Weißkehlammern, Wanderdrosseln und Spechten. Und das, obwohl dort an geschäftigen Tagen viele Menschen sind. Menschliches und nicht-menschliches Leben sind hier wunderbar eng verwoben. Die Umwidmung des ehemaligen Hafens nennt hier niemand »Renaturierung«, aber die Fülle heimischer Arten und ihre enge Verflechtung mit menschlichem Leben ist in vielerlei Hinsicht »natürlich«. Vielleicht hätte sogar der Misanthrop Henry David Thoreau ihre lebensspendende Kraft gespürt: »In der freien Natur wird die Welt bewahrt.« Natur inmitten der Stadt. Nicht durch Zufall oder Nachlässigkeit, sondern durch Gartenarchitektur und harte Arbeit.

Ihre Früchte zeigen sich auch in dem guten menschlichen und ökologischen Vibe. Und absurderweise in Tabellen. Mit Daten gespickte Zeilen und Spalten sind normalerweise nicht sonderlich spannend, aber in den Miniaturporträts, die Rebecca, Rashid und ihr Team geschaffen haben, offenbart sich ihre liebevolle Haltung zu Pflanzen. Aus jedem Porträt springt einem die wohlwollende, neugierige Frage entgegen, wie wir die artenübergreifende Gemeinschaft neu knüpfen können. Sie finden die Kurztexte über das Zusammenwirken von heimischen Arten und Kümmerern auf der Website des Brooklyn Bridge Parks. Zum Beispiel:

GEWÜRZSUMACH: »Problemlöser-Typ. Kommt mit Sonne, Schatten, Hunden und Salz klar … Verflechtet sich mit mehreren zu einem unentwirrbaren Dickicht … Beherbergt die Larven zweier Zipfelfalter-Arten. Tolle Herbstfärbung.«

MORGENSTERN-SEGGE: »In NY selten. Immergrün, nimmt mäßigen Fußgängerverkehr und Hundepipi hin. Mit Ähren. Echter Schattenproblemlöser. Kann in der Winterpause schlaff und chaotisch aussehen.«

OSTAMERIKANISCHER EHRENPREIS (*Veronica glauca*): »Niedriger als Berg-Ehrenpreis und besser handhabbar, aber immer noch mächtig. Kommt mit trockenen Böden klar. Als Hintergrundpflanze im Beet geeignet. Großartig für Bestäuber, verleiht Beeten mit seiner Dynamik vertikale Struktur.«

SCHAUMBLÜTE: »Ein zuverlässiger, altbewährter Bodendecker im Wald. Zieht spezialisierte Bienenarten und andere Bestäuber an. Toleriert weder Fußgängerverkehr noch Hundepipi, kommt aber überraschend gut mit Wegrändern und Trockenheit zurecht. Vorsichtig vor Kultursorten.«

ÖSTLICHE JÄHRLICHE STRANDASTER (*Symphyotrichum subulatum*): »Im Bundesstaat New York als gefährdete Art eingestuft. Fühlt sich auf Salzwiesen und in Wiesen wohl. Der Fruchtstand leuchtet toll im Sonnenlicht. Einjährige Pflanze, auf die in der Landschaft kein Verlass ist. In manchen Gegenden kann sie in einem Jahr reichlich und im nächsten gar nicht vorkommen. Wanderfreudig.«

GEWEIHBAUM: »Sehr dekorative Borke. Schöne, unterschätzte Form. Schwierig, ungeköpfte Exemplare in Baumschulen zu finden. Große Samenschoten, die man vom Bürgersteig fegen muss. Die interessante Ethnobotanik und historische Fakten eignen sich für Rundgänge.«

GLATTE ASTER: »Besonders schöne Laubblätter. Beherbergt den Falter *Phyciodes tharos*. Reagiert weniger empfindlich auf Netzwanzen als andere Astern. Kann hoch werden. Toleriert irgendwie Hunde.«

Und so geht es weiter, für insgesamt 250 Pflanzenarten. Sogar Mulch wird sorgsam darauf abgeklopft, ob er zu gutem Boden beiträgt und Insekten darin überwintern können.

Die Kurzporträts beschwören die Vision einer besseren Zukunft herauf, in der sich die so geschickte Gartenkultur nicht neuesten importierten Kultursorten widmet, sondern den Bedürfnissen und Heldentaten heimischer Pflanzen. Viele Porträts beschreiben Arten, die bislang selten in Gärten und Parks gepflanzt wurden, laden also zu Neuentdeckungen ein. Sowohl menschliche als auch die Bedürfnisse von Insekten, Vögeln und bedrohten Blütenpflanzen spiegeln sich in den Texten. Die gärtnerische Neuausrichtung stellt heimische Arten und Bedürfnisse nicht-menschlicher Akteure in den Mittelpunkt, stützt sich aber auf Bezugspunkte der herkömmlichen Gartenkultur: ästhetische Qualität von Blüten, Blättern und Borke, Toleranz gegenüber Fußgängerverkehr und Hundepipi, Lichtverhältnisse, Pflanzengröße im Verhältnis zur Umgebung, optimale Vermehrungsmethoden, idealer Standort hinsichtlich des Bodens, der Feuchtigkeit und des Lichts.

Für Pflanzenmenschen zweifellos eine spannende Lektüre. Doch die kenntnisreichen Porträts wollen auch eine Brücke zu Menschen schlagen, die nicht gärtnern oder sich bislang kaum Gedanken über Pflanzen, ob heimisch oder nicht, gemacht haben. Rebecca und Rashid waren vor allem begeistert, weil der Park mitten in der Stadt die Verbundenheit der Menschen mit Pflanzen und Tieren fördert. »Ich erinnere mich noch gut an ein kleines Mädchen an Pier 6 Uplands, unserem größten Spielplatzbereich«, sagte Rashid. »Dort gibt es einen kleinen Garten mit einem Feuchtgebiet, mit Schachtelhalmen und Schneeballbüschen, die wir niedrig halten. Wir wollen, dass der Garten kindgerecht ist. Das Mädchen war offenbar mit der Schule schon da gewesen, aber der Rest der Familie kannte den Park noch nicht.« Rashid beugte sich zur Kamera und schaute mit leuchtenden Augen hinein. »Sie betritt also das Feuchtgebiet, das wir Erkundungs-Marschland nennen. Sie dreht sich zu ihrer Familie um und sagt: ›Wartet's ab, das ist Wald hier.‹ Da hat es bei mir Klick gemacht. Den Moment werde ich nie vergessen. Plötzlich begriff ich, ja, für ein kleines Mädchen aus New York ist das ihr Wald. Ihre Wiese. Das setzt in ihr etwas in Gang. Da entdeckt sie Insekten, stößt Steine um, sammelt Stöcke und lässt ihrer Fantasie freien Lauf.«

Als ich mich mit Rashid später im Park auf einen Kaffee traf, erzählte er mir die Geschichte noch mal. Seine Stimme überschlug sich fast: »Am besten gefällt mir, dass ich mit Kindern arbeiten und ihnen etwas über Pflanzen beibringen kann. Als echtes Stadtkind habe ich früher gar nicht gewusst, dass mir etwas fehlt. Wenn ich aus dem Haus ging, habe ich die Platanen und Pflanzen auf den Baumscheiben gar nicht gesehen. Ich war regelrecht pflanzenblind. Ich finde es toll, dass die Kinder mit der Schule einen Ausflug in den Brooklyn Bridge Park machen, um mehr über Pflanzen und Gärten zu lernen.«

*****

Gärten sind lebende Aushängeschilder unserer Werte. Die geometrischen Gärten der französischen Könige verraten den Hang zu Ordnung, erlesener Pracht und Kontrolle. Die europäischen Gärten des 19. Jahrhunderts lassen die Vorliebe für Nutzpflanzen, den winterbedingten Hunger nach Farbe und die Faszination für »Kolonial«-Pflanzen erkennen. Wohlhabende Händler im Südchina des 18. Jahrhunderts haben in ihren Gärten gern Pflanzen präsentiert, die ihnen auf ihren weit verzweigten Handelswegen begegneten. Und mit Anspielungen an klassische Gemälde, Dichtung und Mythologie ihren Sinn für raffinierte Kunst zur Schau gestellt. Besonders in Guangzhou, einem Zentrum für Blumenzucht und Blumenhandel. Viele der chinesischen Blumen, die durch westliche Gartenbauer nach Europa kamen, stammten von dort. Der moderne amerikanische Vorortrasen offenbart eine eifrige Arbeitsethik, der gern mit der homogenisierenden Kraft der Petrochemie nachgeholfen wird. Gärten halten unserer Philosophie den Spiegel vor.

Aber Gärten spiegeln nicht nur Werte, sie erschaffen sie auch. Weil sie unsere Wahrnehmung der »Natur« prägen, formen sie Psyche und Geist. Ein Garten lehrt uns, wie die Natur beschaffen ist. Gartengestaltung ist eine Übung in Weltsicht. Und wenn wir einen Garten pflegen, wirkt er auf uns zurück. Es ist wohl kein Zufall, dass das moralische Lehrstück der Bibel in einem Garten spielt.

Landwirtschaft, Wälder, Seegraswiesen und andere Habitate nehmen auf unserer Erde wesentlich mehr Raum ein als Gärten. Doch unser Verhältnis zur lebenden Welt wird wesentlich von Gärten bestimmt. Die meisten Menschen begegnen Blütenpflanzen, die durch ihre Beziehungsfähigkeit unsere Welt geschaffen haben, in privaten und öffentlichen Gärten.

Grünanlagen, Parks und Blumenschauen, die von Millionen Menschen besucht werden, können mit ihrer Schönheit und Vitalität den kulturellen Wandel vorantreiben. Wenn wir auf einer Blumenschau eine postindustrielle Wiese mit heimischen Pflanzen sehen, lernen wir, dass das Leben aus unvermuteter Ecke kommen kann und »verwahrloste« Ecken nicht beseitigt gehören. Wenn wir auf dem Weg zur U-Bahn an einem Blumenbeet voller Schmetterlinge vorbeikommen oder auf einem umgewidmeten Pier Basketball zwischen Bäumen spielen, verknüpfen sich unsere Sinne mit nicht-menschlichem Leben. Wenn wir mit unserer Familie picknicken und im Sumach-Dickicht eine Weißkehlammer zwitschern hören, erleben wir den alten Rhythmus der Jahreszeiten und Vogelzüge. Wenn wir sehen, wie die Flut in stacheligen Salzwiesen versickert, verstehen wir auf sehr tiefer Ebene, dass Blütenpflanzen zwischen Meer und Land vermitteln und mitentscheiden, wie Städte mit steigenden Meeresspiegeln zurechtkommen.

In unserer krisengeschüttelten Welt scheinen Gartengestaltung und Blumenpflege auf den ersten Blick Nebenschauplätze und dekadente Tändelei. Doch Krisen verlangen von uns radikale kulturelle Veränderungen. Wenn wir Blumen beim Wachsen zuschauen und erleben, wie prächtig sie durch bessere Umweltbedingungen gedeihen, sind wir eher zu Veränderungen bereit und haben die Lösung schon vor Augen: die fruchtbare Zusammenarbeit artenübergreifender Gemeinschaften.

Zukunftsspekulationen

Spielende Unkräuter in Ruinen und kreative Evolutionskräfte, die aufblühen

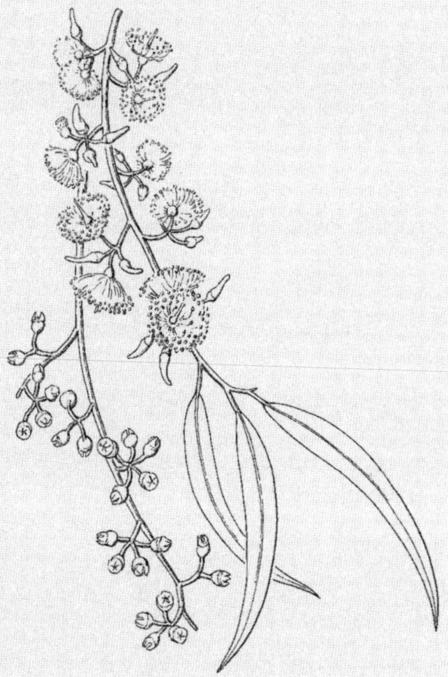

WER IN DIE ZUKUNFT der Blütenwelt blicken will, kann nur verrückt sein. Zu dicht ist der Nebel, der aus den chaotischen Schnittstellen von technologischem, ökologischem und kulturellem Wandel aufsteigt. Wie hätte jemand, der vor einer Million Jahre in der afrikanischen Savanne Gnu und Grassamen aß, die Pflüge, Getreidefelder und Mastbetriebe voraussehen sollen? Wie hätten die Chrysanthemen-Züchter im Guangzhou des 18. Jahrhunderts ahnen sollen, dass die Nachfahren ihrer Sorten heute weltweit industrielle Gartenbaubetriebe bevölkern? Wohl höchstens in einem verrückten Traum.

Doch wie sagt das jüdische Sprichwort: »A gantser nar iz a halber novi.« Ein ganzer Narr ist ein halber Prophet. Legen wir also los, probieren wir ein paar Eröffnungszüge aus. Auf den nächsten Seiten möchte ich spielerisch skizzieren, wie die Blütenpflanzen die Welt der Zukunft neu erschaffen könnten. Als Zeitfenster wähle ich einmal die nächsten Jahrhunderte und dann eine ferne Zukunft in Zehnmillionen von Jahren.

Die Hauptakteure sind die Blütenpflanzen: Wie könnten sie dank ihrer besonderen Qualitäten zur künftigen Vitalität und Vielfalt des Planeten beitragen? Meine Skizzen sind reine Zukunftsspekulationen, prognostizierte Träume, die von dem ausgehen, was wir über vergangene Innovationen der Blütenpflanzen wissen. Sie ermöglichen uns einen winzigen Einblick in erschreckende und zugleich hoffnungsvolle Zukunftsszenarien.

*****

Als der Winter nicht enden will, sehne ich mich nach frischem Grün und krieche über brüchigen Beton. Aus mehreren Ritzen leuchtet mir eine Explosion aus Mini-Blattstielen entgegen, mit paarweisen ovalen Blättchen. Behaartes Schaumkraut. Es ist erwacht, als die Sonne der letzten Januartage unsere bröckelnde Auffahrt in Atlanta erwärmt hat. Anfang Februar sind seine Blattrosetten schon handbreit. Erste weiße Blüten zeigen sich, zunächst zwischen Blättern versteckt, dann recken sie die Köpfe. Ich bücke mich oder liege am Boden, betrachte sie unter der Lupe oder zoome sie mit dem Handy heran. Ich erkenne vier makellos weiße Blütenblätter, die ein Kreuz bilden, und am Ansatz leicht leuchtende Adern. In der Mitte ragt eine grüne Stummelsäule empor, die von vier Staubfäden umringt ist, mit gelben Pollenkugeln an den Spitzen.

Die Pflanzen sehen aus wie fein gearbeitete Metallarbeiten, die mit farbigem Glas emailliert sind, wie juwelenbesetzte Miniaturen. Dass sie ausgerechnet im trostlosen Winter blühen, hebt meine Stimmung. Das Schaumkraut kündet davon, dass der graue Schleier bald gelüftet wird. Ich freue mich, dass es ausgerechnet auf unserer alten buckeligen Auffahrt wächst. Es erinnert mich daran, dass manche Blume auf den Trümmern der menschlichen Zivilisation prächtig gedeiht.

Es gibt 261 Schaumkrautarten, alle wachsen als niedriges Kraut. Die Gattung ist weltweit verbreitet und steht seit Jahrtausenden vor allem in Wald und Wiese und an Flussufern. Jede Art hat sich an ihre Heimat angepasst. Das Blue-Ridge-Schaumkraut wächst in den feuchten Bergwäldern des nordamerikanischen Ostens, das Lila-Schaumkraut in der Great Dividing Range in Australien, die Weiße Zahnwurz in osteuropäischen Gebirgen. Manche Arten wie das Behaarte Schaumkraut unserer Auffahrt konnten ihren Verbreitungsraum in letzter Zeit allerdings ausdehnen, weil sie als blinde Passagiere des globalen Handels die Kontinentgrenzen überwanden. Das Behaarte Schaumkraut war ursprünglich in bestimmten Regionen Asiens, Europas und Afrikas beheimatet, wächst aber heute weltweit und vor allem dort, wo heimische Pflanzen und Böden entwurzelt sind. In Gärten, auf umgepflügten Feldern und brüchigem Asphalt gedeiht es prächtig. Wie viele »Unkräuter« erobert es gern Böden, die von Menschen geformt wurden.

Aber was ist überhaupt ein Unkraut? Wir definieren als Unkraut normalerweise Pflanzen, die wir hässlich oder lästig finden. Es geht also um unsere Launen und Bedürfnisse. Ehe das Stiefmütterchen zur begehrenswerten Kulturpflanze wurde, haben wir es für »schädliches Unkraut« gehalten. Immergrün (*Vinca*), eine niedrige Rankpflanze mit blauvioletten Blüten, kann ein hübsches Ziergewächs sein oder eine Plage, die in Naturschutzgebieten heimische Pflanzen erstickt. Auf den Mais- und Sojabohnenfeldern im Süden der USA gilt der Palmer-Fuchsschwanz als übles Unkraut, aber im Südwesten, wo er auf Wiesen wächst, wird er von der indigenen Bevölkerung wegen seiner nahrhaften Samen angebaut.

Der Bestandteil »Kraut« in »Unkraut« bezieht sich dagegen nicht auf menschliche Bedürfnisse, sondern auf die Pflanze. Ich definiere Unkraut wie viele in der Biologie gern als krautige Pflanze, die als Pionierin mit Vorliebe frisch gestörte Böden besiedelt, dort sehr schnell Wurzeln schlägt, Blätter und Blüten entfaltet, ihre Früchte in Wind oder Tierfelle schleudert und so ihre Samen auf neue Freiflächen befördert. Der Mensch war noch nicht auf der Bildfläche erschienen, da hüpften die krautigen Pflanzen, ohne beurteilt zu werden, schon von Landschaft zu Landschaft. Sie brauchten keine Bulldozer und Spaten. Die Pionierpflanzen besiedelten versengte Böden, das frische Erdreich umgestürzter Bäume, Erdrutsche, Fluss- und Uferbänke, die immer rutschfreudig waren, und von Hufen und hungrigen Säugetiermäulern aufgewühlte Stellen. Heute verändert der Mensch die Welt zugunsten der krautigen Pflanzen oder Beikräuter, wie sie auch genannt werden.

Doch wenn Schaumkraut und andere krautige Pflanzen die Vegetation übernehmen, ebnen sie die Flora ein. In Städten und auf Äckern wachsen weltweit ähnliche Arten: Schaumkraut, Besenkraut, Lattich, Vogelmiere, Fette Henne, Ackerwinde, Leberbalsam, Straßengras, Ackerquecke etc. Dass sich die Breitengrade verschiedener Kontinente großteils gleichen, liegt vor allem an den Unkräutern.

Das Schaumkraut auf unserer Auffahrt unterscheidet sich einen Monat nach der Blüte erheblich von dem, das ganz in der Nähe am Straßenrand wächst. Auf den ersten Blick könnte man beide für unterschiedliche Arten halten. Das Schaumkraut auf der Auffahrt kauert wie ein Moosbuckel am Boden. Dürre Samenschoten sitzen an kurzen Stielen. Das Schaumkraut an der Straße reckt seine schlaksigen Blätter gen Himmel, und die Stiele seiner Samenschoten sind zwei- bis dreimal so lang. Nur die identisch geformten Blüten zeugen von derselben Art.

Wie viele Unkräuter ist das Schaumkraut ein Gestaltenwandler und passt sich seinem Standort an. Ich gehe regelmäßig mit der Sense über unsere Auffahrt, um zumindest vor unserer Küchentür den Anschein von Ordnung zu wahren. Die Pflanzen an der Straße schneiden die Nachbarn aber erst zurück, wenn ihre Samen aus den Schoten katapultiert wurden und sie in der Sommerruhe sind. Das Schaumkraut auf der Auffahrt hat schnell gelernt: Wer den Kopf nicht einzieht, wird geköpft. Das an der Straße musste die Lektion nicht lernen und sucht weiterhin das Licht.

Flexibilität ist der Schlüssel zum krautigen Erfolg. Trotze nicht der Welt in Aufruhr. Gib nach. Die Pflanzen kennen zwei Wege zur Biegsamkeit, die Unkräuter beherrschen beide. Sie können, erstens, je nach ihren Erfahrungen beim Wachsen ihre Gestalt ändern, und zweitens die Gene einer Generation evolutionär an ihren Standort anpassen.

Wenn ich die Samen beider Schaumkräuter an den ungemähten Rand eines Blumenbeets säe, werden alle Pflanzen hoch, weil sie in luxuriösem Boden schwelgen. Das ist noch kein wissenschaftliches Experiment, aber es legt nahe, dass sich das Schaumkraut von Auffahrt und Straße genetisch nicht unterscheidet, sondern sich nur an unterschiedliche Lebensbedingungen angepasst hat. Das arme Schaumkraut auf der Auffahrt lernt mit der ersten Mahd, weitere Verluste zu vermeiden, und treibt dank hormoneller Veränderungen und anderer chemischer Wachstumsregulatoren nur noch flach aus. Viele Pflanzen besitzen die Fähigkeit, sich so an ihren Standort anzupassen. Ein Brombeerstrauch, an dem Rehe knabbern, schützt sich beim Neuaustrieb durch zusätzliche Dornen. Im Schatten wachsen Pflanzen größere Blätter als in der Sonne. Auf der Suche nach Sonnenlicht investieren sie mehr in ihr Wachstum. Da Unkraut schnell wächst, passt es sich nicht wie andere erst nach Monaten oder Jahren an, sondern in wenigen Wochen.

Aber auch genetisch können sich Pflanzen an die Herausforderungen der menschengemachten Welt anpassen. Und durch ihren kurzen Lebenszyklus gelingt das den sogenannten Unkräutern blitzschnell. Nehmen wir etwa die Ackerstiefmütterchen, die rund um Paris gedeihen. Sie stehen, mit cremegelben Blüten an langen Stielen, auf Weizen- und Rapsfeldern. In den letzten 30 Jahren sind ihnen infolge des allgemeinen Insektensterbens viele Bestäuber abhandengekommen. Doch dank Vergleichssamen, die in den 1990er-Jahren wissenschaftlich gesammelt wurden, können wir sehen, dass sie sich schon an die geschrumpfte Insektenpopulation angepasst haben. Wenn man in einem Forschungsprojekt Samen aus den 1990er-Jahren neben dem heutiger Ackerstiefmütterchen ausbringt, zeigt sich, dass die heutigen Pflanzen nicht nur kleinwüchsiger sind, sondern ihre Blüten auch weniger Nektar enthalten und kürzer geöffnet bleiben. Die Stiefmütterchen ziehen noch immer Hummeln an, aber weniger erfolgreich als vor 30 Jahren. Sie verlassen sich heute mehr auf Selbstbestäubung. Sie warten nicht mehr auf fremden Pollen, sondern befruchten ihre Eizellen lieber selbst.

Die Ackerstiefmütterchen sind von einer anderen Art als die Kultursorten der Gärtnereien. Um sich an den Insektenrückgang anzupassen, verkleinerten sie sich und wurden unauffälliger. Bei ihren Verwandten im Garten, die menschlichen Schönheitsvorstellungen gehorchen, ist das Gegenteil passiert: Sie wurden größer und prächtiger. Doch beide zwängen sich wie Wasser genetisch in die gewundenen ökologischen Rillen, die menschliche Taten und Wünsche hinterlassen.

Weltweite Studien zu Unkräutern in urbanen Bereichen kommen zu ganz ähnlichen Ergebnissen. Viele Blüten sind heute weniger sexy als in den 1990er-Jahren. Ein Paradebeispiel dafür, was passiert, wenn wir Insekten verdrängen und vergiften. Die Blütenpflanzen verlieren an Schönheit und Kooperationsfähigkeit, aber beweisen auch, wie genetisch formbar und resilient sie sein können.

Vor allem bei ihren Fortpflanzungsstrategien erweisen sich Blütenpflanzen als einzigartig flexibel. Sie investieren schon seit Jahrmillionen in die Schönheit ihrer Blüten, um sich neuen Gegebenheiten anzupassen. Und bei den Unkräutern verläuft die Evolution besonders schnell, weil sie nicht zehn Jahre und länger für eine Generation brauchen, sondern pro Jahr ein oder sogar zwei Generationen hervorbringen. Prächtige Blüten zugunsten der prüden Selbstbefruchtung aufzugeben, ist dabei ein alter Trick. Es gibt mehrere Gene, die für die Blüte zuständig und jederzeit bereit sind, die Herausforderungen der natürlichen Selektion anzunehmen. Dass die Insekten zwar ideal für Pollentransport und frische Gene sind, aber doch sehr unzuverlässig, war den Blütenpflanzen nämlich schon klar, als der Mensch noch gar nicht auf der Weltbühne erschienen war. Vor allem Pflanzen, die bei ungünstiger Witterung blühen, die nur wenige Insekten hervorlockt, oder vereinzelt stehen, haben wiederholt die Fähigkeit zur Selbstbefruchtung entwickelt. Wie eine neuere Studie zeigt, ist die Selbstbestäubung die »häufigste evolutionäre Transformation« bei Blütenpflanzen und kommt gewöhnlich in schwierigem Umfeld vor. Die Samen gehen dann aus Inzucht hervor und entwickeln sich meist nicht so gut wie bei der Kreuzung mit anderen. Trotzdem ist Selbstbefruchtung für viele eine Option, wenn sich die Insekten mal rarmachen. Und an Standorten, wo Insekten generell Mangelware sind, zahlt es sich sogar aus, trotz aller Qualitätsmängel reichlich Samen hervorzubringen und die Selbstbestäubung als Dauerstrategie zu wählen. Bei manchen Arten wie vielen Veilchen befruchten sich die

Blüten sogar noch in der Knospe und öffnen sich gar nicht erst. Wer rund um Veilchen im Rasen stochert, findet die selbstverliebten Knospen am Ende der verbuddelten Stiele.

Ermöglicht wird die enorme Anpassungsfähigkeit durch die Raffinesse und Flexibilität der weiblichen Sexualität. In alten Biologiebüchern wird Pflanzensex meist als Heldenreise beschrieben: Das Pollenkorn landet auf der Blüte und entwickelt einen Pollenschlauch, in dem die Spermienzellen wie Ritter auf der Suche nach dem heiligen Ei um die Wette galoppieren. In diesem Narrativ liegen die weiblichen Fortpflanzungsorgane als Samenanlagen im Dornröschenschlaf und warten darauf, von einem Prinzen wach geküsst zu werden. Doch in Wahrheit sind sie die Bestimmer. Sie entscheiden, ob Spermienzellen ihre Eizellen erreichen.

Je nach Art kann weibliches Handeln viele Formen annehmen. Um Selbstbefruchtung zu vermeiden, werden bei den meisten Blütenpflanzen die eigenen Pollen ausgebremst. Bei manchen Pflanzen muss der Pollen, der an der Narbe haften bleibt, erst mal einen Geschmackstest überstehen. Entdeckt die Narbe an ihm eigene Proteine, untersagt sie die Keimung. Bei anderen Pflanzen bewertet die Narbe den Pollenschlauch, der durch ihr Gewebe kriecht, und ist er ihrem zu ähnlich, schaltet sie ihn aus. Nur bei wenigen Arten fällt die Entscheidung erst, wenn die Spermienzellen die Eizellen schon erreicht haben. Die Blütenpflanzen können sich bei ihrer Entscheidungsfindung auf zahlreiche Gene stützen, die Identitäten erkennen und bewerten. Sie sind sexuell darum so flexibel, weil sie diese Gene evolutionär anpassen und umbauen können.

Wenn die Selbstbefruchtung nicht länger verhindert werden soll, lassen die weiblichen Fortpflanzungsorgane zu, dass eigener Pollen mit einer Eizelle verschmilzt. Eizellen und Spermienzellen verdoppeln sich dann inzestuös, aber ein inzestuöser Embryo ist besser als keiner. In der Vergangenheit griffen die Blütenpflanzen meist zur Selbstbefruchtung, wenn sie neue Habitate, etwa nackten Fels nach dem Rückzug der Gletscher besiedelten. Aber dank derselben genetischen Anpassung können sie sich heute an Standorten ansiedeln, die vom Menschen geprägt wurden. Auch das Behaarte Schaumkraut auf unserer Auffahrt kann sich bei Bedarf selbst bestäuben. Schon genügt ein einziger Samen für eine ganze Population. Auf der ganzen Welt kommen die Schaumkrautarten am besten mit den gestörten und frisch freiliegenden Böden unserer Äcker, Städte und ehemaligen Gletscherzonen zurecht, die zur Selbstbestäubung neigen oder den Sex manchmal überhaupt aufgeben und sich über Zwiebeln oder Rhizome verbreiten.

Manchmal reicht auch schon eine einzige Mutation, um sich an die vom Menschen beherrschte Welt anzupassen. Um Unkräuter zu vernichten, zerstören Herbizide häufig wichtige Zellproteine. Doch durch Veränderung ihrer DNA können die Blütenpflanzen die verwundbaren Proteine so umbauen, dass die Herbizide nicht mehr andocken können. Heute überleben Hunderte Blütenpflanzenarten so im Herbizid-Dauerregen. Legionen von Unkräutern haben sich zum Leidwesen der Landwirte an Gifte angepasst, die sie umbringen sollen. Der Rüstungswettlauf zwischen Chemie und Pflanzenwelt hat mittlerweile »Super-Unkräuter« hervorgebracht, die gegen ein oder mehrere Herbizide resistent sind. Gegen sie ist buchstäblich kein Kraut mehr gewachsen. Die Landwirte müssen sie von mehreren Seiten bekämpfen, Herbizide wechseln und kombinieren, zum Abbrennen der Felder zurückkehren, mehrmals pflügen oder per Hand jäten. Aber Unkraut vergeht nicht.

Als Metapher für die nähere Zukunft unserer Erde scheint mir »Super-Unkraut« überaus passend. Unser Zeitalter wird heute oft als Anthropozän bezeichnet, weil es vom Menschen geprägt wird, aber »Zeitalter der Super-Unkräuter« halte ich mindestens für genauso geeignet. Es würde zudem auch noch andauern, wenn der Mensch von der Erde verschwunden oder zu etwas anderem geworden ist.

Der Schwund an Bestäubern und der Herbizid-Dauerregen setzen den Pflanzen erheblich zu. Noch schlimmer ist der Bergbau. Er reißt nicht nur Vegetation und Erdreich auf, sondern verseucht sie oft auch noch mit Schwermetallen. Die Erde wird unfruchtbar wie in der biblischen Erzählung von der zerstörten Stadt Sichem, die Alimelech mit Salz bestreute, oder der unbewiesenen Geschichte von den Römern, die bei der Zerstörung Karthagos die Felder versalzten. Doch anders als Salze kommen Schwermetalle, um zu bleiben, manchmal Jahrhunderte. Wenn Samen dort trotz allem keimen, gehen sie meist schnell ein, weil ihre Zellen von Zink, Blei oder anderen Schadstoffen zerstört werden. Doch einige wenige Blütenpflanzen können durch Mutationen sogar in Mondlandschaften gedeihen.

So konnte das Strandleimkraut aus der Familie der Nelken frühere Tagebaugebiete in England, Wales und Irland besiedeln. Eigentlich wächst es an Küsten, schlägt seine Wurzeln in rutschende, rissige Sanddünen, in Kies und Felsklippen, wo es als niedrige Matte mit silbrig grünen Blättern gedeiht. Seine fünf weißen geteilten Blütenblätter bilden an der Achse, wo sie zusammentreffen, eine dicke Blase. Seine Samen sind so klein wie gemahlener Pfeffer. Einige hat jedoch der Wind erfasst und landeinwärts bis zu den bloß liegenden Tagebaugebieten getragen. Und ein paar davon schafften es dank genetischer Schrullen, überschüssiges Zink zu binden und zu neutralisieren. Das zinktolerante Strandleimkraut gedeiht auf den Brachflächen mittlerweile prächtig. Seine weißen Blüten zittern in der kleinsten Brise, bieten Bienen und Faltern reichlich Nektar und bringen das brummende Leben in die Wüsten zurück. Auch anderswo kehren Blütenpflanzen in Tagebaugebiete zurück. Die Gelbe Gauklerblume hat ein ehemaliges Kupferabbaugebiet in Kalifornien besiedelt, auf deutschen blei- und kupferverseuchten Halden sprießen heute Veilchen. Im Höchstfall dauerte es ein paar Jahrhunderte, bis das aufgerissene Erdreich sich wieder der Schönheit der Blumen erfreute. Auch diese Pflanzen bezeichne ich gern, obwohl wissenschaftlich nicht so verwendet, als Super-Unkräuter. Sie blühen auf vergiftetem Boden. Wenn das keine Superkraft ist ...

Doch oft reicht es nicht, nur ein paar Gene neu zu justieren. Manchmal muss alles durchgerüttelt werden. Der Große Bocksbart, den wir schon betrachtet haben, ist dafür ein gutes Beispiel. Einige Exemplare ließen zu, dass Pollen anderer Arten mit ihren Eizellen verschmolzen. Die Hybriden vermehrten sich, wuchsen schneller und kräftiger als die Eltern alter Schule und wurden zum verbreitetsten Unkraut ihrer Region. Wie Studien auch anderer Wild- und Kulturpflanzen zeigen, sind die Nachkommen von Pflanzen, die sich mit anderen Arten kreuzen und ihr Genom verdoppeln, unter schwierigen Bedingungen oft evolutionär im Vorteil, weil sie Salzböden, Frost, Hitzestress, Trockenheit und anderen Stressfaktoren besser widerstehen. Schon die globale Wende am Ende der Kreidezeit, als ein katastrophaler Meteoriteneinschlag und Vulkanausbrüche zu einem Massensterben führten, überstanden die Blütenpflanzen durch genetische Revolutionen wie die Genomverdoppelung. Die Vorfahren von Süßgräsern, Gemüse und anderen modernen Pflanzen haben den Sturm durch genetische Umgestaltung überlebt und sich erfolgreich vermehrt. Heute erleben wir ähnliche Zeiten, und wieder ist die Mode der genetischen Neuerfindung besonders unter Unkräutern weit verbreitet.

Wenn ich das Leimkraut auf unserer Auffahrt oder den Großen Bocksbart am Feldrain so sehe, habe ich oft den Eindruck, sie spielen. Sie verhalten sich wie spielende Tiere: erkunden, probieren Neues aus, brechen Regeln und sind offen für alles, was nützlich sein könnte. Ihre Anpassung scheint ein munteres Spiel. Doch auch eine weniger heitere Analogie bietet sich an: Sie haben als eine der wenigen unseren Krieg gegen die Gemeinschaft des Lebens überlebt. Ihre Widerstandsfähigkeit wäre dann purer Überlebenswille, entgegen aller Wahrscheinlichkeit wären sie aus Ruinen wieder auferstanden. Doch egal wie wir es sehen, die Unkräuter gehen immer gleich vor: Angesichts schwieriger Herausforderungen erproben sie blitzschnell neue Lebensstile.

Werden die Unkräuter die Erde einmal übernehmen? Viele Äcker haben sie bereits erobert. Zahlreiche heutige Nutzpflanzen sind die Nachkommen krautiger Pflanzen. Und vergessen wir nicht, dass die

Pioniere schon lange vor Erscheinen des Menschen nach gestörten Böden suchten. Und davon einige zu unseren wichtigsten Nahrungsmittellieferanten wurden. Ironischerweise versucht die Landwirtschaft mit der »Unkrautkontrolle«, eine krautige Pflanze zugunsten einer anderen zu vernichten. Allerdings können unsere schwankenden Maßstäbe jederzeit ins Wanken geraten.

So sind etwa die Vorfahren einer nahöstlichen Weizensorte einjährige Wildgräser, die sich auf versengten, kahl gefressenen und zerwühlten oder instabilen Böden felsiger Gebiete selbst aussäen. In Südasien besiedeln sowohl ein- als auch mehrjährige Wildreisarten offene Flächen und Feuchtgebiete und gedeihen bestens auf gestörten Böden und im Schlamm. Wilde Maisarten, Teosinte, wachsen krautig an Flussrändern, auf offenen Lichtungen und felsigen Abhängen. Und anderes Getreide, wie die Vorfahren von Gerste, Hafer und Roggen, war im wahrsten Sinne des Wortes Unkraut. Es spross zunächst als unerwünschtes Beikraut zwischen Weizen. Oft versuchten die Eindringlinge, wie Weizen auszusehen, um nicht auf der Stelle aussortiert zu werden. Doch einige kluge Landwirte befanden die Unkräuter schließlich als schmackhaft und nützlich, quasi in Abwandlung eines Ratschlags im Hinblick auf Fremde und Engel im Neuen Testament: »Die Liebe zu denen, die fremde Unkräuter sind, aber vergesst nicht. So haben manche, ohne es zu wissen, Getreide beherbergt.«

In der heutigen Landwirtschaft dreht sich vieles um die krautigen Pflanzen. Wir räumen den Boden für sie frei, sammeln, bewahren und säen ihre Samen aus. Sie haben nicht nur nackte Böden besiedelt, sondern auch unsere Psyche.

Heute erfährt die alte Beziehung zwischen Menschen und krautigen Gräsern manch neue Wendung. Die Ergebnisse der veränderten Zusammenarbeit können wir essen. Mein Lieblingsbrotmehl Climate Blend kommt von der King Arthur Baking Company. Sie vermahlt dafür nicht nur eine, sondern mehrere Weizenarten, die unter verschiedenen Bedingungen gedeihen. Das Mehl, das gemeinsam mit dem Breadlab der Washington State University entwickelt wird, schmeckt nicht nur wunderbar nussig, warm und vielschichtig, sondern macht sich auch die genetische Vielfalt des Weizens zunutze. Auf unserer immer wärmeren, trockeneren Erde sinken vielfach die Erträge gängiger Weizensorten. Wir brauchen also dringend neue Sorten. Für das Mehl Climate Blend wird aber nicht eine, speziell für das Klimachaos gezüchtete Sorte vermahlen. Man vertraut auch auf den Weizen selbst. Welche Sorten, fragen Landwirtschaft und Wissenschaft, kommen mit den Verhältnissen in diesem Jahr oder Jahrzehnt voraussichtlich besonders gut klar? In quasi spielerischen Zuchtversuchen pflanzen sie verschiedene Sorten und überlassen einen Teil der Antwort ihnen.

Auch am wissenschaftlichen Land Institute in Salina, im US-Bundestaat Kansas, möchte man mit Blütenpflanzen kooperieren. Statt Monokulturen zu pflanzen und den Boden jedes Jahr neu umzupflügen, werden dort mehrjährige Getreidesorten gezüchtet und zusammen mit anderen Pflanzen wie Gemüse ausgebracht, das Stickstoff aus der Luft bindet und so den Boden düngt. Genauso entstanden auch die metertiefen Böden der Graslandschaften, eines der ökologisch produktivsten und artenreichsten Ökosysteme der Welt. Das Institut verfolgt dabei ein ehrgeiziges Ziel. Der Mensch soll seine zehntausendjährige Gewohnheit aufgeben, einjährige Nutzgräser zu pflanzen und sich künftig von mehrjährigen Gräsern ernähren.

Ich habe das Land Institute 2002, vor fast 25 Jahren besucht, weil ich die ersten der vielversprechenden mehrjährigen Gräsersorten sehen wollte, die uns einmal ernähren könnten. Ich erinnere mich vor allem daran, wie überraschend gewöhnlich die revolutionären Pflanzen schienen. In ihren sorgfältig beschrifteten Töpfen sahen sie einfach aus wie Gras. Manche waren ein bisschen größer, grüner oder besaßen dickere Halme. Doch eben das ist das Geheimnis der Kooperation zwischen Mensch und Pflanze. Wir können den Prozess in Gang bringen, aber nur durch die genetische Vielfalt der Pflanzen, die sich unter anderem artenübergreifenden Züchtungen verdankt, wird daraus ein spielerisches Experiment mit offenem Ausgang. Heute stehen einige Nachkommen der damaligen Sorten in unserer Küche, in Form einer handelsüblichen Mehltüte. Im Supermarkt findet man die Sorten unter dem Namen Kernza auch in Brot und Bier. Kernza wurde vom Land Institute aus einem mehrjährigen eurasischen Gras gezüchtet. Verrieten die Muffins, die ich diesen Winter gebacken habe, also schon den Geschmack der Zukunft? Das wäre vielleicht etwas hoch gegriffen, aber sie schmeckten süßlich-herb und längst nicht so fad wie aus üblichem Weizenmehl. Der Unterschied ist in etwa vergleichbar mit dem zwischen einem Ale und Hellen Lager.

Solche wissenschaftlichen Projekte orientieren sich oft an der traditionell bäuerischen Landwirtschaft und schauen sich viel von ihr ab. Denn auf den kleinen Bauernhöfen mit heimischer Landwirtschaft gibt es viel über den Umgang mit dem Klimachaos zu lernen. 84 Prozent aller Höfe weltweit bearbeiten weniger als zwei Hektar Land, produzieren aber 35 Prozent der Weltnahrung. Dabei müssen die Bäuerinnen und Bauern jedes Jahr mit Unvorhergesehenem rechnen. Wer Zugang zu globalen Transportnetzen hat, gleicht heimische Missernten heute durch Importe aus. Der internationale Handel puffert unsere Nahrungskette ab. Doch wenn sich in Zukunft die Extremwetterereignisse mehren, wird ein solcher Ausgleich zunehmend schwieriger. Was, wenn es in einem Jahr überall Missernten gibt? Der globale Lebensmittelhandel musste sich mit dieser Frage seit Jahrzehnten nicht mehr beschäftigen, aber Bauernfamilien in traditionellen Milieus kennen das Problem seit Jahrtausenden. Sie wissen, dass sie unvorhersehbare Wetterereignisse nur überstehen können, wenn sie vorausschauend auf die Diversität und Flexibilität krautiger Pflanzen setzen.

Man muss nur einmal die traditionellen Methoden zur Gewinnung von Maissamen in Mexiko und Mittelamerika mit denen der industriellen Landwirtschaft vergleichen. Die traditionellen Bauernfamilien picken nicht, wie in der Industrie, die eine »beste« Sorte für die nächste Ernte heraus, sie wählen verschiedene Samen. Sie bewahren mehrere Samensorten auf, tauschen ausgiebig mit anderen in der Region und erhalten so die genetische Vielfalt. Sie wählen Maissamen für unterschiedliche Zwecke, für Tortilla, Popcorn, zum Rösten, für Hühnerfutter, Tamale-Wraps oder zum Lagern. Und Samen, die mit bestimmten Bedingungen wie Frost oder Wind, verschiedenen Böden, Regen- oder Trockenzeit zurechtkommen. Und setzen generell auf Diversität: Für das nächste Jahr heben sie dicke, schrumpelige, rote, gelbe, braune Samen und Samen von großen und kleinen Kolben auf.

Auch beim sogenannten Mengkorn, dem gleichzeitigen Anbau unterschiedlicher Getreidearten auf ein und demselben Acker, vertrauen Bauern auf die pflanzliche Kreativität. Die Kulturtechnik kam in Nordafrika und Eurasien schon in der Bronzezeit auf und wird auch heute manchmal noch angewandt. In Nordamerika baute man im späten 19. Jahrhundert vielfach Mengkorn aus Hafer und anderem Getreide als Viehfutter an. In Indien brachte man das ganze 20. Jahrhundert hindurch Hirse mit Mais aus. In Teilen Chinas vermengte man Weizen mit Reis. In Ostafrika wird noch heute Weizen mit Hafer ausgesät, in Äthiopien wachsen verschiedene Weizen- und Gerstensorten auf demselben Feld, und in Polen sät man Gerste mit Hafer als Frühlingsgetreide.

Wie eine neuere Mengkorn-Studie unter Leitung von Alex McAlvay am New York Botanical Garden zeigt, erhöht der Anbau von Mengkorn »die Zuverlässigkeit von Getreidesorten vor allem unter schwierigen Bedingungen wie Krankheitsbefall, schlechter Boden oder geringer Niederschlag«. In einer unvorhersehbaren Welt bietet der diversifizierende Mengkorn-Anbau also nicht nur mehr Sicherheit, angesichts unterschiedlicher Pflanzen können sich Krankheitspilze und marodierende Insekten auch nicht so schnell zur Plage entwickeln. Wie bei den Wildgräsern gedeihen unter Stressbedingungen wie Hitze, Trockenheit oder Insekten auch hier die artenreichen Gemeinschaften am besten.

Vielleicht fragen Sie sich jetzt, was wir in einem industrialisierten Land überhaupt tun können, um unsere kreative Partnerschaft mit den experimentierfreudigen krautigen Nutzpflanzen zu vertiefen?

Wir können beispielsweise neugierig sein und mit sinnlichem Vergnügen spielen. Wir können unseren Geschmack weiterentwickeln und so erleben, wie vielschichtig neue Getreidesorten wie Kernza oder alte wie Mengkorn schmecken. Oder neue visuelle Freuden erkunden. In unserer westlichen Kultur haben wir gelernt, Unkräuter hässlich zu finden, gülden wogende Weizenfelder aber schön und in ihrer Rechteckigkeit moralisch tadellos. Wir könnten versuchen, so wie traditionelle Maisbauern die Schönheit der Getreidevielfalt zu sehen, und das kreative Potenzial der sogenannten Unkräuter entdecken.

Die nähere Zukunft wird den experimentierfreudigen Unkräutern gehören. Sie gedeihen prächtig auf rissigem Asphalt, vergifteten Böden, zwischen herbizidreichen Monokulturen und auf biologischen Mengkornfeldern. Wenn Gärten auf der Chelsea Flower Show Unkräuter präsentieren, rücken sie Pflanzen ins Rampenlicht, die der professionelle Gartenbau normalerweise verachtet, verweisen damit aber buchstäblich auch auf die Zukunft der Erde.

Die Wendigkeit der krautigen Pflanzen ist beeindruckend, aber die Zahl ihrer Arten ist begrenzt. Auf kürzere Sicht steht den meisten Blütenpflanzen eine schlimme Zukunft bevor.

Der Immergrünen Magnolie aus Kapitel eins geht es zwar gut, auch weil wir sie in Parks und Gärten so gerne pflanzen, aber etwa die Hälfte aller mehr als 300 weltweiten Magnolienarten ist vom Aussterben bedroht, weil ihre Habitate zerstört werden. Dasselbe gilt für die Hälfte aller Orchideen, über die wir ausreichend Informationen besitzen, um ihre Populationen zu beurteilen. Über andere wissen wir so wenig, dass von der internationalen »Roten Liste« gefährdeter Arten nicht einmal zehn Prozent aller Blütenpflanzen berücksichtigt werden. Was wir über die bekannteren Pflanzengruppen wissen, ist allerdings wenig ermutigend. Oft sind 40 Prozent ihrer Arten vom Aussterben bedroht. Der Prozentsatz entspricht ungefähr dem der besser erforschten Wirbeltiergruppen. Bei den Amphibien sind 41 Prozent, bei den Haien und Rochen 37 Prozent und bei den Säugetieren 26 Prozent der Arten vom Aussterben bedroht.

Es gibt viele apokalyptische Reiter, die mit ihren Säbeln auf die Artenvielfalt einschlagen: Verlust und Verschlechterung von Habitaten, Übernutzung, klimatische Störungen, Krankheiten, invasive Arten, Umweltverschmutzung. Wenn wir uns fragen, was Blütenpflanzen zur Zukunft der Welt beitragen werden, könnte die Antwort auch lauten, nichts. Zumindest für Arten, die wir ausgerottet haben und noch ausrotten werden. In der Vergangenheit brauchte es Meteoriten und globale Vulkaneruptionen für ein Massensterben, heute genügt dafür die Gier einer einzigen Säugetierart. Doch die Unkräuter werden Wege finden, um trotz allem zu gedeihen.

Grün rankt sich um Ruinen. Blumen zieren bröckelndes Gestein. Auf Gemälden strahlt die widerstandsfähige, wiederauferstehende Natur eine gewisse Schönheit aus. Wenn ich sehe, wie sich das Schaumkraut durch Risse im Asphalt kämpft, kann ich das nachempfinden. Doch die Schönheit gerät ins Wanken, wenn man die fragwürdige Allegorie durchschaut. Die westliche Kunst verherrlicht gern die Rückkehr des zivilisierten Menschen in die angeblich unschuldige »Natur«: ob mit den lebhaften Pflanzen und zünftigen Bauern, die Hubert Robert im 18. Jahrhundert zwischen verfallenden Prachtbauten malte, ob in dem Zyklus »Der Weg des Imperiums« von Thomas Cole aus dem 19. Jahrhundert oder mit kunstvollen Ruinen in den Parks englischer Adliger. Der Verfall kann seinen Reiz jedoch nur entfalten, wenn man nicht im Zerfall lebt. Es ist wohl kein Zufall, dass solche Kunst boomte, als die Zerstörung durch den Kolonialismus und die Industrialisierung Fahrt aufnahm. Wie ein Anästhetikum beruhigte die Widerstandskraft der Natur alle, die von den Zerstörungen profitierten.

Für die Pflanzen endet die Geschichte allerdings nicht mit der erlösenden Aussicht, nach dem Ende der Menschheit in einen paradiesischen Zustand zurückzukehren. Einer Zukunft, in der mindestens die Hälfte aller Blütenpflanzen innerhalb der nächsten Jahrzehnte oder Jahrhunderte aussterben wird, fehlt die romantische Erhabenheit. Grün umrankte Ruinen mögen auf Gemälden malerisch wirken.

Die Vernichtung von Millionen Jahren evolutionärer Schöpfungskraft ist es nicht. Wenn wir also die nähere Zukunft betrachten, müssen wir erkennen, dass wir in einem Zeitalter erschreckender Verluste leben, in dem nur noch einige besonders experimentierfreudige und anpassungsfähige krautige Blütenpflanzen gedeihen können.

*****

Doch wie sieht es in einer fernen Zukunft, in Zehnmillionen von Jahren aus? Wie könnten die Blütenpflanzen diese künftige Welt gestalten? Voraussagen sind natürlich schwierig, aber wenn wir uns die heutigen Blütenpflanzen anschauen, könnten wir einen ersten Einblick erhaschen.

Dass es dann noch Menschen in der heutigen Form gibt, ist eher unwahrscheinlich. Wie Fossilienfunde zeigen, sterben die meisten Säugetiere spätestens nach drei Millionen Jahren aus oder werden zu einer anderen Art. Die Folgen unseres heutigen Handels werden jedoch, unabhängig von unserem eigenen Schicksal, noch nach Jahrmillionen zu spüren sein. Mit Massensterben, Klimachaos, der physischen und biologischen Veränderung fast aller Habitate hinterlassen wir unsere »Höhlenmalerei« im Fels.

Wenn wir uns weiter so verhalten wie heute, werden die Meeresspiegel um mehrere Meter steigen, die heutigen Küstengebiete überflutet und vielleicht, wie wir im Seegraskapitel gesehen haben, mit Seegraswiesen bewachsen sein. Die Temperaturen an Land und die Feuer nehmen zu. Mit der globalen Abkühlung, die immerhin 30 Millionen Jahre währte, dürfte es vorbei sein, ebenso wie mit den extremen Ausschlägen der Eiszeiten, die mindestens die letzte eine Million Jahre prägten. Wir befördern die Welt in das warme Klima zurück, das vor Anbruch der kühleren Zeiten 400 Millionen Jahre lang vorherrschte. »Tschüs eisige Welt. Hallo Treibhaus, lange nicht gesehen.«

Wir schaffen nicht nur ein Klimachaos, in vielen Gegenden der Erde verschlechtern sich auch die Böden. Äcker, Weide- und Waldflächen erodieren durch Regen und Wind. Die Böden verlieren durch Verstädterung, Kriege, Kontaminationen und Wüstenbildung an Tiefe, Fruchtbarkeit und Textur. Es gibt zwar starke regionale Unterschiede, aber schon 2016 kam ein globales Expertenteam zu dem Schluss, dass »die Böden weltweit gefährdet sind« und »die globale Gemeinschaft nicht ausreichend vorbereitet und ausgerüstet ist, um angemessen darauf zu reagieren«. In einer Neubewertung von 2024 folgerte ein weiteres Team, dass weltweit die »meisten Böden in einem mittelmäßigen, schlechten oder sehr schlechten Zustand sind und sich der Zustand überwiegend eher verschlechtert als verbessert«. Ein Drittel der Böden ist demnach bereits »mittel bis stark geschädigt«.

Bedenkt man, dass der Mensch in vielen Schöpfungsgeschichten aus Lehm geformt wurde, ist das ein ziemlich armseliges Zeugnis. Doch heilige Schriften hin oder her, die Tatsache, dass wir bei den meisten Nahrungsmitteln auf satte Böden angewiesen sind, lässt wenig Gutes erwarten. Wie wird die Erde aussehen, die wir einmal hinterlassen werden? Nackter Fels, wo das Erdreich vollständig erodiert ist. Betonbeulen. Vorzeitig gealterte Böden mit ausgewaschenen Mineralstoffen und beschädigter Textur.

Doch sind manche Blütenpflanzen in der Vergangenheit mit Hitze, Feuer und schwierigen Böden zurechtgekommen?

Nahe meinem Wohnort in Atlanta erhebt sich eine große Kuppel aus nacktem Fels. Wie bei anderen Aufschlüssen in der Gegend handelt es sich um Reste einer 400 Millionen Jahre alten Magmablase. Der Fels ragt wie ein Walrücken aus einem dunklen Bäumemeer. Den Namen Arabia Mountain haben ihm Arbeiter im Steinbruch gegeben, die bei unglaublicher Hitze Granit aus dem Fels brachen. Der Granit wurde für Bordsteine, als Splitt, Straßenfüllung und Baumaterial verwendet, etwa für die New Yorker Brooklyn Bridge.

Der Aufstieg zur Kuppel dauert nur 15 Minuten und führt überwiegend über nacktes, graues Gestein, das silberne Wirtel aufweist. Weil es hier wenig Brennbares gibt, ist Feuer selten. Doch in der Sommersonne kann sich der Fels auf brandgefährliche 60 Grad erhitzen.

Hier gibt es garantiert keine blühenden und sattgrünen Pflanzen, oder? Doch. Der Arabia Mountain ist ein Mekka für Wildblumenfans. Obwohl es dort so unwirtlich wie auf einem Parkplatz ist, hat die Evolution bezaubernd vielfältige und schöne Blumen hervorgebracht.

Am spektakulärsten sieht die Kuppel im Herbst aus. Dann blühen auf dem Fels Zehntausende Staudensonnenblumen (*Helianthus porteri*) gleichzeitig. An dem nur kniehohen Kraut erstrahlen handtellergroße goldene Blüten. Am Ende des Winters keimt der Samen, schlägt in Dellen und Ritzen Wurzeln und wächst vom Frühjahr bis in den frühen Herbst weiter. Anders als man annehmen könnte, ist die Staude auf dem Fels kein Neuankömmling, der hier eine Randexistenz führt. Wie genetische Daten zeigen, spaltete sich ihre Art schon vor zwei bis fünf Millionen Jahren von anderen Sonnenblumen ab, eventuell einem nahen Verwandten in Florida. Und *Helianthus porteri* gedeiht nur auf diesen Felsaufschlüssen im Südosten der USA. Der Pizzastein unter der Sonnenglut ist ihr Zuhause.

Doch im Frühling blühen an den ausdauernden Tümpeln und in den schlammigen Vertiefungen, die den Fels dann wie Narben überziehen, noch verblüffendere Blumen. Auch sie wachsen nur hier. Das Gnadenkraut *Gratiola amphiantha* erhebt sich aus einer Blattrosette, die am sandigen Grund wurzelt, und reckt seine Blüten vorwitzig aus dem Wasser. Es wird auch Snorkelwort (Schnorchelkraut) genannt und wäre damit ein aussichtsreicher Kandidat für den perfektesten Pflanzennamen. Die linsengroßen Blüten tanzen zwischen zwei Schwimmblättern und sind über einen »Schnorchel« mit der Wasserrosette verbunden. Ihre Samen fallen auf den wässrigen Grund, und wenn die Tümpel im Spätfrühling austrocknen, dösen sie in aller Seelenruhe, bis der Winterregen sie wieder weckt. Auch die winzige Fetthenne *Sedum Smallii* oder Elfen-Fetthenne wird nur wenige Zentimeter hoch und übersteht die heißeste Jahreszeit als Samen im Fels. Wenn die Felssenken im Winter verschlammen und versanden, treibt sie aus und lodert einem im Frühjahr aus jeder Delle und Kuhle als fleischiges, rotes Blattwerk mit weißen Blütensternen entgegen.

Die Evolution hat auf diesem unglaublich nackten, mit Vertiefungen übersäten Felsrücken einzigartige Pflanzen hervorgebracht, die nur hier gedeihen. Mit ihren extravaganten Blüten bieten sie Bestäubern Nahrung und spinnen das alte Beziehungsnetz zwischen Blütenpflanzen und Tierwelt fort.

Die Felsaufschlüsse im Südosten der USA sind nur kleine Flecken in einer weiten Landschaft. Nur wenige Blütenpflanzen können hier überleben. Doch was würde im Lauf von Jahrmillionen passieren, wenn nicht nur wenige Hektar, sondern ganze Regionen von schlechten Böden, Hitze und Feuer geprägt wären?

Man muss nur einen Fuß auf australischen Boden setzen, um sehr lebhaft zu hören und zu sehen, was passieren könnte. Australien ist der geologisch älteste Kontinent und blieb von Eiszeiten, Überschwemmungen an Flüssen und Küsten und Gebirgsbildungen, die anderswo die Böden verjüngten, weitestgehend unberührt. Die Landschaft ist zudem relativ flach, wodurch tiefere Gesteinsschichten, die Nährstoffe an das obere Erdreich abgeben könnten, nicht leicht freigelegt werden. Viele Böden enthalten daher wenig von dem, was Pflanzen brauchen, wie Phosphor und andere Mineralstoffe. Da es in Australien, von wenigen feuchten Wäldern abgesehen, außerdem ganzjährig oder jahreszeitlich bedingt heiß und trocken ist, werden viele Pflanzengemeinschaften regelmäßig abgeflämmt. Große Teile der Landschaft werden, wie Fossilienfunde zeigen, schon seit mindestens 33 Millionen Jahren von Bränden geprägt. Und vielleicht spielten Brände sogar schon in der feuchteren späten Kreidezeit, also vor 66 Millionen Jahren, eine wichtige Rolle. Mit ihren leicht brennbaren Blättern und holzigen Stielen bieten die Blütenpflanzen dem Feuer reichlich Nahrung. Sie züngeln und lodern daher als eigenes Feuer und können, wie die Gräser im US-Bundesstaat Panolo, umso besser wiederauferstehen.

Als ich kaum eine Stunde vom Brisbane Airport entfernt noch im Jetlag durch die Gegend taumelte, entdeckte ich voller Staunen die australische Flora, die mit ihren besonderen Qualitäten das Tierleben beflügelt. Katie und ich waren wegen meiner Lesereise in Australien und nutzten die Gelegenheit, uns einiges anzuschauen. Die Reise führte uns nach Queensland, entlang der Ostküste, weiter landeinwärts nach Canberra und schließlich nach Melbourne. Wir genossen nicht nur die Begegnungen mit australischen Lesefans, sondern auch mit Flora und Fauna, die wir eifrig studierten. Wir konnten zwar nur einen kleinen Teil der australischen Artenvielfalt erkunden, aber es reichte, um meine Vorstellungen von der Zukunft der Erde neu zu überdenken. Gleich in Flughafennähe, an einem Gasthaus an der Straße, geriet ich ins Grübeln.

Als wir auf der Veranda des Shelley Inn, an einer Bucht nördlich von Brisbane, auf unsere Sandwiches warteten, klingelten in unseren Ohren auf einmal seltsame Vogelstimmen. Sie kamen aus einer Großblättrigen Feige auf der anderen Straßenseite. Eine Mischung aus flötenden Pfiffen und Synthesizer-Sweeps, unterlegt mit klickenden Ratschen. Mindestens zehn Vögel hielten den Schwarm so zusammen. Die Feige war ein echter Baumriese, mit einem Stamm, breiter als die Picknick-Bänke daneben. Die Äste reckten sich mindestens 15 Meter in die Breite, und dichte ledrige Blätter versperrten die Sicht auf die Vögel. Wir holten das Fernglas heraus, suchten und erspähten nach einer Weile Australische Feigenpirole. Sie sind etwa so groß wie Eichelhäher, mit kräftigen Schnäbeln und langen Schwanzfedern. Sie saßen im Baum und rupften an den spärlichen Früchten. Einige, die Weibchen, hatten bräunliche Streifen. Die Männchen olivgrüne Rücken, einen schwarz glänzenden Kopf und rund um die Augen eine leuchtend rote »Brille« aus nackter Haut. Ihr Gezeter war beachtlich.

Geschwätzige Vögel, die in gigantischen Bäumen an Früchten picken. Es war nur ein erster Vorgeschmack auf die Fülle australischer Flora und Fauna. Schon rauschten etwa 20 Regenbogenloris heran. Blauer Kopf, rot-orange Brust, grüner Rücken, Unterflügel und Schwanz in Gelb, Schnabel in Kaminrot. Sie machten ihrem Namen alle Ehre. Wie ein Konfettiregen kamen sie näher und ließen sich nieder. Ein herabstürzendes Flügelwirrwarr, aus dem es aufgeregt rief, mit einer Mischung aus kindlicher Freude und quietschender Tür. Die Feigenpirole wurden sofort übertönt. Doch es war nur eine kurze Klang- und Farb-Böe. Die Loris hüpften und schaukelten ein wenig oben auf dem Baum herum, dann stob der Schwarm wieder auf und flog laut schreiend die Bucht entlang.

Das war eine aufregende Begrüßung für Katie und mich. Wir kannten nur das sachte Trillern und eher ruhige Rufen der amerikanischen und europäischen Vögel und merkten sofort, dass die Evolution hier andere Wege eingeschlagen hatte. Doch obwohl die Vögel unsere Aufmerksamkeit geweckt hatten, bewunderten wir damit eigentlich die Blütenpflanzen, die zu der Tierwelt geführt hatten. Bald erkannten wir auch, wieso. Als wir gegessen hatten, fuhren wir weiter landeinwärts, wo wir ein Zimmer gebucht hatten. Doch wir kamen kaum 100 Meter weit, da blieb ich schon wieder stehen. Wir hatten die Loris eingeholt. Allerdings nicht nur die, die den Feigenbaum einen Moment bunt getupft hatten. Jetzt schwirrten mindestens 50 um einen Eukalyptus. Wir hörten ihre Rufe bis in unsere verglaste Metallblase, und sie lockten uns heraus.

Was für eine Aufregung. Übereinanderpurzelnd versuchten die Vögel, sich an den dünnen, weichen Zweigen des hohen Eukalyptus festzukrallen, einer Art mit dem Namen Forest Red Gum *(Eucalyptus tereticornis)*, der nicht so dichtes Laub hat wie die Großblättrige Feige. Zwischen den schlaffen, schmalen Blättern konnten wir gut sehen, wie sich die Loris um Blütenbüschel drängten. Sie umflatterten die Zweige, standen, hingen kopfüber und steckten ihre Schnäbel in die fedrig weißen Blüten. Die Blüten sahen durchs Fernglas wie Seeanemonen mit vielen Tentakeln oder wie dürre Finger aus, die sich kreisförmig um eine Schüssel drängen. Der Pollen sitzt am Ende der männlichen Staubfaden-Tentakeln. Blütenblätter sind keine zu sehen. Sie sind bei Eukalyptusbäumen zu knospenähnlichen Kappen verschmolzen, unter denen sich die unreifen Blüten verbergen. Als visuelles Lockmittel dienen allein die cremeweißen Staubfäden. Doch wir konnten gut erkennen, dass die Köpfe vieler Loris, wie blaue Cupcakes mit Zucker, mit Pollen gepudert waren. Loris angeln den süßen Nektar mit der Bürstenspitze ihrer Zunge aus den tiefen Blütenkelchen. Und verschlingen dabei ein paar Pollen als Eiweißergänzung.

Die Großblättrige Feige pflegt einen ähnlichen Lebensstil wie Blütenpflanzen weltweit. Ihre Blüten werden von Insekten, in diesem Fall Wespen, bestäubt und ihre Früchte von Vögeln fortgetragen. Der Eukalyptus dagegen hält reichlich Nektar für Vögel bereit. Weil an dem großen Baum Hunderte Blüten hingen, waren die Vögel so aufgeregt, dass wir sie sogar im geschlossenen Auto hören konnten.

Wie wir bald lernen sollten, beliefern auch andere australische Blütenpflanzen Vögel wie Honigfresser oder Papageien großzügig mit Nektar, die auf diesen häufig spezialisiert sind. Stellen Sie sich einmal vor, die nordamerikanischen oder europäischen Wälder wären zu mancher Jahreszeit mit nektarreichen Vogelfutter-Blüten geschmückt, und es gäbe zig Vogelarten, die sich evolutionär entwickelt haben, um das Zuckerwasser zu genießen und zugleich ihrem Gönner zu dienen. Doch auf den anderen Kontinenten wachsen, abgesehen von ein paar insektenbestäubten Linden und Stechpalmen, vor allem windbestäubte Eichen- und Ahornwälder. Die Vögel suchen dort vor allem nach Insekten, Samen und Beeren und machen meist erheblich weniger Radau als ihre Verwandten auf den zuckersprudelnden Bäumen.

Obwohl wir im August, also im Winter und nicht zur Hauptblütezeit in Australien waren, begegneten wir überall einer großen Blütenfülle mit lebhaftem Vogelleben. Auf den säulenförmigen, kräftigen Blütenständen der Banksia-Büsche und -Bäume saßen Honigfresser, von denen es in Australien 75 Arten gibt, und suchten in den zahlreichen, sorgfältig arrangierten gelben und roten Blütenfingern ausgiebig nach Nektar. Auf den Eukalyptusbäumen und Banksien stritten sich große Papageien und Loris um die süße Gabe. Und die karminroten länglichen Blütenbäusche der Flaschenputzerbäume lockten kleine Brillenvögel mit auffälligen Augenringen und einige Roststirn-Domschnäbel an, kleine olivbraune Vögel mit scherenförmigem

Schnabel. Die meisten Goldakazien und Grevilleen standen nicht in Blüte, aber wir erspähten in bewässerten Gärten einige bunte, spinnenartige Blüten, um die lautstark Honigfresser und Loris schwirrten.

»Das ist ja unglaublich«, haben Katie und ich nicht nur einmal gerufen. Natürlich waren wir wie alle Reisenden begeistert, weil fernab der Heimat vieles unerhört neu ist, aber wir spürten auch, dass wir hier nach zusammengenommen fast einem Jahrhundert Erfahrung mit amerikanischen und europäischen Vögeln und Pflanzen eine Story mit völlig anderem Narrativ erlebten. Sind wir in kolonialistisches Denken zurückgefallen, das überall nur das Exotische sieht? Wir sind solchen unterbewussten Wahrnehmungsverzerrungen gegenüber nicht immun. Doch wissenschaftliche Studien zu australischen Blütenpflanzen zeigen, dass sich das dortige Geflecht aus Biologie und Geologie tatsächlich stark vom Rest der Welt unterscheidet. Und es könnte sein, dass es auch die ferne Zukunft anderer Regionen erahnen lässt.

Ein Teil der Geschichte liegt im Boden verborgen. Pflanzen, die auf kargen Böden wachsen, sind wegen der fehlenden Mineralstoffe in ihrem Blattwachstum begrenzt. Wie ein Bautrupp, dem der Mörtel fehlt, hat die Pflanze vielleicht reichlich Sonne, Luft und Wasser, kann aber ohne die grundlegenden Materialien nicht weiterbauen. Die meisten Pflanzen in Australien und anderen Regionen mit kargen Böden wachsen daher langsam und halten lange, manchmal sogar Jahre, an ihren Blättern fest. Doch Zucker lässt sich interessanterweise trotz Mineralstoffmangel leicht erzeugen. Zu seiner Herstellung genügen Wasser, Luft und Sonnenschein, er enthält keine Mineralstoffe. Auf kargen Böden haben Pflanzen daher oft Zucker abzugeben.

Was machen sie damit? Akazien etwa sondern überflüssigen Zucker über Poren im Stamm ab, als Belohnung für Ameisen-Bodyguards, die sie vor blätterfressenden Insekten schützen. Manche Eukalyptusbäume halten an ihrer Rinde »Manna« bereit, krümelige Zuckerklümpchen, die bei einigen Vögeln sehr beliebt und für manche Aborigines-Kulturen ein wichtiges Nahrungsmittel sind. Andere Blütenpflanzen geben Zucker an den Boden ab und füttern damit Pilze und Bakterien, die sich gern mit Phosphor und Stickstoff revanchieren. Nirgendwo sonst wie in Australien gelangen so viele Pflanzen durch die Zusammenarbeit mit Wurzelbakterien an den Stickstoff, den sie für ihr Wachstum brauchen. Ein weiteres hervorragendes Beispiel dafür, wie Blütenpflanzen Probleme durch Teamwork lösen. Andere Pflanzen verbrennen – wie Druckventile, die nur den Dampf aus dem Kessel lassen – ihren Zucker in chemischen Endlosschleifen, ohne dass die restliche Zelle tangiert wird. Und viele australische Blütenpflanzen reichen ihren überflüssigen Zucker an Vögel weiter. Sie schmieden eine enge Partnerschaft mit den gefiederten Bestäubern, die sie häufig mit deren Lieblingsfarben Rot und Orange anlocken. Einige Pflanzen haben sich auch auf die Zusammenarbeit mit Säugetieren wie dem Beuteltier Fuchskusu oder dem großen Flughund *Pteropus* spezialisiert und locken sie nachts mit Nektar an.

Bei den Vögeln hat die nektarreiche Welt zu einem evolutionären Rausch geführt. Die Sperlingsvögel, die die Hälfte aller Vogelarten weltweit ausmachen und die Vorfahren aller Singvögel sind, haben sich in Australien entwickelt. Umgeben von so viel Süße, bildeten sie einen speziellen Geschmacksrezeptor für Zucker aus und vertieften so die Beziehung zwischen der australischen Vogelwelt und den Blütenpflanzen. Dass afrikanische und asiatische Honigsauger, die Kleidervögel in Hawaii und Pirole und Tangare in Amerika scharf auf zuckerhaltige Blüten sind und so viele Singvögel scharf auf süße Früchte, hat seinen Ursprung in Australiens Böden und Blüten.

Als Katie und ich durch die Städte und Naturschutzgebiete spazierten, mussten wir nur lauschen, wo der größte Rummel herrschte, um die Vögel an den blühenden Bäumen zu entdecken. Da die Bäume einer Region zu leicht unterschiedlichen Zeiten blühen, sammeln sich die Vögel an denen mit dem meisten Nektar. Ihr Gezänk steigt als Klangwolke in die Luft, ebenso wie ihr kooperatives Geschrei, mit dem sie andere über den Fund informieren. Nur in Australien ist die Klanglandschaft im Gefolge der Blütenpflanzen-Evolution so lebhaft und vielfältig. Für menschliche Neuankömmlinge eine überwältigende Erfahrung. Die schiere Menge an gebündelter Energie kann beleben oder nerven. Für viele Menschen in Australien ist sie die Erkennungsmelodie ihrer Heimat, ein lebenslanger innerer Kompass. Spielen Sie einem australischen Expat in London oder New York mal den Ruf der Loris vor. Sie werden mit Sicherheit ein versonnenes Lächeln ernten.

Aber auch Brände fördern die Vielfalt und Spezialisierung von Arten. Auf dem australischen Kontinent gibt es Hitze, Trockenzeiten, häufige Blitzeinschläge und schon seit Zehntausenden Jahren menschliches Feuer. Da Insekten und Pilze nährstoffarmes Blattwerk und Holz nur ungern verzehren, sammelt es sich als Brennstoff an. Australische Pflanzen wehren Feinde zudem oft mit Ölen und Zuckerderivaten ab, bei Zuckerüberfluss und Mineralstoffmangel ein billiges Gut. Zahlreiche Öle, wie etwa die Eukalyptusöle, sind leicht entzündlich. Und wenn es brennt, verschlechtern sich die Böden weiter. Der Stickstoff entfleucht in die Luft, die Mineralstoffe werden mit der Asche verweht oder ausgewaschen. Die Pflanzen sind daher gezwungen, sich an den spezifischen Mineralstoffmangel ihres Standorts anzupassen, spezielle Wurzeln auszubilden oder sich nach neuen Symbiosen mit heimischen Pilzen und Tieren umzuschauen. Mit der Zeit zerbröckeln die Arten durch die Spezialisierung und werden vielfältiger.

Extremfälle führen uns vor Augen, welche Fülle die Pflanzenwelt unter schwierigen Bedingungen hervorbringt. Im Südwesten Australiens und in der Kap-Region Südafrikas sind die Böden ungewöhnlich alt und fallen regelmäßig dem Feuer zum Opfer. Aber genau dort gedeihen ungewöhnlich vielfältige, einzigartige Blütenpflanzen-Gemeinschaften.

Im australischen Südwesten wachsen mindestens 8000 Pflanzenarten, und die meisten nur dort. Die Böden sind überwiegend alt, mitunter Jahrmillionen, nur an den Rändern mischen sie sich mit jüngeren Zonen. Brände sind allgegenwärtig. In der Vegetation herrscht

Buschland vor, in einigen regenreicheren Gebieten wachsen dichte Eukalyptuswälder. Australien ist für seine prächtigen Blütenpflanzen berühmt, aber nirgendwo ist die Artenvielfalt größer als im Südwesten. Bäume und Büsche wie Eukalyptus, Banksia, Flaschenputzer, Hakea, Wachsblume, Perückenstrauch, *Adenanthos obovatus* und Grevillea blühen in faszinierenden Farben und Formen, als wollte ein begnadeter Glasbläser seine kreativen Grenzen austesten. Orchideen, Känguru-Pfoten, Lilien und Hunderte weiterer Blumen runden die Vielfalt ab. Die Partnerschaft zwischen Vögeln und Blütenpflanzen ist besonders ausgeprägt. Und ebenfalls ausschließlich dort lebt das einzige Landsäugetier, das sich nur von Nektar und Pollen ernährt: der Honigbeutler. Seine Nahrung findet er vor allem in Banksien.

Fährt man von Südwestaustralien über den Indischen Ozean, gelangt man zu den Schutzgebieten der Kap-Florenregion, einem 90 000 Quadratkilometer großen Gebiet an der Südspitze Afrikas. 9000 Pflanzenarten sind in der Region beheimatet, fast 70 Prozent wachsen nirgendwo sonst. Obwohl das Kap in einer gemäßigten Zone liegt und vom Äquator genauso weit entfernt ist wie Atlanta, Sydney oder Santiago, ist seine Artenvielfalt so groß wie in den tropischen Regenwäldern am Äquator. Die Erde hat dort seit 140 Millionen Jahren kaum gebebt, und die meisten Böden, vor allem der erodierte Sandstein, sind unfruchtbar. Regen fällt vor allem im Westen nur zur Regenzeit, und Brände sind häufig. In einem Forschungsbericht aus den 1980er-Jahren heißt es: »Man kann sich kaum vorstellen, dass die verkohlten Reste lediglich eine Phase im Erholungs- und Entwicklungskreislauf der artenreichen, schönen Pflanzengemeinschaften sind.« Doch die Busch- und Heidegebiete dort gedeihen nur, wenn es regelmäßig brennt.

In der Kap-Region gibt es eine solche Fülle an Blütenpflanzen, dass man Blumen-Safaris für Touristen anbietet und die Blumenernte einen bedeutenden Teil der heimischen Wirtschaft ausmacht. Dort gedeihen die Zuckerbüsche (*Protea*) und ihre Verwandten, deren Blüten denen von Windröschen und Nadelkissenblumen (*Leucospermum*) ähneln. 96 Prozent der 300 buschigen Arten wachsen nirgends sonst. In der Region findet man zudem Hunderte weiterer Büsche und kleinwüchsiger Bäume wie Rooibos, der auf der ganzen Welt für seine Teeblätter bekannt ist. Und natürlich reichlich Wildblumen wie Astern, Hülsenfrüchtler, Orchideen und Iris. Wie in Australien auch, hängen sehr viele der Blumen, insgesamt vielleicht 300 Arten, von gefiederten Bestäubern ab. Honigsauger und Kaphonigfresser, die mit ihren gebogenen Schnäbeln in den Blüten reichlich Nektar finden, sind weit verbreitet. Auch wenn die Pflanzengemeinschaften nicht so üppig und produktiv sind wie die der tiefgründigen Prärien oder tropischen Regenwälder, ist die Vielfalt an Blütenpflanzen und die enge Partnerschaft der Pflanzen mit nektarsaugenden Vögeln überwältigend.

Südwest-Australien und die südafrikanische Kap-Florenregion stechen wegen der Fülle und Einzigartigkeit ihrer Arten bei der wissenschaftlichen Kartierung artenreicher »Hotspots« stets besonders hervor. Die denkbar unwirtlichen Regionen gehören dank der Evolution der Blütenpflanzen zu denen mit der weltweit größten Artenvielfalt. Langsam bekommt die Wissenschaft eine Ahnung von dem, was indigene Völker schon lange wissen: dass Landschaften mit alten Böden, heißem Klima und hoher Brandgefahr verehrungswürdig sind. Das indigene Volk der Noongar, das seit mindestens 48 000 Jahren, seit der Schöpfungsgeschichte ihrer Kosmologie, in Südwest-Australien lebt, verehrt die Orte mit den ältesten Böden. Mit diesem Satz unterscheide ich allerdings zwischen Landschaft und Menschheit. In der Kultur der Noongar sind menschliches und nicht-menschliches Leben, Böden und Wasser Manifestationen ein und derselben Geschichte, in der alles untrennbar verbunden ist, in der Flüsse Muttermilch und Berge Köpfe sind, die alles sehen.

Für uns in der westlichen Hemisphäre stellen Pflanzen und Tiere, die in kargen Landschaften bestens gedeihen, alles auf den Kopf, was wir über die Natur zu wissen glauben. In Nordamerika und Europa sind die meisten Böden geologisch jung, und viele Pflanzen gedeihen nur auf fruchtbaren Böden, die weder Feuer noch übermäßiger Hitze ausgesetzt sind. Wir gehen also davon aus, dass Pflanzen in tiefgründigen, dunklen, gut gewässerten Böden am prächtigsten gedeihen. Das ist unsere Vorstellung von ländlicher Idylle und dem Garten Eden. Unserer Meinung nach können ausgelaugte, karge Böden nur unfruchtbar, »verwildert« oder durch eine Apokalypse zerstört sein. Für die erodierten Dust Bowls ehemaliger Prärien und andere kärgliche Landschaften, die durch menschliche Unbekümmertheit entstanden sind, mag das stimmen. Doch wenn wir in Jahrmillionen denken, lassen sich die talentierten Blütenpflanzen nicht mehr übersehen. Sie besitzen die besondere Gabe, durch physiologisches Geschick und Kooperationsbereitschaft Widrigkeiten zu überwinden und so eine produktive, artenreiche und lebendige Welt zu erschaffen.

Was macht das Leben, wenn es brenzlig wird? Es bestreut die Welt mit Blumen. Unter schwierigen Bedingungen explodieren die kreativen Kräfte der Evolution.

Daran sollten wir uns erinnern, wenn wir niedergeschlagen sind, wenn die menschliche Destruktivität grenzenlos und zum Verzweifeln ist. Der Mensch verursacht gerade ein Massensterben. In einem kollektiven Akt und unter Missachtung alles anderen irdischen Lebens richten wir gewaltigen Schaden an. Doch das letzte Wort wird nicht uns gehören. Die Blütenpflanzen haben unsere Welt erschaffen, und wenn die todbringende Raserei der Menschen ihr Ende gefunden hat, werden sie eine neue erschaffen.

Doch enthebt uns das von der Verantwortung, uns jetzt um die Welt zu kümmern? Bei allem Verständnis, nein. Aus mindestens zwei Gründen nicht.

Erstens handelt es sich bei den fernen Heldentaten der Flora nur um Spekulationen. Spekulationen erlauben uns, in die Ferne zu blicken, und können erhellend sein, aber unser Blick ist oft vernebelt und verzerrt. Nichts garantiert uns, dass eine erfindungsreiche Evolution die posthumanen Wüstenlandschaften in Jahrmillionen mit einer Vielfalt aus Blumen und ihren tierischen Partnern wieder zum Blühen bringt. Unsere heutigen Verwüstungen lassen die Wahrscheinlichkeit dafür eher sinken, weil wir das nötige Rohmaterial für künftige evolutionäre Erfindungen so vernichten. Selbst Südwest-Australien und die Kap-Florenregion bleiben davon nicht verschont. Mittlerweile sind auch sie durch Rodungen, Krankheiten, invasive Arten und fortschreitenden Klimawandel stark bedroht. Und mit jeder Art, die wir ausrotten, beschädigen wir die Schöpfungskraft und Widerstandsfähigkeit der Blütenpflanzen.

Zweitens rechtfertigt die Tatsache, dass Schönheit und Artenvielfalt nach einer Zerstörung wiederauferstehen, nicht die Zerstörung. Menschen in Kriegsgebieten verstehen das. Mohnblumen, die an Flanderns Front aufflammen, und Weidenröschen, die in Londoner Bombentrümmern aufblitzen, sind kein Argument für den Krieg. Wenn wir die blühenden Habitate schätzen, sollten wir sie schützen und nicht zerstören und unser Gewissen mit der vagen Vorstellung einer fernen Wiederauferstehung beschwichtigen.

Und schließlich und vor allem muss der Mensch nicht den Weg der Zerstörung wählen. Das ist die wichtigste Lektion der Blütenpflanzen. Ihre prächtigen Welten beruhen auf einer Kooperation, die von Schönheit beflügelt wird – und manchmal mit ein wenig Illusion gewürzt. Welches Leben ist schon ohne Fehl und Tadel? Wir können von den Blumen lernen und es machen wie sie. An manchen Orten geschieht das bereits, ob mit renaturierten Seegraswiesen, erneuertem Grasland, mit Gärten, die Menschen und Pflanzen würdigen, oder landwirtschaftlichen Ansätzen, die sich die Innovationsfreudigkeit der Pflanzen und traditionellen Kulturen zunutze machen. All das beruht auf der kooperativen Schöpfungskraft von Blumen und Menschen. Und bestimmt gibt es noch viele herrlich fruchtbare Wege, mit denen wir die erstaunliche wechselseitige Beziehung weiter ausbauen und verfeinern können. Das sagen uns die Blumen: Gemeinsam können wir die Welt neu gestalten.

Nachwort

BLUMEN: SCHÖNHEIT UND FREUDE

Wenn wir uns an einer Blume erfreuen, gedenken wir damit unseres Erbes als Tiere in einer auf Blumen gegründeten Welt. Der sinnliche Genuss und das Vergnügen an der Schönheit der Blumen haben dabei nichts Oberflächliches. Blumen verkörpern jene Kreativität und Vitalität, die der großen Erzählung vom Leben auf dieser Erde zugrunde liegen, und machen sie für uns erfahrbar. Dass wir an Blumen Wohlgefallen finden, liegt an ihrer tiefen, ursprünglichen Schönheit.

Die besondere Kraft, die den Blumen innewohnt, ist in vielen Schriften verwurzelt. Als Buddha einmal anstelle einer Rede schweigend eine Blüte emporhielt oder als König Salomon sang: »Ich bin eine Blume in Scharon, eine Rose im Tal«, waren das nicht nur Metaphern. Die Blume *ist* die Lehre. Die Blume *ist* die Geliebte. Diese Geschichten sagen uns, dass Blumen keine passiven Symbole sind, sondern aktive, kreative Akteure.

Dieselbe Botschaft finden wir in vielen Ritualen und kulturellen Praktiken: ein Blumenstrauß als Liebesbeweis, Blumen auf einem Grab, ein Blütenmeer für die Frischvermählten, die Blumenbeete vor Häusern und an öffentlichen Orten, Blumengirlanden und blumengeschmückte Altäre. Blumen begleiten fast jede bedeutende Veränderung im Leben der Menschen und finden sich nahezu überall, wo Menschen zusammenkommen. Auch wenn wir uns vielleicht manchmal an ihrer oberflächlichen Schönheit stören oder ihnen kleingeistige symbolische Rollen zuweisen, stehen sie doch in vielen Momenten der Liebe, Trauer, Gemeinschaft, Gottesverehrung und Kultur im Mittelpunkt. Offensichtlich wissen wir also tief in unserem Inneren, wie wichtig und wesentlich die Blumen mit ihrer lebensspendenden Kraft für unsere Welt sind.

Eine Wirkung der Blumen auf uns Menschen ist in unserer heutigen Zeit von besonderer Bedeutung: Blumen stehen für Schönheit und Freude. Viele von uns fühlen sich von der Natur entfremdet. Dieses Gefühl wird noch durch die gefräßigen Algorithmen unserer elektronischen Geräte und andere Phänomene verstärkt, die uns unter ihre Fuchtel zwingen und immer geschickter nicht nur unsere Aufmerksamkeit, sondern auch unsere Absichten und Gedanken von unserer Familie und unseren Freunden, von allem Menschlichen und Nichtmenschlichen ablenken. Eine Abkopplung, die in die Ödnis führt. Dagegen sind Schönheit und Freude ein wirksames Gegengift.

Wir müssen uns bei unseren Vorfahren bedanken. Dank ihnen reagieren unser Körper und unser Geist mit Wohlgefallen, wenn wir eine Blume sehen, eine ererbte Lebensweisheit, die die Evolution in unsere Nervenenden und Chemie eingeschrieben hat. Beim Anblick einer Blume leuchten unsere Sinne. Schönheit erweckt uns in unserem Inneren. Manchmal schimmert diese ästhetische Reaktion an der Oberfläche unseres Bewusstseins auf, ein kurzes Aufflackern unseres Entzückens. Dann wieder weckt der sinnliche Schauder Erinnerungen, Gefühle und Gedanken, die tief in uns Freude entzünden.

Die Freude an den Blumen ist ein Geschenk, eine Art biologischer Gnade, die uns zuteilwird – ob wir sie verdienen oder nicht. Und diese Freude macht uns offener für die Verbundenheit mit anderen Lebewesen. Für einen kurzen Moment werden wir von unserem Ego befreit, in das wir eingesperrt sind. Wir sehen neue kreative Möglichkeiten. Wir bejahen das Leben. Wenn Sie das nächste Mal vor einem bezaubernden Blumenstrauß oder einer Wildblumenwiese stehen, lassen Sie sie auf sich wirken und nehmen Sie sie mit all Ihren Sinnen wahr. Die Blumen werden ihre ureigene Kraft entfalten und Sie von innen heraus erneuern.

Unsere Freude an den Blumen ist eine moderne Manifestation der uralten Fähigkeit, mit Tieren in der Sprache der Schönheit zu sprechen und neue Wege zu eröffnen. Da das Schicksal des Planeten heute in der Hand der Menschen liegt, ist unsere Psyche und ihre Struktur – wozu auch die belebende, verbindende Wirkung der Blumen auf unseren Geist und unsere Gefühle zählt – für alle Lebewesen von immenser Bedeutung.

Oft sind Schönheit und Freude von Illusionen umrankt. Doch eine kleine Illusion kann die Welt verzaubern, wie ein Parfüm, das eine erhebende Wirkung auf uns hat. Nimmt die Täuschung aber überhand, kann sie Schaden anrichten. Die schönen Blumen in den Blumenläden, bei deren Anbau Menschen und Böden vergiftet werden, sind schädliche Täuschungen, denen wir Einhalt gebieten müssen. Die Wirkmacht solcher Illusionen erinnert uns daran, wie wichtig es für unsere Spezies ist, mit den Blumen in Kontakt zu sein. Nur wenige Dinge erneuern und motivieren uns mehr als das tiefe Erleben von Schönheit, das uns aus unserer engen Hülle lockt. Ein guter Grund, um den Blumen unsere Aufmerksamkeit und Fürsorge zu schenken und im Nebel der Illusionen nach wahrer Schönheit zu suchen.

Sagen Sie also Ja, wenn der Barkeeper Ihnen Ihren Drink mit einer Blüte anbietet. Kultivieren Sie Blumen und die Wertschätzung für Blumen in Ihrem Leben. Schenken Sie anderen Menschen florale Freuden – ist es doch ein nachgerade weltveränderndes Geschenk, dass die Blumen uns helfen, eine neue Verbindung zur Kreativität und Vitalität des Lebens zu finden.

Danksagung

Dieses Buch hätte nicht aufkeimen, geschweige denn erblühen können ohne die freigebige Unterstützung vieler Menschen, die zu seinem Gedeihen beigetragen haben wie die Bestäuber, Samenverbreiter, Pflanzengefährten und unterirdischen Mikroben und Pilze, denen die Blumen ihr Leben verdanken. Besonders dankbar bin ich meiner Lektorin bei Viking, Terezia Cicel, die mir während des Schreibens immer hilfreich zur Seite stand. In Großbritannien haben Katherine Cowdrey, Susanna Wadeson und Sally Wray von Transworld großartige Ideen und allerlei Hilfe beigesteuert. Terezia und Katherine haben mit ihren Vorschlägen das Buch sehr viel besser gemacht. Außerdem danke ich der Herstellungsleiterin Jennifer Tait, der Lektoratsassistentin Maya Petrillo-Fernandez und der Korrektorin Susan VanHecke für ihre hervorragende Arbeit. Meine Agentin Alice Martell hat mir bei der Gestaltung des Buches geholfen und ist eine unvergleichliche Fürsprecherin und Freundin nicht nur bei diesem Buch, sondern auch bei allen meinen früheren Büchern. Ich danke Lucy T. Smith für die wunderbaren Illustrationen an den Kapitelanfängen. Ich kann ihre Arbeiten, ihre Kurse und ihr Buch *Botanical Sketchbooks: An Artist's Guide to Plant Studies* allen Leserinnen und Lesern nur wärmstens empfehlen. Ich danke auch den Design-, Marketing- und PR-Teams von Viking, Transworld und der Verlage, die die Übersetzungen meiner Bücher herausgeben. Ein Buch ist wie eine Blume: Es mag einen einzigen Namen tragen, kann aber nur durch den Beitrag vieler gedeihen. Vielen Dank.

Meine Partnerin Katherine Lehman erinnert mich jeden Tag daran, wie schön unsere Welt ist, wenn wir uns nur die Zeit nehmen, sie wahrzunehmen und wertzuschätzen – ganz besonders die Blumen. Ihre Kommentare zu den ersten Entwürfen des Buches haben mir sehr geholfen, die Geschichten klarer herauszuarbeiten. Meine Schwester Julia Grindley und mein Schwager John Grindley haben uns bei unseren Reisen nach Schottland immer gastfreundlich empfangen, und Julia hat unsere Seegras-Expeditionen unterhaltsam und lehrreich gestaltet und mir mit klugen Ratschlägen zu frühen Entwürfen des Buches geholfen. Mein inzwischen verstorbener Vater George Haskell hat mir mein Leben lang Mut zugesprochen und einige ausgezeichnete Ideen beigesteuert, als ich noch am Konzept dieses Buches gefeilt habe. Fragt man meine Mutter Jean Haskell, warum ihre Pflanzen so gut gedeihen, lacht sie nur und streitet ab, irgendetwas damit zu tun zu haben. In dieser Hinsicht ist sie wie viele »Pflanzenmenschen«, deren Fachwissen oft mit Bescheidenheit und Sinn für Ironie einhergeht. Wer meine Mutter kennt, weiß, dass das Leben um sie herum nur dank ihrer liebevollen Hingabe sprießt und gedeiht. Julia und ich haben das Glück, zu ihren Sprösslingen zu gehören. Außerdem machte sie wertvolle Anmerkungen zum Manuskript und erzählte mir, während ich an den einzelnen Kapiteln arbeitete, von ihrem Interesse und ihren Erfahrungen mit den Blumen.

Ich bedanke mich herzlich bei den Tausenden von Wissenschaftlerinnen und Wissenschaftlern, auf deren Arbeiten ich mich beim Schreiben dieses Buches stützen konnte. Ich hoffe, meine Leserinnen und Leser werden gern in der Bibliografie stöbern und sie als Einstieg in die Wunderwelt der wissenschaftlichen Literatur über Blumen nutzen. Ich danke den vielen Pflanzenliebhaberinnen, Wissenschaftlern und Naturschützerinnen, die mir großzügig ihre Zeit und ihre Erkenntnisse zur Verfügung gestellt haben, unter anderem Walter Fertig vom Marion Ownbey Herbarium der Washington State University für seine Gastfreundschaft und sein Fachwissen über die Bocksbärte im Osten Washingtons sowie Pam und Doug Soltis von der University of Florida für die Weitergabe ihres reichen Wissens über den Bocksbart, Ken Childs für die großzügige Bereitstellung von Informationen und Fotos von Motten, deren Augen mit Pollen der Orchideenart *Tipularia discolor* verklebt waren, Gabe Andrle, Melanie Furr, Sebastian Hagan und Logan Jones von Birds Georgia, die mich in einige ihrer Arbeiten zur Renaturierung von Grasland einbezogen und mir gezeigt haben, wie sich die uralte Verbindung zwischen Gras und Feuer heutzutage nutzen lässt, Deborah McGrath und Jon Evans von der University of the South für viele interessante und hilfreiche Gespräche über die Vielfalt und Physiologie der Pflanzen. Für die großzügige Weitergabe ihres Wissens und für ihre Zeit, sowohl per E-Mail als auch persönlich, danke ich den Leitern von Restoration Forth in Schottland, insbesondere Lyle Boyle vom Ecology Centre, Addie Dinsmore und Naomi Arnold vom World Wildlife Fund sowie Esther Thomsen vom Project Seagrass. Christine Saillard und Christophe Mège von den Musées de Grasse danke ich für die Gespräche über ihre großartige Arbeit, mit der sie in den Menschen das Interesse an aromatischen Pflanzen und den Ökosystemen ihrer Umgebung zu wecken versuchen. Ich danke Isabelle Charmantier von der Linnean Society of London, die mir einige Manuskripte und Pflanzen von Linné gezeigt und mir großzügig ihre Erkenntnisse und ihr Fachwissen über die komplexen Verbindungen zwischen Ideen, Büchern und den konservierten Typusexemplaren von Lebewesen vermittelt hat. Ich danke den Kollegen von Black Inc. sowie dem Byron Writers Festival, dem Bendigo Writers Festival, der National Library of Australia und Integrity 20 von der Griffith University für ihre großzügige Gastfreundschaft in Australien. Dror Burstein und Dani Nadel danke ich für die freundliche Beantwortung meiner Fragen zum Salbei und zu anderen Pflanzen in Israel, Rashid Poulson, dem Leiter Gartenbau im Brooklyn Bridge Park, und der Wissenschaftlerin für ökologischen Gartenbau Rebecca McMackin für aufschlussreiche, inspirierende Gespräche und für die außergewöhnlichen Gärten und Parks, die sie gestaltet haben. Ich danke Fraser Woodburn von der Universität Bristol für seine Erläuterungen zu elektrischen Feldern der Blumen, Bill Keener für seine vielen Erkenntnisse über Gräser, Landwirtschaft und Menschheitsgeschichte sowie Peter Brannen, Greg Priest und Martha Stevenson, die mir geholfen haben, meine Ideen zu den biologischen »Revolutionen« zu schärfen. Der Alderson-Tillinghast-Fonds der University of the South hat einige meiner Reisen während der Recherche für dieses Buch finanziert, und dank eines Sabbaticals, das mir die Universität gewährte, konnte ich einen Teil des Manuskripts fertigstellen. Die Gespräche mit Paul Kvinta haben mich sehr ermutigt und mir neue Denkweisen eröffnet. Marianne Tyndall, Joseph Bordley und Sanford McGee haben mir großzügig Pflanzen, ihr Wissen über Pflanzen und ihre Freundschaft dargeboten. Meine Mitgärtnerinnen und Mitgärtner im Emory Grove Community Garden in Atlanta, Georgia, und im Foothills Community Garden in Boulder, Colorado, teilten mit mir die Freuden und Leiden, die man erfährt, wenn man seine menschliche Fürsorge und Aufmerksamkeit in die Welt der Blütenpflanzen einbringt, und waren ein lebendes Beispiel dafür, wie menschliche und pflanzliche Gemeinschaften in einer gegenseitigen Beziehung gedeihen können. Die Pflanzen und Katzen unserer Familie schenkten mir ihre wortlose Kreativität und Inspiration, und ihre Lebendigkeit und Lebensfreude haben diese auf Papier gedruckten Symbole mitgeprägt.

Vielen Dank, liebe Leserin, lieber Leser, dass Sie mit mir ein wenig Zeit bei den Blumen verbracht haben. Mögen die Blumen, wie sie es seit Jahrmillionen tun, uns allen Freude, Neugier und Verbundenheit schenken und uns zu einem fruchtbaren, kreativen Leben inspirieren.

Anhang

MIT BLUMEN SPIELEN

Spielen ist eine heitere Form der Neugier. Das Spiel verbindet Sinne, Geist und Gefühl. Es stiftet Gemeinschaft. Sowohl unter Menschen als auch mit dem nicht-menschlichen Leben. Mit den folgenden Anregungen möchte ich Sie einladen, an Düften zu schnuppern, Ihren Tastsinn zu erproben und genauer hinzuschauen. Auch Ihre Vorstellungskraft würde ich gern anregen. Welche Utensilien Sie zum Spielen brauchen? Keine oder fast keine. Und Sie können zu Hause spielen.

Einige der Aktivitäten sind schnell gemacht, andere etwas aufwendiger. Springen Sie hin und her. Spielen Sie. Ich hoffe, dass Sie Freunde und Familie einladen, mitzumachen. Wenn Sie andere in das Erlebnis mit einbeziehen, helfen Sie den Blumen, das zu tun, was sie am besten können: Verbindungen schaffen, die die Kreativität anregen.

IN VERBUNDENHEIT GÄRTNERN

Nichts kann uns mehr mit den Blütenpflanzen verbinden, als im Balkonkasten oder im Gartenbeet heimische Blumen zu pflanzen. Wenn wir uns um die Samen, Zwiebeln oder Setzlinge kümmern, lassen wir die freundschaftliche Rangelei zwischen Blumen und Menschen wiederaufleben, die seit jeher der Ursprung unserer Nahrung, unserer Medizin und ein Quell der Freude ist. Aber machen Sie das nicht allein. Blumen verweben uns auch enger mit der menschlichen Gemeinschaft. Suchen Sie sich eine Gardening-Gruppe, einen Gartenbauverein oder Gemeinschaftsgarten in Ihrer Nähe oder sonst etwas, wo Menschen zusammenkommen, die sich für Blumen und Gemüse begeistern und vor Dreck unter den Fingernägeln keine Angst haben. Überlegen Sie, wie und wo Sie sich Pflanzenwissen aneignen und es an andere weitergeben könnten. Beziehen Sie auch Kinder mit ein, und lernen Sie von ihnen. Beim Gärtnern können wir auch gestörte Beziehungen zwischen den Menschen und Generationen neu knüpfen. Wir renaturieren unsere Kultur und die anderer Arten.

BLUMEN PRESSEN

Schon lange trocknen Menschen Blumen zwischen Buchseiten, um Erinnerungen zu bewahren oder ihre eigene Geschichte mit der des Buches zu verweben. Auch in Herbarien werden wichtige Pflanzenfunde zwischen große Papierseiten gelegt und zur Konservierung unter hohem Druck trocken gepresst. Zu Hause brauchen Sie aber nur eine Blume, ein Buch und etwas Geduld.

Legen Sie Ihre Blume zwischen zwei Buchseiten. Sie können eine Seite wählen, auf der Ihnen ein Absatz besonders gefällt oder die Sie an den Tag erinnert, an dem Sie die Blume gefunden haben. Klappen Sie das Buch dann zu und warten Sie ein paar Wochen. Das Buch sollte die ganze Zeit fest geschlossen sein. Wenn Sie es professioneller angehen wollen, können Sie noch ein paar dicke Wälzer auf das Buch türmen. Sie können die Blume vor dem Pressen auch in Scrappapier einschlagen, damit das Buch keine Flecken bekommt. Oder Sie stecken das Buch einfach in ein Regal, wo schon viele andere Bücher eng zusammenstehen. Dünne Blüten lassen sich besser pressen. Löwenzahn oder große Orchideen mit dicken, feuchten Blüten schimmeln leicht und ähneln am Ende oft eher einem überfahrenen Tier als einem hübschen Blumensouvenir. Weiße Blüten verlieren häufig an

Glanz, aber rote, lila und orange Blüten gehen aus der Buchumarmung lebhaft gefärbt hervor.

Wenn die Blüten getrocknet sind, können Sie sie auf Karton kleben und auf den Kaminsims stellen. In der Sonne bleichen sie allerdings schnell aus, an einem schattigen Plätzchen halten die Farben besser. Oder Sie stecken heimlich eine Blüte in Bücher Ihrer Freunde. Wer würde sich nicht über charmante Blumenprosa freuen?

BLUMEN LESEN

ROSE

Als Erstes wollen wir die Rose zerpflücken. So können wir sehen, was alle Blüten gemeinsam haben. Mir ist immer etwas komisch, wenn ich so ein wunderschönes Geschöpf zerstöre. Doch wir wollen mit dieser Übung keine Pflanze entwürdigen, sondern die Verbundenheit vertiefen. Ist Ihnen die Blüte einmal in Augen und Hände übergegangen, wird sich Ihnen bald das Wunder der Artenvielfalt offenbaren.

Wo die Blüte am Stiel ansetzt, sehen Sie einen Ring aus fünf blattartigen Strahlen: die Kelchblätter oder Sepale. An den Rändern besitzen sie oft winzige Dornen. Als die Blüte noch eine Knospe war, haben die Kelchblätter das embryonale Gewebe umschlossen. Jetzt bilden sie die Vase, die die übrige Blüte hält. Wie andere Blütenteile auch, sind die Kelchblätter modifizierte Laubblätter. Wenn die Temperatur- und Lichtverhältnisse stimmen und die Pflanze groß genug ist, um Blüten zu tragen, zieht sie embryonale Zellen mittels Hormonen von der Blattbildung ab und lässt sie Blüten bilden.

Über den Kelchblättern erheben sich die farbigen Blüten- oder Kronblätter, die ebenfalls modifizierte Laubblätter sind. Bei den Wildrosen gruppieren sich um die Fortpflanzungsorgane fünf Blütenblätter. Doch der Mensch will mehr. Der fünfblättrige Quirl hatte sich mitunter durch natürliche genetische Mutationen vervielfacht, manchmal zu Dutzenden, Hunderten und mehr Blütenblättern. Unseren Vorfahren in Asien und Europa gefielen die gefüllten Blüten, sie vermehrten sie durch Auslesezucht und schenkten uns so die heutigen Zuchtrosen.

Wenn Sie nun ein Blütenblatt abziehen und seinen Rand genauer anschauen, können Sie häufig sehen, dass es nur oberflächlich eingefärbt, innen aber weißlich ist. Zudem sondert es an der Oberfläche aromatische Öle ab. Doch alle Frische ist vergänglich. Die ersten Blütenzellen sterben schon nach wenigen Tagen, erst recht, wenn die Blüte schon bestäubt wurde. Doch die Zellen sterben nicht einfach ab. Sie verdauen sich selbst und schicken den Nährstoff-Cocktail zum Recyceln an den Rest der Pflanze zurück. Der Zelltod wird durch ein Gas koordiniert und beschleunigt: Die Blütenzellen umwehen die Pflanze mit winzigen Dosen Äthylen. Wir können das botanische Todesparfüm nicht riechen, aber es ist für die Blütenblätter das Stichwort, die Bühne zu verlassen, damit sich die Blume in der nächste Szene auf die heranreifende Frucht konzentrieren kann.

Wenn sie alle Blütenblätter Ihrer Rose abgezogen haben, können Sie es für jemanden Rosen regnen lassen oder Ihr Bad bunt sprenkeln. Nun können Sie auch die beiden inneren Ringe der Blüte gut erkennen. Nah an den Blütenblättern sitzt eine Quaste aus Staubfäden, mit orangen oder gelben Knubbeln an den Enden, den Staubbeuteln, in denen der Pollen heranwächst. Ist ein Staubbeutel reif, platzt er auf und gibt den Pollen frei.

Mehr in der Blütenmitte erheben sich andere Fäden, Griffel genannt, die eine cremige Kappe besitzen. Wenn Sie durch eine Lupe oder starke Lesebrille gucken, erkennen Sie, dass die Kappen aufgeraut und leicht feucht sind. Es sind die Narben, mit denen die weiblichen Fortpflanzungsorgane Pollen einsammeln.

Wie die Kelch- und Blütenblätter sind auch die weiblichen und männlichen Fortpflanzungsorgane modifizierte Laubblätter. Wenn sich die Blütenknospe entwickelt, teilen Hormone dem embryonalen Gewebe frühzeitig mit, dass es sich nicht zu dünnen grünen Blättern, sondern Pollen oder Narben entwickeln soll. Blumen sind Meister der Umwidmung. So wie die Blumenzucht. Manche Kulturrosen besitzen kaum mehr Staubbeutel, weil sie alle zu Blütenblättern wurden. Der Staubfaden-Quast hat sich, von ein paar mittigen Fortpflanzungsorganen abgesehen, in jede Menge Blütenblätter verwandelt.

Nun nehmen Sie am besten ein Messer und schneiden die Blüte in der Mitte durch. Keine Angst, Sie können nichts falsch machen, Sie können quer, längs oder sowohl als auch schneiden. Die Schwellung, die Sie unten am Griffel, an der Blütenachse, sehen, ist der Fruchtknoten mit den Samenanlagen, in denen sich die unbefruchteten Eizellen befinden. Wenn die Rose noch unreif ist, also im Gewächshaus oder auf dem Feld in geschlossenem Zustand gepflückt wurde, ist der Fruchtknoten nur ein unscheinbarer Knubbel. Ist die Rose aber schon reifer oder wurde sogar von Bienen bestäubt, lässt sich eine deutliche Schwellung und manchmal sogar der heranreifende Samen erkennen. Wenn sich die Blüte noch an der Pflanze befände, würde sich daraus bald die Frucht entwickeln, die Hagebutte, in der die Samen heranreifen.

Es gibt also vier modifizierte Laubblattwirtel: Kelchblätter. Blütenblätter. Staubfäden mit Staubbeuteln. Griffel mit Narbe. Die Evolution hat daraus Hunderttausende Blütenformen gestaltet. Wenn Sie das Grundrezept einmal erkannt haben, werden Sie nur noch staunend bewundern, wie erfindungsreich die Blütenpflanzen aus denselben Zutaten immer wieder neue Ergebnisse gezaubert haben.

LILIEN

Bei den Lilien unterscheiden sich Kelch- und Blütenblätter äußerlich nicht. Sie sind identisch gefärbt. Trotzdem haben die Kelchblätter noch die Aufgabe, die Blütenknospe zu schützen. Wenn Sie in einem Blumenladen mal eine noch kaum geöffnete Blüte entdecken, können Sie sehen, wie die drei äußeren Kelchblätter die drei inneren Blütenblätter umschließen. Lilien besitzen riesige Staubbeutel, die beim Aufbrechen die gesamte Blüte mit Pollen übergießen. Wenn Sie ein Blütenblatt der Lilie abziehen, können sie an der Blütenachse manchmal

Nektartropfen erkennen. Aus der Blütenmitte erhebt sich die Narbe, die oft schon auf den ersten Blick klebrig wirkt. Wenn Sie den Fruchtknoten der Lilie aufschneiden, sehen Sie, dass die Eizellen und Samenanlagen, anders als bei der Rose, in drei winzige Fächer eingeordnet sind. Der Auftritt im Trio – auch Kelch- und Blütenblätter zeigen sich wie gesagt zu dritt oder als ein Vielfaches von drei (sechs, neun etc.) ist typisch für die große Gruppe der Einkeimblättrigen Pflanzen, zu der neben den Lilien auch Orchideen, Gräser, Seegras oder Bananen gehören.

ORCHIDEEN

Wie die Lilien besitzen auch Orchideen ähnlich gefärbte Kelch- und Blütenblätter. Ihr unteres Blütenblatt hat sich in eine verschnörkelte Landeplattform verwandelt, mit Rutschbahn für ankommende Insekten. Die sogenannte Lippe wird nur knapp von einer Säule überragt, in der männliche und weibliche Fortpflanzungsorgane verwachsen sind. Später werden Sie noch eine spielerische Übung kennenlernen, mit der Sie das wunderbare sexuelle Arrangement bestäuben können.

SONNENBLUMEN

Sonnenblumen, Gänseblümchen und Astern haben dem Blütenleben noch eine andere Wendung gegeben. Wer bin ich und wenn ja, wie viele? Was wie eine einzige Blüte aussieht, sind in Wirklichkeit mehrere. Legen Sie eine Blüte auf ein Schneidebrett, oder halten Sie sie in der Hand. Schneiden oder ziehen Sie nun den kreisrunden Blütenkorb heraus. Er wird in Dutzende oder Hunderte winzige Stückchen zerbröckeln. Jedes Stückchen ist eine Blüte, die Miniversion einer Rose oder Lilie. Sie liegen dicht gedrängt und sorgfältig zu wunderschönen Fibonacci-Spiralen geordnet in dem Blütenkorb. Die männlichen und weiblichen Fortpflanzungsorgane der winzigen Einzelblütchen, auch Röhrenblüten genannt, sitzen zwischen Blütenblättern, die zu einem Schlauch verwachsen sind. Mithilfe einer Lupe können Sie gut erkennen, dass die Blütchen wunderbar vollständige

Blüten sind. Bei den Sonnenblumen reifen zuerst die Staubbeutel der Blütchen heran und schütteln ihren Pollen ab, ehe die Narben ihre gegabelte Zunge erheben und die Luft nach Pollen abtasten. In der Blütchenachse ist ein trockenes Kelchblattbüschel vergraben. Bei einigen Sonnenblumen-Verwandten wie dem Löwenzahn entwickelt sich daraus der Fallschirm, der die Samen davonträgt.

Die Blütchen in dem Blütenkorb scheinen auf den ersten Blick von großen, strahlend gelben Blütenblättern umgeben. Doch auch sie sind Mini-Blüten, sogenannte Strahlen- oder Zungenblüten, die nur weibliche Fortpflanzungsorgane besitzen. Was wir für die Blütenblätter der Sonnenblumen halten, sind in Wahrheit die Blütenblätter der äußeren Einzelblütchen, die zu langen leuchtenden Streifen verwachsen sind.

ANDERE BLÜTENPFLANZEN

Das Grundrezept der Blumen wird mannigfach variiert. Löwenmäulchen, Erbsen und Veilchen haben eine zentrale Symmetrieachse hinzugefügt. Bei vielen Kultur-Chrysanthemen und -Nelken haben sich die Staubbeutel durch Mutation in Blütenblätter verwandelt. Die Blüten rüschen und bauschen sich nun um eine unfruchtbare Mitte. Die Blüten der windbestäubten Erlen und Eichen legen offenbar keinen Wert auf Blütenblätter und haben sich auf kleine Kelchblätter beschränkt. Ihre Blüten sind eingeschlechtlich, schütteln ihren Pollen entweder aus Kätzchen oder sammeln ihn auf den emporragenden Narben der weiblichen Blüten. Auch die Gräser verzichten auf auffällige Blütenblätter und haben zudem große Teile ihrer Blüte in papierene Hüllen, Fallschirme oder Haken verwandelt.

Die Vielfalt der Blüten erinnert ein wenig an die Musik. Aus wenigen ausdrucksstarken Themen ist eine Vielzahl großartiger Variationen entstanden. Ihre Fülle an Farben und Düften fasziniert uns, die abwechslungsreichen Kompositionen verzaubern unsere Gedanken und Gefühle. Manchmal stehen wir auch ratlos davor: Wo hat die Blüte bloß ihre Staubbeutel versteckt? Oder staunend: Blütenblätter können so eine Form haben? Doch meistens freuen wir uns einfach über das Zusammenspiel von Einheit und Vielfalt.

SEX MIT ORCHIDEEN

An Orchideen ist alles extrem. Ihre Blüten sind hoffnungslos übertrieben. In ihren verzwickten Beziehungen zu Bestäubern kommt es gehäuft zur Co-Abhängigkeit. Bei Menschen wäre eine Therapie angezeigt. Die Teile, die die Pollen und Eizellen hervorbringen, und auch die Samen sind dagegen zu einem winzigen Etwas verwachsen, ein krasser Kontrast zu der unglaublichen Extravaganz, die die Orchideen mit ihren Verlockungen und Beziehungen an den Tag legen.

Man muss nur ein wenig im Intimbereich der Orchideen stochern, um zu begreifen, wie komplex ihre Sexualität und ihre Beziehungen zu Bestäubern sind. Wenn bei Ihnen zu Hause noch keine Orchidee auf der Fensterbank leuchtet, erwerben Sie am besten eine eher pflegeleichte Schmetterlingsorchidee, *Phalaenopsis*. Sie stammt ursprünglich aus Asien, wird aber heute weltweit im Gartenbau vertrieben. Im Supermarkt finden Sie meist Hybride, die menschlichen Augen gefallen sollen. Sorten mit größeren Blüten sind für unser Spiel besser geeignet, aber wenn Sie eine Lupe und ruhige Hand haben, tun es auch kleinere Blüten. Die Orchideen sollten am besten in der Woche zuvor aufgeblüht sein.

Blicken Sie der Orchideenblüte wie eine Biene direkt ins Gesicht. Die beiden gebogenen »Flügel« sind Blütenblätter. Dahinter sitzt ein Kelchblatt-Trio, das die knospende Blüte zunächst mit einer grünen Schutzhülle umschlossen hatte, sich dann aber geöffnet und die Farbe der Blütenblätter angenommen hat.

Aus der Mitte der symmetrischen Anordnung erhebt sich eine Säule mit einer tiefer liegenden, geschwungenen Lippe. Die Lippe ist ein modifiziertes Blütenblatt und normalerweise zu einem Schlauch aufgerollt, der die ankommenden Bienen in die Blüte schiebt und genau dort festhält, wo sie am meisten Pollen bekommen. Aus dem hinteren Teil der Lippe ragt eine kleine Zunge, die die Insekten ködern soll. Wie die Markierung einer Landebahn ist sie oft gestreift oder gepunktet, manchmal aber auch betrügerisch gelb, als gäbe es dort Pollen.

Wir haben bisher nur die Lockmittel betrachtet, die die Bestäuber, üblicherweise Bienen, anlocken und dann ans Ziel dirigieren sollen. Das Ziel ist das obere Säulenende, vor dem sich die Bienen aufstellen sollen, um von den versteckten Fortpflanzungsorganen Pollen zu bekommen oder Pollen weiterzugeben.

Die Fortpflanzungsorgane sieht man nur, wenn man genauer hinschaut. Oben an der Säule befindet sich eine Kappe, die oft dieselbe Farbe hat wie die übrige Säule. Stupsen Sie die Kappe von unten mit einem Zahnstocher oder Ihrem kleinen Finger an. Stellen Sie sich vor, Sie wären eine Biene, die sich über die Lippe schiebt und sich dann zurückzieht. An der Unterseite hat die Kappe einen kleinen Haken. Wenn Sie den richtigen Punkt treffen, springt die Kappe auf, manchmal auch weg oder sie bleibt an dem Zahnstocher oder Finger kleben. In der Kappe befinden sich zwei dottergelbe Pollensäcke, die mit einer klebrigen Gewebelasche befestigt sind. Ich bin jedes Mal wieder erstaunt, wie wenig Pollen es ist. Das soll alles sein, bei einer so großen Blüte? Doch da die Bienen dank der Lippe passgenau geleitet werden, braucht die Orchidee nicht mehr. Die zwei Säckchen genügen.

Wenn sich das jetzt irgendwie so anfühlt, als hätten Sie gewisse Grenzen überschritten … ja. Ihr Zahnstocher hat die Orchidee wie eine Biene zum Sex animiert. Noch dazu sehen die Pollensäcke peinlicherweise aus wie Mini-Hoden. Sie sind so unangenehm klebrig, weil sie ihre Aufgabe nur erledigen können, wenn sie an einem Fluginsekt haften bleiben und abheben. Vielleicht brauchen Sie mehrere Zahnstocher, um sie von der Kappe auf die Spitze eines Zahnstochers zu befördern.

Bringen Sie den Pollen nun auf dem weiblichen Fortpflanzungsorgan der Blüte auf. Beim Abheben der Kappe haben Sie unterhalb des oberen Säulenendes eine Mulde freigelegt, die Narbe. Sie liegt häufig etwas versteckt hinter zwei Haken oder Zähnen, deren Aufgabe es ist, die Pollensäcke festzuhalten. Meistens glänzt die Narbe feucht. Sie sammelt den Pollen ein. Ihre Befruchtungsversuche haben die größten Erfolgsaussichten, wenn Sie den Pollen einer anderen Blüte, aber ruhig vom selben Stiel, auf die Narbe aufbringen. Es kann manchmal schwierig sein, den Pollen abzustreifen, weil der Zahnstocher durch die Kappe oder die Pollensäcke verklebt ist. Drücken Sie die beiden Säcke vorsichtig in die Mulde. Irgendwann werden sie haften bleiben.

Wenn Sie die Pollensäcke oben an der Säule platziert haben, ist Ihr Job als Bestäuber erledigt. Nun ist Geduld gefragt. Manchmal können Sie schon nach einem Tag beobachten, wie sich die Narbe schließt und die Pollensäcke verschlingt. Was danach kommt, bleibt unsichtbar. Es kann aber auch sein, dass Pollen und Narbe nicht gut harmonieren oder ihre besten Zeiten hinter sich haben. Dann passiert gar nichts. Wenn aber alles passt und beide quietschfidel sind, öffnen sich die Pollensäcke und aus den Pollenkörnern keimen feine Pollenschläuche, die durch die Säule bis zu dem Fruchtknoten wachsen. Noch sieht der Fruchtknoten aus wie ein langweiliger grünlicher Stiel, mit dem die Blüte am Hauptstängel sitzt, aber dort sind die Eizellen verborgen. Wenn Narbe, Säule und Eizellen, nachdem weibliche und männliche Zellen mehrfach chemische Stoffe hin- und hergeschickt haben, zu dem Ergebnis kommen, dass der Pollen passt, verschmelzen die Spermienzellen aus den Pollen mit den Eizellen des Fruchtknotens. Vielfach fallen zu diesem Zeitpunkt die Blütenblätter ab oder verwelken. Wenn Sie also von Ihren Blüten länger etwas haben wollen, müssen Sie mit Ihren lüsternen Zahnstochern wegbleiben. Unerwiderte Lieben halten länger.

Wenn der Pollen genehm war und alles gepasst hat, verdickt sich der Fruchtknoten nach einigen Wochen zu einer schotenähnlichen grünen Frucht. In ungefähr sechs Monaten reift sie zu einer gelben Schote mit staubigen Samen heran. Professionelle Züchter betten die Samen in einer Glasflasche und lassen sie auf sterilem Gelee keimen und wachsen. Manche übernehmen auch Ihre Samen und bringen sie für Sie zum Keimen. Suchen Sie im Internet nach »Orchideen« und »Flaschenware«. Sie können auch im Baumarkt nach einem Flasking-Set suchen, wenn Sie sich selbst an die herausfordernde Technik wagen wollen. Aber genauso gut können Sie Samen einfach ins Stängel-Moos-Gewirr der Elternpflanze streuen. Vielleicht keimen einige. Hier ist allerdings noch mehr Geduld gefragt. Es kann Monate oder sogar Jahre dauern, bis daraus eine Orchidee wird.

Es kann aber auch sein, dass Sie vergebens warten und keine Frucht heranreift. Die Befruchtungsversuche schlagen häufig fehl. Doch die Blüten einfach zu erkunden, macht ja genauso viel Spaß. Sogar in der Blumenwelt muss Sex nicht immer der Fortpflanzung dienen. Ich habe bei meinen wiederholten Versuchen erst entdeckt, wie fantastisch präzise die Architektur der Orchideenblüten ist. Es erstaunt mich immer wieder, wie die männlichen und weiblichen Fortpflanzungsorgane zu einem kompakten Ganzen verwachsen sind, das haargenau zu den verzierten Führungslinien in der Lippe passt. Es ist eigentlich ein Wunder, dass solche Blumen als Sonderangebote an der Supermarktkasse stehen. Erst nachdem ich mich mit der Schmetterlingsorchidee vertraut gemacht hatte, konnte ich wirklich sehen, wie viele Orchideenformen es gibt. In der Natur, in botanischen Gärten und in gut sortierten Blumenläden ist ihre Vielfalt einfach atemberaubend. Welches Insekt passt wohl in diese Blüte? Warum ist die Lippe so ausladend und aufgemotzt? Wo können Pollen und Narbe bloß stecken? Wenn wir zu Hause ein bisschen mit Schmetterlingsorchideen experimentieren, werden wir neue Orchideenarten mit völlig anderen Augen sehen.

SCHWARZGEBRANNTES UND DUFTÖLE

Nein, es geht hier nicht um Trinken oder Schnaps, das Parfum ist selbst gebrannt. Das Duftöl hingegen wird nicht erhitzt und lässt sich leicht ohne besondere Utensilien herstellen.

Aber zuerst das Destillieren. Damit können Sie die aromatischen Dämpfe der duftenden Blütenblätter einfangen. Ich nehme als Rohmaterial gern die Blüten von Kletterrosen, die in Atlanta manchmal über die Gartenzäune wachsen, und knipse heimlich ein paar ab. Duftende Rosen aus dem Laden tun es aber auch. Vor dem Kauf sollten Sie allerdings daran schnuppern, denn manche sehen zwar schön aus, riechen aber dumpf. Stellen Sie eine große Pfanne auf die kalte Herdplatte. Die Pfanne sollte einen hohen, gewölbten Deckel haben. Flache Deckel sind ungeeignet. Legen Sie mehrere Handvoll Rosenblätter, etwa zwei Tassen voll, in die Pfanne. Schieben Sie sie an den Rand, und platzieren Sie in ihrer Mitte eine hitzebeständige Glasschüssel. Dort soll sich das Duftwasser sammeln. Begießen Sie die Rosenblätter mit 200 ml Wasser, bei einer sehr großen Pfanne auch mit mehr.

Und jetzt der Trick: Legen Sie den gewölbten Deckel **verkehrt herum** auf die Pfanne. Die Wölbung muss nach unten zeigen, der tiefste Punkt befindet sich über der Glasschüssel. Geben Sie etwas Eis in die Vertiefung des umgestülpten Deckels. Bringen Sie das Wasser nun zum Köcheln. Wenn der Dampf in der Pfanne aufsteigt, schlägt er sich an dem kühlen Deckel nieder. Der Dampf kondensiert, sammelt sich, läuft in der Mitte zusammen und tropft in die darunter stehende Schüssel. Lassen Sie das Wasser ungefähr 20 Minuten weiterköcheln, bis sich Blütenblätter und Wasser in einen gelblich-braunen Brei verwandelt haben.

Verwenden Sie im nächsten Schritt Ofenhandschuhe. Nehmen Sie den umgestülpten Deckel vorsichtig ab und heben Sie die Schüssel aus der Pfanne. In der Schüssel hat sich klares Wasser gesammelt, das köstlich nach Rosen duftet. Die Blütenblätter und das Wasser in der Pfanne können Sie wegschütten. Mit dem Dampf sind die aromatischen Öle der Rosenblätter aufgestiegen und in die Schüssel getropft. Sie haben nun eine verdünnte Rosenessenz.

Sobald die Essenz abgekühlt ist, können Sie sie in eine Flasche füllen und das duftende Rosenwasser jederzeit genießen. Doch denken Sie bitte an Ihre Sicherheit. Bei dieser praxisnahen Übung arbeiten Sie mit

Dampf, kochendem Wasser, heißen Flüssigkeiten und rutschigen Gefäßen. Schützen Sie Augen, Haut und Hände. Das Rosenwasser können Sie problemlos in der Küche verwenden, aber Sie dürfen es nicht pur zu sich nehmen. Die meisten verkauften Rosen werden mit Gift besprüht.

Und jetzt zur Salbe. Die Herstellung aromatisierter Salben ist die älteste überlieferte Methode zur Konservierung von Blumendüften. Das Verfahren ist simpel, verlangt aber über eine gewisse Zeit etwas Einsatz. Wir drücken dazu duftende Blütenblätter in Fett oder tränken Sie in Öl, nehmen sie wieder heraus und ersetzen sie durch frische. Tag für Tag reichern sich Fett oder Öl stärker mit dem Duft an. Die meisten duftenden Blüten sind hierfür geeignet. Ich habe schon Jasmin aus unserem Garten oder Rosenblüten aus der Nachbarschaft genommen. Kokosfett hat den Vorteil, dass es bei Raumtemperatur fest ist, auf der warmen Haut aber wohltuend geschmeidig wird.

Nehmen Sie eine Glasschüssel mit Deckel und bestreichen Sie den Boden etwa einen Zentimeter hoch mit Kokosfett. Drücken Sie die Blütenblätter leicht hinein, legen Sie den Deckel auf die Schüssel und lassen Sie sie 24 Stunden bei Raumtemperatur stehen. Der heikle Teil kommt am nächsten Tag. Ich nehme die Blütenblätter mit einer Pinzette heraus und habe einen Teelöffel zur Hand, falls an den Blättern zu viel Fett haften bleibt. Mit dem Löffel lässt sich das wertvolle duftende Fett leicht abstreifen und in das Gefäß zurückstreichen. Wenn Sie alle alten Blütenblätter entfernt haben, drücken Sie einen neuen Schwung in die Schüssel. Wiederholen Sie das so lange, bis das Kokosfett eindeutig blumig duftet. Die zarten Blütenblätter länger als ein, zwei Tage in dem Fett zu lassen, wäre Zeitverschwendung, denn sie geben ihr Aroma sehr schnell ab.

Nach ein oder zwei Wochen haben Sie eine zart duftende, feuchtigkeitsspendende »Kokosbutter« gewonnen. Sie können die Blütenblätter auch in unparfümierte Öle wie Traubenkernöl oder extraleichtes Olivenöl geben. Wie bei dem Kokosfett sollten Sie sie regelmäßig austauschen, um das Öl großzügig mit dem Duft anzureichern und ein aromatisches Ergebnis zu erzielen. Manche empfehlen, das Öl mit den

Blüten eine Woche lang auf eine warme Fensterbank zu stellen. Das funktioniert vielleicht mit Lavendel, der stark antibakteriell wirkt, aber Jasmin- und Rosenblüten würden in der Wärme faulen.

Wir halten die Herstellung von Parfum oft für eine geheimnisvolle und unglaublich schwierige Kunst. Die Parfumindustrie befeuert das gern mit Bildern von Menschen in Laborkleidung, die den *Maîtres parfumeurs* mit Hunderten sorgfältig gebrauter Zutaten zu Diensten sind. Wenn wir Parfum selber herstellen, können wir das Bild ein wenig entzaubern, außerdem fühle ich mich so noch stärker mit Blumen und ihren alltäglichen wunderbaren Düften verbunden. Doch das Duftprofil selbst gemachter Parfums ist eher schlicht, und ihre Herstellung scheitert aus unerfindlichen Gründen manchmal. Zu heiß? Nicht lange genug? Zu wenig Duft in den Blütenblättern? Simples Rosenwasser ist wunderbar, aber es verlangt einen sofort nach mehr. Seit ich selbst Parfum herstelle, weiß ich die jahrhundertelang gewachsene Kunst und Wissenschaft, die hinter der modernen Parfumindustrie steht, besser zu schätzen. Es ist ähnlich wie mit Selbstgebackenem. Wer Brot selber backt, macht sich mit Hefe und Weizen unmittelbar vertraut, lernt aber auch, die Backkunst der Bäckereien zu bewundern. Verwandeln Sie Ihre Küche in eine Dufthöhle, und schauen Sie einfach, wo Sie die Experimente hinführen.

PARFUMSPIELE IN DUTY-FREE-LÄDEN UND KAUFHÄUSERN

An Flughäfen und in Kaufhäusern geben uns die Regale voll blumiger Parfums Gelegenheit, die kulturelle Symbolik der Blumen spielerisch zu erkunden. Manche Spiele kann man allein spielen. Andere gemeinsam mit anderen. Für alle braucht man jedoch gut bestückte Regale mit Testflaschen und Teststreifen, auch Blotter genannt. Sprühen Sie etwas Parfum auf den Streifen, wedeln Sie ihn ein wenig hin und her, damit der Alkoholgeruch verfliegt, und schnuppern Sie dann vorsichtig. Warten Sie eine Minute ab und wiederholen Sie das Ganze. So werden Sie auch die versteckteren Noten erschnüffeln. Wenn Sie direkt an der Testflasche riechen, erwischen Sie nur die Kopfnoten, aber die darunterliegenden Duftnuancen entgehen Ihnen.

Wenn Sie allein sind, können Sie die Parfums befragen. Gibt es einen Männerduft, der laut Etikett nach Blumen riecht? Welche Verpackungen sehen nach Unschuld aus, und welche lassen ein vielschichtiges, verführerisches Inneres vermuten? Gibt es Blumen, die als lebhaft, beruhigend, exotisch oder geheimnisvoll angepriesen werden? Stimmt das Marketing-Image, das Flakonform und -farbe, Verpackung, Regal- und Wandplakate suggerieren, wirklich mit dem Duft überein? Wo im Körper spüren Sie den Duft, wenn Sie daran schnuppern? Natürlich in der Nase, aber ein beruhigender Duft macht sich vielleicht auch im Nacken und ein belebender im Herzen bemerkbar. Oder spüren Sie vielleicht, wie ein lustvoller Duft-Schauder über Ihren Rücken läuft?

Wenn Sie mit anderen vor den Regalen stehen, können Sie »Flakon-Raten« spielen. Sprühen Sie vier verschiedene Parfums auf Teststreifen und lassen Sie die anderen raten, welcher Duft zu welchem Flakon gehört. Manche sind leicht zu erraten, wie ein rosiges Parfüm in einem schmalen, pinkfarbenen Flakon. Ein flacher, beinah alberner Duft in einem schwarzen Flakon, der kantige Männlichkeit verspricht, ist da schon verwirrender. Oder spielen Sie ein Such-Spiel: Finden Sie den grässlichsten, verführerischsten oder optimistischsten Duft im Regal. Testen Sie jedoch nie mehr als ein oder zwei Düfte direkt auf der Haut. Ihr Sitznachbar auf der Rückfahrt oder dem Rückflug wird es Ihnen danken.

EIN TAGEBUCH FÜR BLUMEN

Legen Sie ein Tagebuch an, und halten Sie darin jeden Tag eine Blumenbegegnung fest. Das kann eine Blume aus der Natur oder aus dem Garten sein. Aus dem Gewürzregal (Safran), der Obstabteilung im Supermarkt (Früchte haben sich aus Blüten entwickelt) oder auch eine Schüssel Reis (der einmal eine Grasblüte war). Blumen zieren Kleidung und schmücken Zeitschriftencover, sie leuchten uns aus Gemälden entgegen, sind auf Stoffe gedruckt, finden sich im Kunsthandwerk und in religiösen und profanen Symbolen. Sie können jede Blume wählen, aber schreiben Sie den Namen in Ihr Tagebuch. Ich habe einige Monate eine Liste im Handy geführt und zu Hause mit dem Computer synchronisiert. Doch dann habe ich mir ein Notizbuch gekauft. Es fühlte sich einfach besser an, die Namen mit der Hand zu schreiben. Ich habe in einem kurzen täglichen Ritual eine greifbare Erinnerung an meine Blumenbegegnungen geschaffen. Manchmal lässt sich der Name der Blume ganz leicht finden, oft müssen wir aber auch in Büchern oder im Internet stöbern, wobei manchmal auch die Suche nach Bildern hilfreich ist.

Die tägliche Praxis der Blumensuche knipst einen inneren »Radar« an. Jeden Tag halte ich nun mit wachen Sinnen und voller Neugier Ausschau nach Blumen. Selbst wenn ich nicht bewusst suche, ist mein Unterbewusstes auf Blumen gepolt. Zudem hat mir die tägliche Schatzsuche gezeigt, wie wenige Blumennamen ich wirklich kenne. Das war manchmal frustrierend, aber dann habe ich die natürliche Vielfalt der Blumen, ihre kunstvollen Zuchtformen und ihre bedeutende Rolle in der Malerei bewundert. Und wenn manchmal mein Ehrgeiz angestachelt wird, frage ich mich, zu welcher Pflanzenfamilie die Blume wohl gehört, mit welchen anderen sie verwandt ist, oder suche nach interessanten Fakten aus ihrem Leben, ihrer Beziehung zu Insekten oder ihrer ursprünglichen Heimat.

Ein tägliches Ritual kann Spaß machen, aber ist besonders im Winter manchmal schwer durchzuhalten. Wenn ich das merke, wechsele ich zu einem wöchentlichen Rhythmus oder setze eine Zeit lang aus. Man muss sich ja nicht selber Stress machen. Dann blättere ich stattdessen durch mein Tagebuch und erfreue mich an meinen Blumenbegegnungen. In unserem Alltag und den Nachrichten dreht sich fast alles um uns Menschen. Mit einem Blumentagebuch stoßen wir ein Stück weit die Tür zu Nachrichten aus der nicht-menschlichen Welt auf. Durch den Türspalt dringt lebensbejahendes Licht, und wir wenden uns neugierig dem Leben zu.

MIT BLUMEN SITZEN

Mit Blumen zu sitzen, ist die einfachste Praxis, die ich beschreibe, aber sie kann uns am meisten verändern. Wir erreichen eine größere Achtsamkeit und stärken unsere Vorstellungskraft. Meine Aufmerksamkeit für den lebhaften Austausch zwischen Blumen und Bestäubern wurde geweckt, als ich auf einem kleinen Waldstück in Tennessee regelmäßig Blütenpflanzen beobachtete. Einige der Beobachtungen habe ich in meinem Buch »Das verborgene Leben des Waldes« festgehalten. Als ich bäuchlings am Boden lag und die Lupe vors Auge presste, habe ich mich in die Schönheit der Blumen versenkt wie noch nie in meinem Leben. Und habe gelernt, wie vielfältig die Kommunikation zwischen Blüten und Insekten ist. Auf dem kleinen Stück Waldboden waren so viele Beziehungen miteinander verflochten wie in einem Roman aus dem 19. Jahrhundert. Doch auch wenn ich neben einem Blumentopf oder dem kleinen Beet vor unserer Küchentür in Atlanta saß, habe ich gesehen, wie spannend und actionreich das Leben der Blumen ist, besonders das der heimischen Blumen im Frühherbst. Trotz der schrumpfenden Bestäubergemeinschaft in unseren Städten schwirrten um die Astern und Goldruten immer wieder Dutzende Hummeln, Wespen und Schmetterlinge. Und auf einmal fiel mir auf, wie gespenstisch tot manche der Blumen waren, die ich im Gartencenter gekauft hatte. Das hat mich mehr erschüttert als jeder wissenschaftliche Bericht. Doch natürlich legt die Wissenschaft auch strengere Maßstäbe an als ich mit meinen Zufallsbefunden.

Aber ich bin nicht der Einzige, der ein neues »Blumenbewusstsein« entwickelt hat. In dem Kapitel über die Stiefmütterchen erzähle ich von Rebecca McMackin, die als ökologische Gartenbauerin die Gärten und Parks in Brooklyn mitgestaltet hat. Auch sie beobachtet Blumen. »Ich wurde durch eine Studie im Washington Square Park angefixt. Ich glaube, mit der Xerces Society [ein Verein, der sich für den Schutz von Wirbellosen und ihrer Habitate einsetzt]. Wir sollten zehn Minuten mit Blumen wie der Goldrute oder dem Sonnenhut sitzen und das mehrmals wiederholen. Dabei hielten wir die Insekten fest, die vorbeikamen. Ich hatte davor eine Zeit lang gegärtnert, aber erst da erkannte ich wirklich … die Persönlichkeit der Blumen. So nenne ich das gerne.« Rebecca lachte. »Viele Leute widersprechen mir hier. Aber jede Blume ist eine Persönlichkeit, natürlich keine menschliche Persönlichkeit. Das hat mein Denken auf den Kopf gestellt. Die Interaktion zwischen den Blumen und Bienen, Wespen und anderen Insekten hat mir eine neue Welt eröffnet. Auch bei der Gartenarbeit ist man glücklicherweise von Blumen umgeben, aber achtsam dazusitzen und das Begehren, die Kommunikation, die Vorgänge, das Drama nur zu beobachten, ist einfach wunderbar. Man betritt eine geheime Welt.«

Ich empfehle drei Wege, mit Blumen zu sitzen. Der Unterschied liegt in der inneren Haltung: Sie können entweder mit wachen Sinnen sitzen oder mit erhöhter Neugier, oder Sie lassen Ihrer Vorstellungskraft freien Lauf. Die drei Möglichkeiten ergänzen sich und lassen sich nicht klar trennen. Trotzdem entscheiden Sie sich am besten für eine. Experimentieren Sie ruhig: Wählen Sie eine Blume aus Ihrer Region, aus fernen Ländern, eine Blume mit nektarreichen Blüten (Linden, Astern, Postelein – mit einer kurzen Internetsuche finden Sie die heimischen Pflanzen) oder eine geizige Blume, die nur spezielle Gäste bewirtet (Orchideen, Windröschen, Kultursorten wie Stiefmütterchen, Begonie, Chrysantheme und viele mehr).

Setzen Sie sich hin, und nehmen Sie die Blume zuerst einfach mit allen Sinnen wahr. Betrachten Sie sie wie ein berühmtes Gemälde im Museum. Was ist Ihr erster Eindruck? Konzentrieren Sie sich dann auf die Farbnuancen und Details im Aufbau. Nachdem Sie alles ausreichend gewürdigt haben, schauen Sie noch weiter und warten ab, ob noch mehr auftaucht. Dann berühren Sie die Blume vorsichtig und erspüren ihre Textur. Vielleicht ist der Stängel mit klebrigen oder flaumigen Härchen bedeckt, die unerwünschte Insekten aufhalten. Manchmal fühlen sich die Blütenblätter in der Sonne überraschend warm und am Morgen kalt wie Gummi an. Streichen Sie über die Fortpflanzungsorgane, erspüren Sie, wie klebrig die Narbe und wie pudrig oder körnig der Pollen ist. Hinterlässt der Pollen Flecken an Ihren Fingern? Klopfen Sie leicht gegen die Blüte. Wo ist sie starrer und wo biegsamer? Schnuppern Sie an ihr, und atmen Sie ihren Duft dann tief ein. Welche Duftnoten können Sie ausmachen?

Lauschen Sie auf die Geräusche, wenn Insekten oder andere Tiere die Blume besuchen. Manche Insekten stupsen die Staubbeutel an, damit sie sich öffnen. Wie nähern sich die Insekten der Blüte? Beobachten Sie, wie sie die Nahrung nehmen und davon kosten. Können Sie sehen, dass Pollen an den Beinen der Insekten oder den Kopffedern der Kolibris klebt? Beobachten Sie auch die anderen Menschen. Wie reagieren sie auf die Blume und auf Ihre Hingabe?

Bewerten Sie nichts, und fragen Sie nicht zu viel. Betrachten Sie einfach die Blume, und lassen Sie Ihren Geist zur Ruhe kommen. Oder lassen Sie ihn machen, aber folgen Sie ihm nicht. Lassen Sie die Gedanken vorbeiziehen, und kehren Sie immer wieder zu Ihren unmittelbaren Sinneseindrücken zurück. Die Blume verankert sich durch die achtsame Erkundung in unseren Sinnen und unserem Gedächtnis. Wenn Sie das nächste Mal die gleiche Art betrachten, wird Ihr Erleben tiefer sein. Dann versenken Sie sich in die einzigartige Persönlichkeit der Blume.

Sie können auch mit einer Blume sitzen und sie befragen. Lassen Sie zu, dass die Sinneseindrücke Ihre Neugier wecken. Wählen Sie nur ein oder zwei der folgenden Fragen aus. Für eine Sitzung sind es zu viele. Warum blüht die Blume jetzt und hat nicht schon vor einem Monat geblüht? War die Blüte in der Nacht geöffnet? Wie lange werden die Blütenblätter noch schön aussehen? Wie verbinden sich

Form und Funktion in der Blüte? Wie würden Sie sich der Blüte nähern, wenn Sie eine Hummel, ein Schmetterling oder eine kurzzungige Solitärbiene wären? Ist vielleicht noch an anderer Stelle Nektar versteckt? Wo ist der Fruchtknoten, und was für eine Frucht wird entstehen?

Wo kommt die Blume eigentlich her, und wer hat sie hierhergebracht? Was an ihrer Form und ihrem Verhalten verrät noch ihre ursprüngliche Heimat? Wurde die Blüte auch durch die Wünsche und Kreativität von Menschen geprägt? Wer hat sich abgemüht, damit die Blume den Weg zu uns gefunden hat, und wird diese Arbeit irgendwie anerkannt oder gewürdigt?

Wie passen die Blütenblätter, Fortpflanzungsorgane und Blütenteile überhaupt in die winzige Knospe? Können Sie eine halb geöffnete Knospe finden und sehen, wie sich die Blüte entfaltet und langsam anschwillt? Ist die Blüte zweigeschlechtlich, und wenn ja, sind männliche und weibliche Fortpflanzungsorgane gleichzeitig bereit? Oder zeigt die Blume nur ein Geschlecht?

Können Sie beim Vergleich der Blüte mit anderen Ähnlichkeiten und Unterschiede im Aufbau entdecken? Auf welche Verwandtschaftsverhältnisse lassen die Gemeinsamkeiten und Abweichungen schließen? An was erinnert Sie der Duft der Blume, und wen lockt er an? Wie ermutigt die Blüte andere zur Kooperation, und wie hält sie Nektar- und Pollendiebe fern?

Welche Illusionen nährt die Blüte?

Wenn wir voller Neugier mit einer Blume sitzen, tauchen oft Fragen auf, die wir gern weiterverfolgen würden. Die Antworten finden Sie in Büchereien, in wissenschaftlichen Artikeln oder auf Internetseiten, die sich mit Blumen beschäftigen. Die Blumen geben uns wie jeder gute Lehrer eine Lektüreliste mit, die wir nach dem Unterricht abarbeiten.

Setzen Sie sich schließlich mit einer Blume hin und bitten Sie Ihre Vorstellungskraft, sich für die unbekannten Wunder der Blume zu öffnen. Wir können mit unseren menschlichen Sinnen nur einen Teil der Kommunikation zwischen Blumen und ihren Bestäubern erfassen. Der hektische Tanz der weiblichen und männlichen Zellen in der Blüte bleibt für uns unsichtbar. Aber wenn wir mit der Blume sitzen, können wir ihre Tanzgeschichten in unserer Vorstellung heraufbeschwören. Das ist wahre »Augmented Reality«. Wir erweitern die Realität durch die Vorstellungskraft, die in unseren Gedanken und Gefühlen lebendig wird. Wir brauchen keine Apps.

Stellen Sie sich zuerst das elektrische Feld vor, das die Blumen und ihre Bestäuber umgibt. Die Blüten sind nicht bloß schöne, duftende Aushängeschilder. Wie Antennen können sie Bestäuber auch mittels elektrischer Ladungen erkennen und herbeirufen. Alle Blütenpflanzen sind negativ geladen und besitzen ein charakteristisch geformtes elektrisches Feld. Dank spezieller Härchen können die Bienen und Schwebfliegen die Form und Stärke der Felder erkennen. Die Insekten haben nicht nur gelernt, welche Blütenfarben, sondern auch, welche elektrischen Felder am vielversprechendsten sind. So ist etwa der Rand der trompetenförmigen Narzissenblüten von einem elektrischen Ring umgeben, oder bei den Lilien sind die extravaganten Staubbeutel elektrisch geladen. Die Insekten, die um die Blumen schwirren, sind dagegen positiv geladen, also anders als die Blüten gepolt. Wenn Insekten und Blüten einander begehren, werden sie vom anderen buchstäblich elektrisiert. Nähert sich ein Insekt der Blüte, verändert sich auf der Stelle ihr elektrisches Feld. Manche Blumen teilen die Veränderung dann sofort ihren Nachbarn mit, damit auch sie von der Ankunft des Insekts erfahren. Diese elektrischen Veränderungen finden innerhalb von Sekunden statt und ermöglichen Blumen und ihren Bestäubern eine rasend schnelle Kommunikation. Doch wo etwa Starkstrommasten starke künstliche elektrische Felder erzeugen, können ihre Signale zusammenbrechen. Wie stellen Sie sich die Auren, den Austausch und die Verzerrungen vor? Als Farben? Als Klänge?

Versuchen Sie, sich auch andere unsichtbare Verbindungen vorzustellen, wenn Sie die Blume betrachten. Manche Blüten hören das

Summen der sich nähernden Bienen und versüßen daraufhin ihren Nektar. Die Bienen hinterlassen wiederum Duftspuren an den Blüten. Mit den duftenden Klecksen teilen sie anderen mit, welche Blüten sich lohnen. Und auch Verbindungen zwischen den Wurzeln der Pflanzen mit Pilzen im Boden beeinflussen die Kommunikation zwischen der Blüte und ihren Bestäubern. Pflanzen, die in mehreren Pilzgemeinschaften verwurzelt sind, können für Bienen attraktiver sein, weil sie mehr Blüten mit reichhaltigerem Nektar und Pollen hervorbringen. Das Schwirren der Insekten von Blüte zu Blüte kartiert also auch die unsichtbaren Verbindungen der Pflanze mit unterirdischen Pilzen.

Die Pollenkörner, die in der Blüte keimen, werden von Rezeptoren auf der Narbe und im weiblichen Gewebe bewertet. Die Eizellen und andere Zellen im Fruchtknoten heißen die Spermienpaare, die sich ihren Weg durch die schmalen Pollenschläuche gebahnt haben, willkommen und beginnen mit dem Aufbau der nächsten Generation. Der Fruchtknoten bemerkt die Verschmelzung. Je nach Art schwillt er an, verhärtet sich oder verwandelt sich in Papierflügel. Lassen Sie in Ihrer Vorstellung ein oder zwei der unsichtbaren Geschichten aufleben, wenn Sie mit der Blume sitzen.

Eine Blume ist kein statisches Objekt, ein Substantiv. Nicht einmal ein Verb, das einen einzelnen Vorgang bezeichnet. Eine Blume ist eine Geschichtensammlung, ein wunderbarer Beziehungstanz. Manches können wir unmittelbar beobachten. Anderes uns nur vorstellen. Doch auch bei Freundinnen und Freunden wissen wir, dass in ihren Köpfen und Herzen mehr vorgeht, als Worte und Mienenspiel sagen können. Genauso ist es mit den Blumen. Wenn wir mit einer Blume sitzen und versuchen, uns vorzustellen, was wir nicht unmittelbar wahrnehmen, erwecken wir ihr aufregendes, komplexes Wesen zum Leben und zollen ihr Respekt. Wir lernen zu staunen und andere zu achten. Von beidem kann die Welt bestimmt mehr gebrauchen.

Bibliografie

Die Geschichten in diesem Buch schöpfen aus den Werken von Zigtausenden Wissenschaftlerinnen, Gartenbauern und anderen Pflanzenfachleuten. Die über Jahrzehnte, ja Jahrhunderte gewachsene Literatur ist ein außergewöhnliches geistiges Ökosystem, das von Neugier, einer klugen Aufmerksamkeit für andere Arten und der Fürsorge für unsere Welt zeugt. Mein Buch beschäftigt sich nur mit einem kleinen Teil des großen Wissensnetzwerks, aber ich hoffe, dass meine Leserinnen und Leser das Netzwerk erkunden, davon lernen und dazu beitragen werden.

VORWORT

Veth, Peter, Cecilia Myers, Pauline Heaney und Sven Ouzman, »Plants Before Farming: The Deep History of Plant-Use and Representation in the Rock Art of Australia's Kimberley Region«, Quaternary International 489 (2018): 26–45.

Walton, Georgina, Jonathan Mitchley, Geraldine Reid und Sven Batke, »Absence of Botanical European Palaeolithic Cave Art: What Can It Tell Us About Plant Awareness Disparity?« Plants, People, Planet 5 (2023): 690–697.

MAGNOLIE

Almeida, Eduardo A. B., Silas Bossert, Bryan N. Danforth et al., »The Evolutionary History of Bees in Time and Space«, Current Biology 33, Nr. 16 (2023): 3409–3422.

Benton, Michael J., Peter Wilf und Hervé Sauquet, »The Angiosperm Terrestrial Revolution and the Origins of Modern Biodiversity«, New Phytologist 233, Nr. 5 (2022): 2017–2035.

Eiseley, Loren, *How Flowers Changed the World.* In: The Immense Journey. Vintage, 1957.

Friis, Else Marie, Peter R. Crane und Kaj Raunsgaard Pedersen, *Early flowers and Angiosperm Evolution.* Cambridge University Press, 2011.

Kawahara, Akito Y., Caroline Storer, Ana Paula S. Carvalho et al., »A Global Phylogeny of Butterflies Reveals Their Evolutionary History, Ancestral Hosts and Biogeographic Origins«, Nature Ecology & Evolution 7, Nr. 6 (2023): 903–913.

Li, Hong-Tao, Ting-Shuang Yi, Lian-Ming Gao et al., »Origin of Angiosperms and the Puzzle of the Jurassic Gap«, Nature Plants 5, Nr. 5 (2019): 461–470.

Wu, Shaoyuan, Frank E. Rheindt, Jin Zhang et al., »Genomes, Fossils, and the Concurrent Rise of Modern Birds and Flowering Plants in the Late Cretaceous«, Proceedings of the National Academy of Sciences 121, Nr. 8 (2024): e2319696121.

Zuntini, Alexandre R., Tom Carruthers, Olivier Maurin et al., »Phylogenomics and the Rise of the Angiosperms«, Nature 629, Nr. 8013 (2024): 843–850.

BOCKSBART

Bomblies, Kirsten, »When Everything Changes at Once: Finding a New Normal After Genome Duplication«, Proceedings of the Royal Society B 287, Nr. 1939 (2020): 20202154.

Boyce, C. Kevin, Jung-Eun Lee, Taylor S. Feild, Tim J. Brodribb und Maciej A. Zwieniecki, »Angiosperms Helped Put the Rain in the Rainforests: The Impact of Plant Physiological Evolution on Tropical Biodiversity«, Annals of the Missouri Botanical Garden 97, Nr. 4 (2010): 527–540.

Clark, James W., Philip C. J. Donoghue, »Whole-Genome Duplication and Plant Macroevolution«, Trends in Plant Science 23, Nr. 10 (2018): 933–945.

Feild, Taylor S., Timothy J. Brodribb, Ari Iglesias et al., »Fossil Evidence for Cretaceous Escalation in Angiosperm Leaf Vein Evolution«, Proceedings of the National Academy of Sciences 108, Nr. 20 (2011): 8363–8366.

Landis, Jacob B., Douglas E. Soltis, Zheng Li et al., »Impact of Whole-Genome Duplication Events on Diversification Rates in Angiosperms«, American Journal of Botany 105, Nr. 3 (2018): 348–363.

Ownbey, Marion, »Natural Hybridization and Amphiploidy in the Genus Tragopogon«, American Journal of Botany 37, Nr. 7 (1950): 487–499.

Soltis, Douglas E., Evgeny V. Mavrodiev, Vladimir Brukhin et al., »*Tragopogon pratensis*: Multiple Introductions to North America, Circumscription, and the Formation of the Allotetraploid T. miscellus«, Taxon 72, Nr. 4 (2023): 848–861.

Soltis, Douglas E., Pamela S. Soltis, J. Chris Pires, Ales Kovarik, Jennifer A. Tate und Evgeny Mavrodiev, »Recent and Recurrent Polyploidy in *Tragopogon* (Asteraceae): Cytogenetic, Genomic and Genetic Comparisons«, Biological Journal of the Linnean Society 82, Nr. 4 (2004): 485–501.

Van de Peer, Yves, Tia-Lynn Ashman, Pamela S. Soltis und Douglas E. Soltis, »Polyploidy: An Evolutionary and Ecological Force in Stressful Times«, Plant Cell 33, Nr. 1 (2021): 11–26.

ORCHIDEE

Baguette, Michel, Joris A. M. Bertrand, Virginie M. Stevens und Bertrand Schatz, »Why Are There So Many Bee-Orchid Species? Adaptive Radiation by Intra-Specific Competition for Mnesic Pollinators«, Biological Reviews 95, Nr. 6 (2020): 1630–1663.

Breitkopf, Hendrik, Renske E. Onstein, Donata Cafasso, Philipp M. Schlüter und Salvatore Cozzolino, »Multiple Shifts to Different Pollinators Fuelled Rapid Diversification in Sexually Deceptive Ophrys Orchids«, New Phytologist 207, Nr. 2 (2015): 377–389.

Johnson, Steven D., Florian P. Schiestl, *Floral Mimicry*. Oxford University Press, 2016.

Pérez-Escobar, O. A., D. Bogarín, N. A. Przelomska et al., »The Origin and Speciation of Orchids«, New Phytologist 242, Nr. 2 (2024): 700–716.

Ramos, Sergio E. Florian P. Schiestl, »Rapid Plant Evolution Driven by the Interaction of Pollination and Herbivory«, Science 364, Nr. 6436 (2019): 193–196.

Schiestl, Florian P., Manfred Ayasse, Hannes F. Paulus et al., »Orchid Pollination by Sexual Swindle«, Nature 399, Nr. 6735 (1999): 421–421.

Xu, Shuqing, Philipp M. Schlüter, Giovanni Scopece et al., »Floral Isolation Is the Main Reproductive Barrier Among Closely Related Sexually Deceptive Orchids«, Evolution 65, Nr. 9 (2011): 2606–2620.

GRAS

Bar-On, Yinon M., Ron Milo, »The Global Mass and Average Rate of Rubisco«, Proceedings of the National Academy of Sciences 116, Nr. 10 (2019): 4738–4743.

Gallaher, Timothy J., Paul M. Peterson, Robert J. Soreng et al., »Grasses Through Space and Time: An Overview of the Biogeographical and Macroevolutionary History of Poaceae«, Journal of Systematics and Evolution 60, Nr. 3 (2022): 522–569.

Huang, Weichen, Lin Zhang, J. Travis Columbus et al., »A Well-Supported Nuclear Phylogeny of Poaceae and Implications for the Evolution of C4 Photosynthesis«, Molecular Plant 15, Nr. 4 (2022): 755–777.

Karp, Allison T., J. Tyler Faith, Jennifer R. Marlon und A. Carla Staver, »Global Response of Fire Activity to Late Quaternary Grazer Extinctions«, Science 374, Nr. 6571 (2021): S. 1145–1148.

Linder, H. Peter, Caroline E. R. Lehmann, Sally Archibald, Colin P. Osborne und David M. Richardson, »Global Grass (Poaceae) Success Underpinned by Traits Facilitating Colonization, Persistence and Habitat Transformation«, Biological Reviews 93, Nr. 2 (2018): S. 1125–1144.

Noss, Reed F., *Forgotten Grasslands of the South: Natural History and Conservation.* Island Press, 2012.

Patterson, David B., David R. Braun, Kayla Allen et al., »Comparative Isotopic Evidence from East Turkana Supports a Dietary Shift Within the Genus Homo«, Nature Ecology & Evolution 3, Nr. 7 (2019): S. 1048–1056.

Strömberg, Caroline A. E., »Evolution of Grasses and Grassland Ecosystems«, Annual Review of Earth and Planetary Sciences 39 (2011): S. 517–544.

SEEGRAS

Ackerman, Josef Daniel, »Submarine Pollination in the Marine Angiosperm *Zostera marina* (Zosteraceae). I. The influence of Floral Morphology on Fluid Flow«, American Journal of Botany 84, Nr. 8 (1997): S. 1099–1109.

Edgeloe, Jane M., Anita A. Severn-Ellis, Philipp E. Bayer et al., »Extensive Polyploid Clonality Was a Successful Strategy for Seagrass to Expand into a Newly Submerged Environment«, Proceedings of the Royal Society B 289, Nr. 1976 (2022): 20220538.

Govers, Laura L., Jannes H. T. Heusinkveld, Max L. E. Gräfnings, Quirin Smeele und Tjisse van der Heide, »Adaptive Intertidal Seed-Based Seagrass Restoration in the Dutch Wadden Sea«, PLoS One 17, Nr. 2 (2022): S. e0262845.

Kendrick, Gary A., Robert J. Nowicki, Ylva S. Olsen et al., »A Systematic Review of How Multiple Stressors from an Extreme Event Drove Ecosystem-Wide Loss of Resilience in an Iconic Seagrass Community«, Frontiers in Marine Science 6 (2019): S. 455.

Larkum, Anthony W. D., Robert J. Orth und Carlos M. Duarte (Hg.), Seagrasses: Biology, Ecology and Conservation. Springer, 2006.

Macreadie, Peter I., Micheli D. P. Costa, Trisha B. Atwood et al., »Blue Carbon as a Natural Climate Solution«, Nature Reviews Earth & Environment 2, Nr. 12 (2021): S. 826–839.

Olsen, Jeanine L., Pierre Rouzé, Bram Verhelst, et al., »The Genome of the Seagrass *Zostera marina* Reveals Angiosperm Adaptation to the Sea«, Nature 530, Nr. 7590 (2016): S. 331–335.

Orth, Robert J., Jonathan S. Lefcheck, Karen S. McGlathery et al., »Restoration of Seagrass Habitat Leads to Rapid Recovery of Coastal Ecosystem Services«, Science Advances 6, Nr. 41 (2020): S. eabc6434.

Orth, Robert J., Kenneth L. Heck Jr., »The Dynamics of Seagrass Ecosystems: History, Past Accomplishments, and Future Prospects«, Estuaries and Coasts 46, Nr. 7 (2023): S. 1653–1676.

Restoration Forth. World Wildlife Fund. wwf.org.uk/scotland/restoration-forth.

ROSE

Brand, Philipp, Ismael A. Hinojosa-Díaz, Ricardo Ayala et al., »The Evolution of Sexual Signaling Is Linked to Odorant Receptor Tuning in Perfume-Collecting Orchid Bees«, Nature Communications 11, Nr. 1 (2020): S. 244.

Caissard, Claude, Véronique Bergougnoux, Frédéric Jullien, Jean-Louis Magnard, Gabriel Scalliet, J. Mark Cock, und Philippe Hugueney. »Production and emission of volatile compounds by petal cells.« Plant signaling & behavior 2, no. 6 (2007): S. 525–526.

Ferdenzi, Camille, Stéphane Richard Ortegón, Sylvain Delplanque, Nicolas Baldovini und Moustafa Bensafi, »Interdisciplinary Challenges for Elucidating Human Olfactory Attractiveness«, Philosophical Transactions of the Royal Society B 375, Nr. 1800 (2020): S. 20190268.

Gerkin, Richard C., Jason B. Castro, »The Number of Olfactory Stimuli That Humans Can Discriminate Is Still Unknown«, eLife 4 (2015): S. e08127.

Nadel, Dani, Avinoam Danin, Robert C. Power et al., »Earliest Floral Grave Lining from 13,700–11,700-Y-Old Natufian Burials at Raqefet Cave, Mt. Carmel, Israel«, Proceedings of the National Academy of Sciences 110, Nr. 29 (2013): S. 11774–11778.

Ramos, Sergio E., Florian P. Schiestl, »Evolution of Floral Fragrance Is Compromised by Herbivory«, Frontiers in Ecology and Evolution 8 (2020): S. 30.

TEE

Berwick, Leonie, Isabelle Charmantier (Hg.), *L: 50 Objects, Stories & Discoveries from the Linnean Society of London*, Linnean Society of London, 2020.

Blunt, Wilfrid, *Linnaeus: The Compleat Naturalist*, Princeton University Press, 2001.

de Jussieu, Antoine, »Histoire du Café«, Histoire de l'Académie royale des sciences. Paris: Imprimerie Royale, 1715. S. 291–299

Koerner, Lisbet, *Linnaeus: Nature and Nation*, Harvard University Press, 1999.

Linnaean Society of London, Ref.nr. BL.1186. linnean.access.preservica.com/uncategorized/IO_fd050fd9-4223-46d2-9e9c-91cac4076f52

von Linné, Carl. Musa Cliffortiana. Clifford's Banana Plant. Leiden, 1736. A. R. G. Ganter Verlag,

von Linné, Carl, Systema Naturae. 1735. Biodiversity Heritage Library.

von Linné, Carl, *Systema Naturae*, 10. Aufl., 1758, Linnaean Society of London, Ref.nr. BL.16/1.

Marks, Jonathan, »Long Shadow of Linnaeus's Human Taxonomy«, Nature 447, Nr. 7140 (2007): S. 28–28.

Müller-Wille, Staffan, Karen Reeds, »A Translation of Carl Linnaeus's Introduction to Genera plantarum (1737)«, Studies in History and Philosophy of Science Part C: Studies in History and Philosophy of Biological and Biomedical Sciences 38, Nr. 3 (2007): S. 563–572.

Roberts, Jason, *Die Entdeckung allen Lebens: Carl von Linné, Georges-Louis de Buffon und der abenteuerliche Wettstreit zur Erforschung der Natur im 18. Jahrhundert*, Deutsch von Christina Hackenberg und Hans-Peter Remmler, Heyne, 2024.

STIEFMÜTTERCHEN

Botías, Cristina, Arthur David, Elizabeth M. Hill und Dave Goulson, »Contamination of Wild Plants Near Neonicotinoid Seed-Treated Crops, and Implications for Non-Target Insects«, Science of the Total Environment 566–567 (2016): S. 269–278.

Brooklyn Bridge Park, »Horticulture«, brooklynbridgepark.org/plants-wildlife/horticulture

Chwoyka, Cecily, Dominik Linhard, Thomas Durstberger und Johann G. Zaller, »Ornamental Plants as Vectors of Pesticide Exposure and Potential Threat to Biodiversity and Human Health.« Environmental Science and Pollution Research 31, Nr. 36 (2024): S. 49079–49099.

Edwards, Collin B., Elise F. Zipkin, Erica H. Henry et al., »Rapid Butterfly Declines Across the United States During the 21st Century«, Science 387, Nr. 6738 (2025): S. 1090–1094.

Forister, Matthew L., Emma M. Pelton und Scott H. Black, »Declines in Insect Abundance and Diversity: We Know Enough to Act Now«, Conservation Science and Practice 1, Nr. 8 (2019): S. e80.

Friedman, Elizabeth, Marnie F. Hazlehurst, Christine Loftus, Catherine Karr, Kelsey N. McDonald und Jose Ricardo Suarez-Lopez, »Residential Proximity to Greenhouse Agriculture and Neurobehavioral Performance in Ecuadorian Children«, International Journal of Hygiene and Environmental Health 223, Nr. 1 (2020): S. 220–227.

Goulson, Dave und 232 Unterzeichnende, »Call to Restrict Neonicotinoids«, Science 360, Nr. 6392 (2018): S. 973.

Halsch, Christopher A., Sarah M. Hoyle, Aimee Code, James A. Fordyce und Matthew L. Forister, »Milkweed Plants Bought at Nurseries May Expose Monarch Caterpillars to Harmful Pesticide Residues«, Biological Conservation 273 (2022): S. 109699.

Lentola, Andrea, A. David, A. Abdul-Sada, Andrea Tapparo, Dave Goulson und E. M. Hill, »Ornamental Plants On Sale to the Public Are a Significant Source of Pesticide Residues with Implications for the Health of Pollinating Insects«, Environmental Pollution 228 (2017): S. 297–304.

Pereira, Patrícia C. G., Cláudio E. T. Parente, Gabriel O. Carvalho et al., »A Review on Pesticides in Flower Production: A Push to Reduce Human Exposure and Environmental Contamination«, Environmental Pollution 289 (2021): S. 117817.

Porseryd, Tove, Kristina Volkova Hellström und Patrik Dinnétz, »Pesticide Residues in Ornamental Plants Marketed as Bee Friendly: Levels in Flowers, Leaves, Roots and Soil«, Environmental Pollution 345 (2024): S. 123466.

Richard, Melissa, Douglas W. Tallamy und Adam B. Mitchell, »Introduced Plants Reduce Species Interactions«, Biological Invasions 21 (2019): S. 983–992.

Royal Horticultural Society, »The RHS Sustainability Strategy«, rhs.org.uk/science/sustainability/sustainability-strategy-document

Solnit, Rebecca, *Orwells Rosen*, Deutsch von Michaela Grabinger, Rowohlt, 2022.

Van Deynze, Braeden, Scott M. Swinton, David A. Hennessy, Nick M. Haddad und Leslie Ries, »Insecticides, More Than Herbicides, Land Use, and Climate, Are Associated with Declines in Butterfly Species Richness and Abundance in the American Midwest«, PLoS One 19, Nr. 6 (2024): S. e0304319.

van Kleunen, Mark, Franz Essl, Jan Pergl et al., »The Changing Role of Ornamental Horticulture in Alien Plant Invasions«, Biological Reviews 93, Nr. 3 (2018): S. 1421–1437.

Wagner, David L., Eliza M. Grames, Matthew L. Forister, May R. Berenbaum und David Stopak, »Insect Decline in the Anthropocene: Death by a Thousand Cuts«, Proceedings of the National Academy of Sciences 118, Nr. 2 (2021): S. e2023989118.

ZUKUNFTSSPEKULATIONEN

Born, Julia, H. P. Linder und P. Desmet, »The Greater Cape Floristic Region«, Journal of Biogeography 34, Nr. 1 (2007): S. 147–162.

Bradshaw, Peter L., Richard M. Cowling, »Landscapes, Rock Types, and Climate of the Greater Cape Floristic Region«, in: *Fynbos: Ecology, Evolution, and Conservation of a Megadiverse Region*, Nicky Allsopp, Jonathan F. Colville und G. Anthony Verboom (Hg.), Oxford University Press, 2014.

Gaines, Todd A., Stephen O. Duke, Sarah Morran et al., »Mechanisms of Evolved Herbicide Resistance«, Journal of Biological Chemistry 295, Nr. 30 (2020): S. 10307–10330.

Hill, Robert S., Gregory J. Jordan, »Deep History of Wildfire in Australia«, Australian Journal of Botany 64, Nr. 8 (2016): S. 557–563.

Hopper, Stephen D., »OCBIL Theory: Towards an Integrated Understanding of the Evolution, Ecology and Conservation of Biodiversity on Old, Climatically Buffered, Infertile Landscapes«, Plant and Soil 322 (2009): S. 49–86.

Hopper, Stephen D., Hans Lambers, Fernando A. O. Silveira und Peggy L. Fiedler, »OCBIL Theory Examined: Reassessing Evolution, Ecology and Conservation in the World's Ancient, Climatically Buffered and Infertile Landscapes«, Biological Journal of the Linnean Society 133, Nr. 2 (2021): S. 266–296.

Hopper, Stephen D., Hans Lambers, Fernando A. O. Silveira und Peggy L. Fiedler, »OCBIL Theory Examined: Reassessing Evolution, Ecology and Conservation in the World's Ancient, Climatically Buffered and Infertile Landscapes«, Biological Journal of the Linnean Society 133, Nr. 2 (2021): S. 266–296.

McAlvay, Alex C., Anna DiPaola, A. Catherine D'Andrea et al., »Cereal Species Mixtures: An Ancient Practice with Potential for Climate Resilience. A Review«, Agronomy for Sustainable Development 42, Nr. 5 (2022): S. 100.

Mullaney, Emma Gaalaas, »Geopolitical Maize: Peasant Seeds, Everyday Practices, and Food Security in Mexico«, Geopolitics 19, Nr. 2 (2014): S. 406–430.

Papadopulos, Alexander S. T., Andrew J. Helmstetter, Owen G. Osborne et al., »Rapid Parallel Adaptation to Anthropogenic Heavy Metal Pollution«, Molecular Biology and Evolution 38, Nr. 9 (2021): S. 3724–3736.

Robertson, Francesca, Glen Stasiuk, Noel Nannup und Stephen D. Hopper, »Ngalak koora koora djinang (Looking back together): A Nyoongar and Scientific Collaborative History of Ancient Nyoongar boodja«, Australian Aboriginal Studies 1 (2016): S. 40–54.

Silveira, Fernando A. O., Peggy L. Fiedler und Stephen D. Hopper, »OCBIL Theory: A New Science for Old Ecosystems«, Biological Journal of the Linnean Society 133, Nr. 2 (2021): S. 251–265.

Smith, Pete, Rosa M. Poch, David A. Lobb et al., »Status of the World's Soils«, Annual Review of Environment and Resources 49 (2024).

Toda, Yasuka, Meng-Ching Ko, Qiaoyi Liang et al., »Early Origin of Sweet Perception in the Songbird Radiation«, Science 373, Nr. 6551 (2021): S. 226–231.

ANHANG: MIT BLUMEN SPIELEN

Clarke, Dominic, Heather Whitney, Gregory Sutton und Daniel Robert, »Detection and Learning of Floral Electric Fields by Bumblebees«, Science 340, Nr. 6128 (2013): S. 66–69.

England, Sam J., Daniel Robert, »The Ecology of Electricity and Electroreception«, Biological Reviews 97, Nr. 1 (2022): S. 383–413.

England, Sam J., Daniel Robert, »Electrostatic Pollination by Butterflies and Moths«, Journal of the Royal Society Interface 21, Nr. 216 (2024): S. 20240156.

Guzman, Aidee, Marisol Montes, Nada Lamie et al., »Arbuscular Mycorrhizal Interactions and Nutrient Supply Mediate Floral Trait Variation and Pollinator Visitation«, New Phytologist 245, Nr. 1 (2025): S. 406–419.

Montgomery, Clara, Jozsef Vuts, Christine M. Woodcock et al., »Bumblebee Electric Charge Stimulates Floral Volatile Emissions in *Petunia integrifolia* but Not in *Antirrhinum majus*«, Science of Nature 108 (2021): S. 1–12.

Sutton, Gregory P., Dominic Clarke, Erica L. Morley und Daniel Robert, »Mechanosensory Hairs in Bumblebees (*Bombus terrestris*) Detect Weak Electric Fields«, Proceedings of the National Academy of Sciences 113, Nr. 26 (2016): S. 7261–7265.

Die Übersetzerin Christine Ammann dankt der Kunststiftung NRW für die Förderung ihrer Arbeit und dem Übersetzerhaus Looren für den inspirierenden Arbeitsaufenthalt.

Kunststiftung
NRW

Kreitmayrstraße 26, 80334 München, info@kunstmann.de

Die Originalausgabe erschien 2026 unter dem Titel *How Flowers Made Our World: The Story of Nature's Revolutionaries* bei Viking, an imprint of Penguin Random House LLC, New York
Illustration im Innenteil: © Lucy T. Smith.
Umschlaggestaltung: Heidi Sorg und Christof Leistl
Typografie und Satz: www.frese-werkstatt.de
Druck und Bindung: CPI – Clausen und Bosse, Leck
ISBN 978-3-95614-672-5